U0165237

遠東冰原的貓頭鷹

Owls of the Eastern Ice:
A Quest to Find and Save the World's Largest Owl

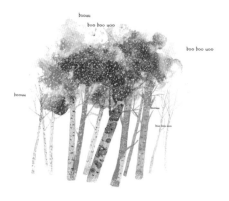

作者：強納森‧斯萊特（Jonathan C. Slaght）

譯者：呂奕欣

獻給凱倫（Karen）

周圍的情況令人難以置信。狂風怒號，折斷樹枝，襲捲到空中⋯⋯古老的巨松來回搖晃，宛若枝幹細瘦的小樹苗。我們什麼都看不見——不見山巒、不見天地。萬物被暴風雪包圍⋯⋯我們蹲坐在帳篷裡，在環境的威嚇下無法言語。[1]

——弗拉基米爾・阿爾謝尼耶夫（VLADIMIR ARSENYEV），
一九二一年，《穿越烏蘇里邊疆》（*Across the Ussuri Kray*）

阿爾謝尼耶夫（一八七二～一九三〇）是探險家、自然學家，曾撰寫過大量文章，描述俄羅斯濱海邊疆區的地景、野生動物與人。這位俄羅斯人是開路先鋒，深入本書描述的森林探險。

目錄

第一部　冰之洗禮

第二部　錫霍特阿蘭山脈的魚鴞

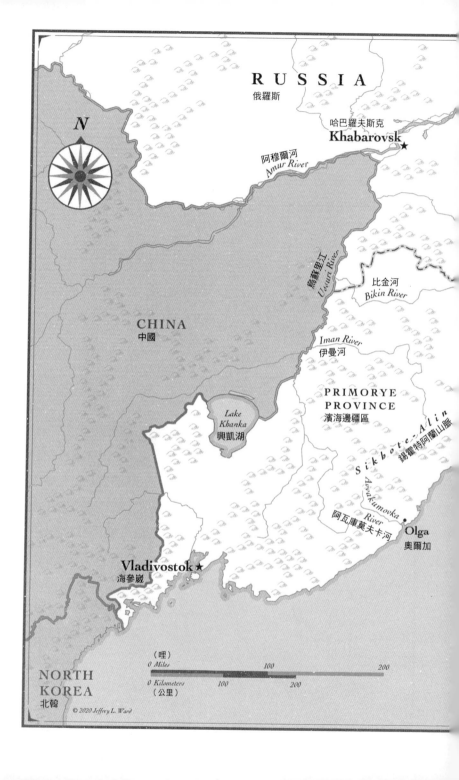

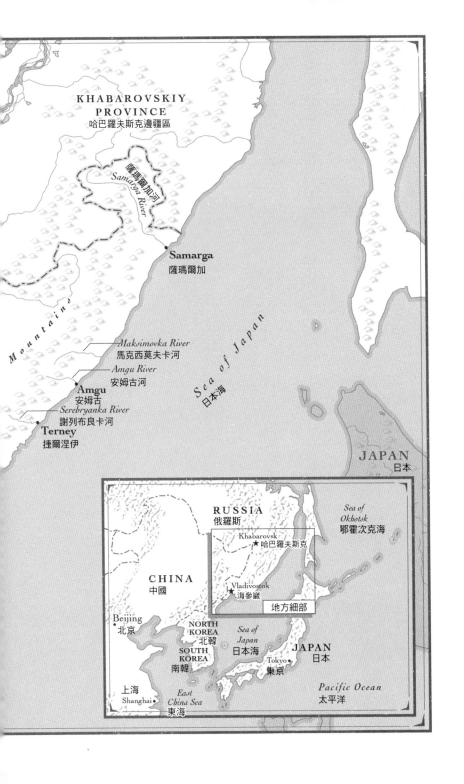

KHABAROVSKIY
PROVINCE
哈巴羅夫斯克邊疆區

Samarga River
薩瑪爾加河

● **Samarga**
薩瑪爾加

Maksimovka River
馬克西莫夫卡河

Amgu River
安姆古河

M o u n t a i n s

● **Amgu**
安姆古

Serebryanka River
謝列布良卡河

Terney
捷爾涅伊

S e a   o f   J a p a n
日本海

JAPAN
日本

RUSSIA
俄羅斯

*Sea of
Okbotsk*
鄂霍次克海

★ Khabarovsk 哈巴羅夫斯克

CHINA
中國

★ Vladivostok
海參崴

地方細部

Beijing
北京

**NORTH
KOREA**
北韓

**SOUTH
KOREA**
南韓

*Sea of
Japan*
日本海

JAPAN
日本

Tokyo ●
東京

上海
Shanghai ●

*East
China Sea*
東海

Pacific Ocean
太平洋

前言

　　我初次見到毛腿魚鴞（Blakiston's Fish Owl，編註：毛腿魚鴞，為世界上最大的貓頭鷹，分布於俄羅斯遠東地區、日本北海道和中國東北地區。貓頭鷹為廣泛稱呼，指的是「鴞型目」一類的鳥。），是在俄羅斯的濱海邊疆區（Primorye），這個地方位於海岸邊的大地之爪，是從南邊鈎入東北亞的腹部。此地偏遠，近俄羅斯、中國與北韓交會處，山巒與鐵絲網交織綿延。二〇〇〇年，在一趟登山旅程中，旅伴與我意外驚動一隻大鳥[1]，只見牠慌忙振翅，飛向空中，發出不悅的咕嗚聲，之後降落在我們上方約十幾公尺的光禿樹冠上。這個毛髮蓬亂的東西像是木屑般的棕色，黃色雙眼彷彿發射出電力，帶著戒心盯著我們。起初，我們其實不知究竟遇見的是什麼鳥。那顯然是一種鴞，但我未曾見過這麼大的鴞，大小和老鷹不相上下，但羽毛更蓬鬆豐滿，還有大大的耳羽。在冬日灰濛濛的天光下，這隻毛腿魚鴞似乎太大、太逗趣，不似真鳥，反而像在匆忙間，將一把羽毛黏在一兩歲的小熊幼崽上，再把這隻茫然的野獸擺上樹。這隻動物認為我們是威脅，旋即轉身逃離，張開兩公尺寬的翅膀，在濃密的枝葉間撞擊樹木。林間的樹皮剝落，片

片飄蕩，慢慢落下。最後，鳥飛出了視線範圍。

當時，我來到濱海邊疆區已五年。我年少時泰半待在城市，對世界的想像多為人類打造的地景。後來在十九歲時，跟著父親出差，從莫斯科飛過來[2]，看到宛如大海般起伏的高地山脈，陽光就在這片山之海上映出光芒：那片海好蒼翠蓊鬱，綿延不斷。山脊會高聳入天，又忽地降為低谷，放眼望去是好幾公里的波瀾，令我看得入迷。眼前見不到村落、道路或人類蹤影。這就是濱海邊疆區。我愛上了這裡。

在初次短暫造訪之後，我回到濱海邊疆區，以大學生的身分進行六個月的課程，後來又隨著和平工作團（Peace Corps）在那待了三年。起初，我只是隨興的賞鳥人，賞鳥是我在大學時養成的興趣。然而，每一趟俄羅斯遠東地區的行程，都會點燃我對濱海邊疆區荒野的迷戀。我對鳥類越來越有興趣，越來越全神貫注。我在和平工作團時，與當地鳥類學家交朋友，精進俄語能力，花了無數的閒暇時間跟隨著他們，學習鳥類鳴唱，協助許多研究計畫。我就是在這段時間初次目睹毛腿魚鴞，並意識到我的消遣可能變成一門職業。

我知道毛腿魚鴞的時間，差不多和認識濱海邊疆區一樣長。對我來說，魚鴞就像我無法說清楚的美麗思維。牠們喚醒我一股奇妙的渴望，宛如我不太明瞭，卻一直心神嚮往的遠方。我在魚鴞躲藏的樹冠陰影下思索著牠們，感覺這裡的陰涼，也嗅聞黏在河邊石頭

的青苔味。

嚇跑毛腿魚鴞後，我馬上翻閱折了角的野鳥圖鑑，但書上找不到任何看起來吻合的物種。書上畫的魚鴞好似臭酸垃圾桶，而不是方才見到，與我們對抗、鬆鬆軟軟的精靈，不符合我心中對魚鴞的印象。不過，我也不必太費時猜測自己碰到什麼物種：我可以拍照。我後來把那解析度不好的照片，寄給海參崴（Vladivostok）的鳥類學家瑟格伊・蘇爾馬奇（Sergey Surmach），他是這區域唯一研究魚鴞的人。結果發現，百年來，沒有科學家在這麼南邊的地方[3]一睹過毛腿魚鴞，而我的照片成了證據，說明這種遺世獨立的稀有物種依然存在。

引言

　　二〇〇五年，我取得明尼蘇達大學的理學碩士學位[1]，研究主題是伐木業對濱海邊疆區鳴禽的影響，當時我也開始考慮以這區域為主題，擬定博士論文計畫。我起初關注的是保育的廣泛影響，並很快地把物種競爭者的範圍縮小到白頭鶴（Hooded Crane）與魚鴞。這些是此區最迷人的鳥類，但得到的研究卻最少。魚鴞比較吸引我，可惜相關資訊付之闕如，因此我擔心，魚鴞實在罕見到根本無法研究。思慮時，我剛好有幾天在落葉松沼澤健行，那是潮溼的曠野，芬芳的格陵蘭喇叭茶（Labrador tea）茂盛生長，厚如地毯，上頭還有高瘦的樹木以近乎相同的間距林立。我原本覺得景色令人心曠神怡，但一會兒之後，由於烈日當頭，格陵蘭喇叭茶的濃烈香氣薰得我頭暈目眩，又碰上成群會螫人的昆蟲，這下子我受不了了。之後忽然想到：這是白頭鶴的棲地。魚鴞稀少，投入時間與精力或許是豪賭，但至少接下來五年，我不必在落葉松沼澤區跋涉。於是，我決定研究魚鴞。

　　魚鴞的名氣來自於在險惡環境下能強健生長，和阿穆爾虎（Amur，又稱西伯利亞虎）一樣，是濱海邊疆區荒野的代表。這兩

種物種生活在同樣的森林，也都是瀕危物種，然而關於這長著羽毛、以鮭魚為食的鳥如何生活，資訊卻少了許多。一九七一年，俄羅斯才初次發現魚鴞巢[2]，到一九八〇年代，據信全國的魚鴞[3]不超過三、四百對，未來相當令人擔憂。當時對於魚鴞的了解，大概只有牠們似乎需要大樹才能築巢，也需要有大量魚類的河流供其覓食。

往東幾百公里，跨海即是日本[4]。日本的魚鴞數量在十九世紀末大約是五百對，但是到一九八〇年代初期，僅剩不到百隻。魚鴞族群四面楚歌，伐木業奪走牠們的棲地，此外，人類在下游興建水壩，導致鮭魚無法往上游前進，魚鴞也失去食物。相較之下，蘇聯並未積極發展濱海邊疆區，這裡基礎建設不佳，人口密度低，反而讓這裡的魚鴞躲過類似的命運。但是一九九〇年代新興的自由市場帶來財富與墮落，而濱海邊疆區北部尚未開採的自然資源，也招來覬覦的眼光──不過，這個地區正是魚鴞的全球大本營。

俄羅斯的魚鴞很脆弱。對於密度低、繁殖慢的物種來說，任何對其所需自然資源大規模或持續擾動，都可能會使族群數量陡然下降，正如日本所經歷的情況。這麼一來，俄羅斯最神祕、最具代表性的鳥類可能就此消失。魚鴞與其他瀕危物種是受俄羅斯法律保護的[5]，殺害這些動物或摧毀其棲地是違法行為，但由於相當欠缺魚鴞確切需求的知識，要擬定可行的保育計畫難如登天。當時魚鴞並沒有保育計畫[6]，而到一九九〇年代晚期，過去濱海邊疆區難以進

入的森林漸漸變成人類開採資源的地方。嚴肅看待魚鴞保育的策略擬定，是刻不容緩的需求。

保育（conservation）和保護（preservation）是不同的概念。若只是希望魚鴞保存下來，並不需要做研究：我大可以遊說政府，在濱海邊疆區禁止任何伐木與魚類捕捉就行了。這樣泛泛之舉就能透過減少威脅來保護魚鴞。但除了不切實際之外，此舉也忽視了濱海邊疆區的兩百萬居民，其中不少是靠伐木與漁業維生。魚鴞與人類的需求在濱海邊疆區緊密交織；幾個世紀以來，雙方仰賴相同資源。在俄羅斯人來到此地，於河中撒網捕魚，開採林木、供營造業使用與從中獲利之前，滿洲人與原住民已在做同樣的事。烏德蓋（Udege）與那乃（Nanai，譯註：又稱「赫哲族」）人[7]會利用鮭魚，編織漂亮的刺繡裝，也會將大型木材挖空，打造出船隻。長久以來，魚鴞對於這些資源的依賴都保持在差不多的水準，其實是人類的需求在攀升。我希望這樣的關係能回歸某種平衡，保留必須的自然資源，而要得到我需要的答案，唯一的方法就是訴諸科學研究。

二〇〇五年底，我與瑟格伊・蘇爾馬奇安排見面，地點位於他海參崴的辦公室。我對他的第一印象好極了，慈眉善目，頂著一頭蓬亂的頭髮，還有短小精悍的身軀。他擅長與人合作，因此我希望他接受與我合作的計畫。我向他解釋，我在明尼蘇達大學的博士課程以魚鴞為關注焦點，他則訴說對這種鳥類的理解。

我們討論一些想法，越聊越合拍，一下子就同意搭擋：我們會盡力了解關於魚鴞的祕密生活，並依照這些資訊，打造切合實際的保育計畫。要研究的主要問題看似單純：魚鴞是需要地景上的哪些特色，才能生存？我們已有整體概念[8]——大樹，以及大量的魚類——但仍需要投入許多年，才能了解詳情。除了過去自然學家口耳相傳的觀察之外，我們大致上是從零開始。

蘇爾馬奇是老練的田野生物學家，擁有在濱海邊疆區漫長遠征時不可或缺的行頭：全地形GAZ-66大卡車，後方是客製化、有燃木爐溫暖空間的起居車廂；幾輛雪上摩托車；一小組田調助理，這些人都受過尋找魚鴞的訓練。在初次合作的計畫中，我們講好，蘇爾馬奇和他的團隊肩負起國內的後勤與人員配備的重擔，而我會引介當代的方法學，並拼湊研究經費，取得主要資金來源。我們把研究分成三個階段。第一階段是訓練，需要兩、三個星期，之後則要辨識研究的魚鴞族群，耗時約兩個月。最後階段則為捕捉魚鴞與收集資料，這需要四年的時間。

我滿懷熱忱[9]：這不是覆水難收的保育計畫，由壓力爆表、經費不足的研究者，在已遭到生態破壞的地景上，為防止物種滅絕而奮戰。濱海邊疆區大部分仍是未開發的自然環境。在這裡，商業利益尚未主導一切。雖然我們的焦點是面臨風險的物種——魚鴞，但我們會對提升地景管理提出建議，盼能維護整個生態系統。

冬天是尋找魚鴞的最佳時機——二月是魚鴞最常發出鳥類鳴聲

的時間，還會在河岸邊的雪地留下足跡——不過，冬季也是蘇爾馬奇一年中最忙碌的時間。他的非政府組織獲得一項多年合約，監測庫頁島（Sakhalin）的鳥類族群，因此在冬季那幾個月，他得交涉後勤事宜，以完成那項工作。正因為這樣，我雖然常與蘇爾馬奇商談，卻從未與他在田野共事過。不過，他總會派出老友瑟格伊・阿夫德育克（Sergey Avdeyuk）當做代理人。阿夫德育克是個山林老手，從一九九〇年代中期就與蘇爾馬奇密切合作，尋找魚鴞。

第一階段是遠征到薩瑪爾加河（Samarga River）盆地，也就是濱海邊疆區的最北端。我會在那邊學到如何尋找魚鴞。薩瑪爾加河盆地很特別[10]，是這一區最後一條完全沒有開闢道路的流域，但伐木業正步步逼近。薩瑪爾加河盆地廣達七千兩百八十平方公里，卻只有兩座村莊，其中一座村莊就是阿格祖（Agzu）。二〇〇〇年，阿格祖的烏德蓋原住民舉辦會議[11]，同意將土地開放給林木伐採。這麼一來會開放道路闢建，伐木產業也會吸引人前來工作，但是隨著進出的人越來越多，也會引來盜獵、森林大火等種種問題，導致地景遭到破壞，許多物種會跟著遭殃，魚鴞與虎只是其中兩種。二〇〇五年，這家伐木公司體認到，此協議引來當地社群與地區科學家的不滿，遂做出一連串前所未見的讓步。首先，伐木實務會以科學為基準。主要道路會開闢在河谷上方高處，而非像濱海邊疆區的多數道路那樣，位於生態敏感的河流旁。某些有高度保育價值的地區，就不會進行林木伐採。蘇爾馬奇是這項科學聯盟的一員，負責

在道路興建前，對流域展開環評。他的田調團隊（由阿夫德育克率領）會負責辨識魚鴞在薩瑪爾加河的領域，而這些區域就不會開放給伐木業。

　　藉由加入這趟遠征，我可以為保護薩瑪爾加河的魚鴞出一份力，也能獲得重要經驗，學到尋找魚鴞的藝術。我會在計畫的第二階段應用這些能力：辨識魚鴞的研究族群。蘇爾馬奇與阿夫德育克已彙整出一份列表，指出濱海邊疆區較容易前往的森林，他們曾在這些地方聽見魚鴞的鳴叫，甚至知道一些魚鴞巢樹的位置。這表示，我們可以聚焦某地，進行初步研究。阿夫德育克與我會花幾個月的時間前往這些地方，也會到濱海邊疆區海岸的其他更多地方，範圍廣達兩萬平方公里。等找到幾隻魚鴞之後，明年再回來展開計畫中第三個，也就是最漫長的最後階段：捕捉。我們會盡量多捕捉魚鴞，在其身上安裝經過審慎設計、類似背包的發報器，並在四年期間監視其活動，記錄牠們到過哪些地方。這些資料能確切告訴我們，地景中的哪些部分最攸關魚鴞的生存，繼而擬定保育計畫，保護魚鴞。

　　這樣的難度有多高？

第一部　冰之洗禮

1

地獄村

　　直升機遲到了。二〇〇六年三月，我在海邊的村子捷爾涅伊（Terney），詛咒著這場讓直升機無法前來的暴風雪。捷爾涅伊在我初次遇見魚鴞處以北三百公里，我急著想前往薩瑪爾加河盆地的阿格祖。捷爾涅伊人口為三千人，是這區有規模的人類聚落中最北的一處：再遠一點的村落（例如阿格祖），人口就只有幾百人，甚至區區幾十人。

　　這鄉村聚落盡是些低矮的住家，屋內會燃燒柴火保暖，我在其中一棟等了超過一個星期。機場只有一個大廳，航站外，蘇聯時期的米爾（Mil）Mi-8直升機動也不動。冷風颼颼，大雪紛飛，冰霜導致機身失去光澤。在捷爾涅伊，我已習慣等待：我從來沒有搭過這架直升機，但是往南到海參崴、車程十五個小時的巴士每週只有兩班，不一定會準時，車況也未必適合這段路。那時，我已經出差（或居住）到濱海邊疆區超過十年，在這裡，等待是司空見慣的日常。

過了一週，機師終於取得飛行許可。我前往機場時，捷爾涅伊的阿穆爾虎研究者戴爾・米凱爾（Dale Miquelle）交給我一只信封，裡頭裝了五百元美金。他說，這筆錢就先借我，萬一到時候碰到什麼事，需要用錢擺平，就能派上用場。他曾去過阿格祖，而我則未曾涉足，他知道我會碰到何種情境。我請人載我，前往小鎮邊緣的簡易機場，那是從河岸帶的古老森林所闢出的空地。謝列布良卡（Serebryanka）河谷在這邊有一點五公里寬，周圍是低矮的錫霍特阿蘭山脈（Sikhote-Alin，譯註：舊稱「內興安嶺」），距離日本海的出海口僅僅幾公里。

　　我在櫃檯取完票，加入排隊行列。隊伍是一群焦慮的老弱婦孺，還有本地與城市來的獵人，大家都在外頭等待登機，手上抓著手提包，靠著厚厚的毛氈大衣禦寒。拖了這麼久的暴風雪挺罕見的，許多人都因為運輸瓶頸而受困。

　　這群人約有二十人，直升機若不負責貨運，則可載二十四人。我們不安地看著身穿藍色制服的男子，把一箱箱供給堆在直升機旁，另一個穿同樣制服的人，再把箱子堆進直升機上。隊伍中，每個人都開始懷疑機票超賣，直升機根本載不了這麼多人——送上直升機的木箱與供給品，占了珍貴的空間——大家一樣鐵了心，要擠進那小小的金屬機艙門。蘇爾馬奇的團隊已在阿格祖等了我八天，要是我搭不上這班飛機，恐怕他們就會自己上路了。我站在一個胖胖的老太太後面：經驗告訴我，如果想在巴士上有位子坐，跟在這

種人後面最有機會，這招有點像在車流中尾隨救護車。於是我假定搭直升機時，這個規則也適用。

　　登機指令傳來，雖然聽不太清楚，但大批人潮往前湧。我奮力向前，登上直升機的梯子，在幾箱馬鈴薯、伏特加與俄羅斯村莊生活必需品之間攀爬。我的「救護車」勇往直前，我也跟著她往機艙後面走，那裡可透過舷窗往外看，也有一點伸腿空間。乘客越來越多，恐怕要超過安全人數了；我依然有窗景可看，只是沒了伸腿空間，因為工作人員在那裡堆了一大包應該是麵粉的東西，我乾脆把腳擱上去。空間有限，機組人員總算覺得已經物盡其用，於是螺旋槳開始旋轉，起初慢吞吞，隨後力道越來越強，強到所有乘客都無法忽視。Mi-8搖搖晃晃升空，在捷爾涅伊上方噗噗噗低空飛行，之後左轉幾百公尺，飛到日本海上方，沿著歐亞大陸北部的東緣撒下影子。

　　直升機下方的海岸是一道礫石灘，突兀卡在錫霍特阿蘭山脈與日本海之間。錫霍特阿蘭山脈幾乎在半山腰倏然畫下句點，高大蒙古櫟所生長的山坡突然變成垂直陡峭的懸崖，有些足足有三十層樓高，放眼望去清一色的灰，偶爾出現棕色泥土、附著的植被，還有些白色斑痕，透露出猛禽或烏鴉在這些裂隙中的築巢點。那些光禿的櫟樹比表面上更古老，生長在嚴苛環境——寒冷、多風，成長的季節多半籠罩在海岸的霧中——因此這些樹木會多樹瘤、發育不良，相當瘦。在其下方，冬日碎浪打在岩石上，在所有水霧能碰到

的地方，留下厚厚的冰冷光澤。

Mi-8從捷爾涅伊出發約三小時後，開始下降高度，在陽光下閃閃發光，穿過紛飛的雪花。這時，我看見了阿格祖機場，附近有三三兩兩聚集的雪地摩托車，機場本身也不過是工具棚和一塊空地。乘客下機之後，工作人員就忙著卸載貨物，清出空間供回程使用。

一位大約十四歲的烏德蓋男孩走到我身邊，臉上掛著嚴肅表情，黑髮多藏在兔毛帽下。我看起來與眾不同，顯然與這裡很不搭調。我二十八歲，蓄著鬍子，一看就知道不是本地人——我這年紀的俄羅斯人都會把鬍子刮得乾乾淨淨，當時這種風格簡直就是規矩，而我穿著蓬蓬的紅色外套，和俄羅斯男子穿的低調灰黑色一比著實顯眼。他很好奇，為什麼我會對阿格祖有興趣。

「你聽過魚鴞嗎？」我以俄文回答。在這趟遠征，以及從事和魚鴞有關的工作時，我多半會說俄文。

「魚鴞喔。是鳥嗎？」男孩回答。

「我是來這裡找魚鴞的。」

「你是來找鳥的。」他以平平的語調回應，帶著些許困惑，彷彿思索是不是有誤會。

他問，我在阿格祖有沒有認識的人。我回答，沒有。他揚起眉毛，問有沒有人會來找我。我說，但願會有。他垂下眉毛，皺起眉頭，之後在廢棄報紙的邊緣草草寫下他的名字，迎向我的視線，把紙條交給我。

「阿格祖不是那種可以讓你到處亂走的地方，」他說。「如果你想找個可以睡覺的角落，或需要協助，就到鎮上說要找我。」

　　就像海岸邊的蒙古櫟，這男孩是嚴苛環境下的產物，年輕的外表隱藏著老練的靈魂。我對阿格祖了解不多，但知道這裡可不能大意：去年冬天，有個氣象學家派駐到這裡，他是俄羅斯人（但依舊是個外人），他爸爸是我在捷爾涅伊認識的人。這位氣象學家遭人毆打，失去意識，被扔在雪中凍死。殺人犯沒有被公開指認，但在阿格祖這個這麼小、關係這麼緊密的村子，可能大家都知道是誰幹的，只是沒有人透露半個字給調查的警官。無論是何種懲罰，都可能私下處理。

　　我很快便留意到，田野調查團隊的領導者瑟格伊・阿夫德育克正在人群中移動。他駕著雪地摩托車來和我見面，我們之所以能快速認出彼此，可能因為都穿著厚重的羽絨外套，看上去頗特別。不過，沒有人會把瑟格伊誤認為是外國人——畢竟他削著短髮，上排金牙永遠叼根菸，散發出在這環境中如魚得水的氣勢。他和我差不多都是一百八十公分高，黝黑的臉龐滿是鬍碴，戴著墨鏡，以免雪地反射的日光導致看不見。雖然薩瑪爾加河遠征是我和蘇爾馬奇一起構思的計畫第一階段，阿夫德育克無疑是這裡的專案領導者。他有觀察魚鴞與深入森林遠征的經驗，而在這趟旅程中，我相信自己會對他的判斷言聽計從。幾個星期前，阿夫德育克和另外兩位團隊成員曾搭伐木業的便船，前往薩瑪爾加河盆地，出發地點是南邊三

百五十公里的港口村莊普拉斯通（Plastun）。他們還帶了兩輛雪地摩托車、裝滿設備的自製雪橇，以及幾桶儲備用油。他們從海邊速速前往超過一百公里長的上游，途中會放下食物與燃料儲存物，之後回頭，按照計畫回到海岸。他們在阿格祖暫停，與我相見，原本打算只停個一、兩天，卻和我一樣，得等待暴風雪停歇才能走。

　　阿格祖不僅是濱海邊疆區最北邊的人類聚落，也最與世隔絕。這座村子位於薩瑪爾加河其中一條支流的邊緣，居民約一百五十人，大部分是烏德蓋人。來到這裡，彷彿踏入時光隧道，回到往日。在蘇維埃時代，這裡是獵物肉品的交易中心，當地人是由國家付費的專業獵人。直升機會來到這裡收購毛皮與肉品，當地人則換取現金。一九九一年蘇聯解體之後，這行之有年的獵物肉品產業不久也崩潰。直升機不再前來，蘇聯解體後的快速通膨，導致獵人滿手的蘇聯盧布瞬間失去價值。想離開的人根本走不了；他們沒有資源可以離開。由於缺乏其他選擇，他們又回到為了有東西吃而狩獵的路。從某種程度來說，阿格祖的交易回歸到以物易物的系統：在村子裡的商店中，可用新鮮的肉，交換從捷爾涅伊以飛機運來的日用品。

　　薩瑪爾加河盆地的烏德蓋人在整條河岸四處分散建立營地，是相當近期的事；一九三〇年代蘇維埃集體耕作時期，這些營地被摧毀，烏德蓋人被集中到四座村莊，大部分來到阿格祖。這支民族被迫加入集體農耕，感到無助沮喪[1]，並反映在村子的名稱：阿格祖

可能源自於烏德蓋的「Ogzo」，意思是「地獄」。

　　瑟格伊引導雪地摩托車離開鎮上擁擠的小路，停在一座小屋前，當時那座小屋沒有人住，屋主到森林長期狩獵，允許我們暫住。就像阿格祖的其他住宅，這間房子也是傳統的俄羅斯樣式──單層木結構、斜屋頂，雙層玻璃窗的粗窗框有裝飾雕刻。兩名男子在小屋前卸下補給品，停下來和我們打招呼。他們穿著防寒連身滑雪褲與冬靴等現代服裝，顯然和我們是同一組團隊。瑟格伊點起另一支菸，向我們介紹這兩人。第一位是托利亞‧瑞佐夫（Tolya Ry-zhov）；矮壯黝黑，臉圓圓的，有濃密的鬍子與和善的雙眼。托利亞是負責拍照錄影的攝影師；在俄羅斯幾乎找不到魚鴞的影片，如果我們目睹魚鴞，那麼蘇爾馬奇想要證據。第二位是蘇里克‧帕博夫（Shurik Popov）：身材矮小，像運動員，棕色頭髮和瑟格伊一樣削得短短的，修長的臉經過幾個星期的田野調查之後曬得黝黑，雖然沒長出大鬍子，但還是有幾縷鬍鬚。蘇里克是團隊中能搞定一切的萬事通：如果需要做點什麼，無論是徒手攀登上朽木，探究是否有魚鴞窩，或打點十幾條供晚餐食用的魚，把魚內臟清乾淨，蘇里克都能快手完成，毫無怨言。

　　我們清掉一堆雪，才打開大門，進入庭院與房子。我穿過陰暗的小門廳，開啟通往第一個房間的門──是廚房。我吸口氣，感覺空氣寒冷不清新，瀰漫著燃木與菸臭味。在屋主前往森林之後，房子就密封起來，沒有加溫，而寒氣會把房子的氣味全都悶住。斑駁

牆面掉落的石膏散在地上，與捻過的菸屁股混在一起，燃木爐旁邊有使用過的茶包。

我穿過廚房，以及兩間側房的第一間，來到最後的空間。每個房間是以髒兮兮的花紋布分隔，門簾就歪歪掛在門框上。在最裡頭的房間裡，地上有很多石膏，因此腳步聲總是伴隨著壓碎聲，在其中一面牆的窗下，有幾塊看似冷凍的肉與毛皮。

瑟格伊從工具棚拿來好些木柴，點燃爐火，還確認先以報紙煽氣通風，畢竟屋內寒冷而屋外相對溫暖，會導致氣壓堵在煙囪裡。如果火生得太快，氣流就無法通到屋裡，房間會滿是煙霧。這裡的燃木爐和俄羅斯遠東區的多數小屋一樣，是以磚頭打造，上頭擺著厚鐵板，可放長柄小鍋，烹煮食物，或煮滾一壺水。燃木爐位於廚房角落，整合到牆體，讓溫暖的煙順著彎彎曲曲的管路，穿過磚造牆壁，之後從煙囪散出。這種燃木爐稱為「俄式爐」（Russkaya pechka），即使火已經熄滅，磚牆仍可保持溫暖好一段時間，讓廚房與位於屋子另一頭的房間暖和。我們神祕屋主的邋遢也展現在火爐上：雖然瑟格伊小心翼翼，但煙還是從無數的裂縫滲出，讓室內空氣瀰漫煙灰色。

等到行李都放進屋裡或門廳之後，瑟格伊與我帶著薩瑪爾加河地圖，討論起策略。他說，他和團隊其他成員已調查過上游五十公里的主流與部分支流，並尋找魚鴞。他們發現十對占有領域的魚鴞[2]——他說，以魚鴞來說，族群密度算很高。我們還得走最後六

十五公里，才能到達薩馬爾加村、岸邊及阿格祖一帶的森林。任務繁多，所剩時間無幾：那時已是三月底，加上天候不佳，我們沒能行動，導致時間更顯倉促。一離開阿格祖，就只能靠著結冰的河面前進，但河冰正在融化。若春天太早來，會對雪上摩托車造成危險，我們恐怕會卡在阿格祖與薩馬爾加村之間的河邊。瑟格伊建議，我們繼續在阿格祖外至少田野調查一週，同時留意春雪融化的情況。他認為，我們可以往更下游前進，或許每天前進十到十五公里，之後駕雪地摩托車，每天回阿格祖過夜。在這遙遠的環境，很難確保有溫暖的地方可以過夜：如果不在阿格祖，就搭帳篷睡覺。再過大約一個星期，我們預計會收拾行囊，前往阿格祖下游大約四十公里的狩獵營地沃斯涅申諾夫卡（Vosnesenovka），距離海岸約二十五公里。

我們第一夜的晚餐是罐頭牛肉和義大利麵，但吃到一半，幾個村民過來打岔。他們停下來，不拘小節，默默把一瓶四公升的百分之九十五酒精，和一桶生駝鹿肉與幾顆黃洋蔥放在廚房桌上。這是他們對今晚娛樂的貢獻——而他們想要的回報，就是聊聊天。濱海邊疆區這一帶在一九九〇年代以前，幾乎完全對外封閉，因此身為外國人，我已習慣被當成是新奇的東西。他們或許在電視上看過美劇《聖芭芭拉》（Santa Barbara），喜歡聽我說劇中的現實情況，也想知道我是不是芝加哥公牛隊的粉絲——這兩件事是一九九〇年代，在俄羅斯很受歡迎的美國文化象徵——他們也愛聽我讚美這位

於世界偏遠的角落。然而在阿格祖，任何訪客都會被視為小小的名流。對他們來說，我來自美國、瑟格伊來自達利涅戈爾斯克（Dal-negorsk）都沒差：兩個地方都充滿陌異色彩，都是可提供娛樂價值、一起喝酒的新奇人士。

隨著時間過去，人們來來去去，駝鹿肉排已煮好吃完，酒精也以穩定的速度消耗。在菸草及濾網般的燃木爐助陣下，房子裡越來越煙霧瀰漫。我坐在這裡，喝幾杯烈酒、吃肉與生洋蔥，聽這幾個人訴說一個個精彩的狩獵故事，看誰比較厲害，有人與熊、老虎擦身而過，有人度過危機四伏的河流。有人問，為何我不在美國研究魚鴞就好——畢竟一路來到薩瑪爾加河很費事——而我說北美沒有魚鴞，令他們大感驚奇。這些獵人了解荒野，但不明白他們的森林多奇妙與獨特。

最後，我點點頭示意，道聲晚安，就往後面的房間走，拉上門簾，想擋下煙霧與直到深夜的喧鬧笑聲。我就著頭燈的光亮，翻閱魚鴞報告的照片，那是我在俄羅斯科學期刊上找到的，盼能在明天的測試前抱佛腳。可惜沒有多少資訊。一九四〇年代，鳥類學家葉夫根尼・斯潘伯格[3]（Yevgeniy Spangenberg）是最早研究魚鴞的歐洲人，他的文章提供最基本的描述，說明能在哪裡找到魚鴞：乾淨、冰冷、鮭魚出沒的交錯河道。後來在一九七〇年代，另一個鳥類學家尤里・普金斯基[4]（Yuriy Pukinskiy）寫了幾份報告，訴說他在濱海邊疆區西北部比金河（Bikin River）見到魚鴞的經驗，並收

集關於築巢與鳥類鳴聲的經驗。最後，還有幾份蘇爾馬奇的報告[5]，他的研究主要專注於魚鴞在濱海邊疆區的分布模式。最後，我褪去外衣，僅穿著長內衣，戴上耳塞，鑽進睡袋。我對即將到來的一天滿心期待。

2

初次搜尋

　　那天夜裡，在阿格祖附近，魚鴞在獵捕鮭魚。聲音對魚鴞而言不那麼重要，因為魚鴞的主要獵物是在水下，不必在乎陸地上細微的聲音差異。囓齒類動物在悄悄通過森林地面碎屑時，鴞多半仍可追蹤[1]到這些狩獵目標的聲音，例如倉鴞就能在完全黑暗的環境中抓到囓齒類。不過，魚鴞則是要獵捕水面下移動的魚。這種獵捕策略的差異[2]會表現在身體上：許多種貓頭鷹有明顯的碟型面盤（facial disk），牠們臉上這種獨特的圓形羽毛生長模式，可讓最細微的聲響進入耳朵。但是，魚鴞沒有這麼輪廓分明的面盤。從演化上來看，魚鴞不需要這項優勢，久而久之，這性狀就消失了。

　　魚鴞的主要獵物為鮭科，然而鮭魚棲息的河流大部分會冰封幾個月。為了在平均溫度驟降到攝氏零下三十度的寒冬生存，魚鴞會累積豐富的脂肪儲量。這麼一來，魚鴞又變成烏德蓋人珍貴的食物來源[3]，吃完之後，還會把魚鴞的大翅膀與尾巴攤開乾燥，在獵捕鹿與野豬時當作扇子，驅趕會螫人的成群蟲子。

阿格祖淡淡的曙光，讓我看出自己身邊還有瓦礫與鹿肉。這會兒聞不到房子陳腐氣味，以及可能沾附在我衣服與鬍子上的臭味，看來我已習慣。隔壁房間裡，駝鹿骨、杯子與用光的番茄醬瓶凌亂堆放在桌子上。大伙兒睡眼惺忪地吃起香腸、麵包與喝茶，但幾乎沒人聊天。瑟格伊給了我一把糖果，說要當午餐，叫我拿外套、高筒防水膠靴及雙筒望遠鏡。要出發尋找魚鴞了。

　　雙輪雪地摩托車車隊轟隆隆駛過阿格祖，村民與犬群讓出狹窄道路，踩進路旁的深雪中，看著我們從身邊經過。濱海邊疆區的狗多半繫著狗鏈，負責看家，通常不開心、兇巴巴，但在阿格祖的狗卻不是如此。東西伯利亞雷卡犬（East Siberian Laikas）是一種頑強的獵犬，會三兩成群，在村莊裡泰然自若地漫步。這些狗最近會攻擊當地的鹿與野豬族群——整整一季的深深積雪上方，在晚冬形成了一層薄冰，這層冰在鹿蹄下會像紙一樣容易踩破，但犬科動物則能以柔軟的肉墊，安全踩上去。不幸遭到雷卡犬追逐的有蹄類動物會不知所措，彷彿陷入流沙，遭靈巧的掠食者三兩下咬個稀爛。方才行經的狗兒皮毛上都染著血漬，彷彿是這場殺戮的徽章。

　　我們在河邊分頭前進。其他團隊成員是這方面的老手，沒什麼需要討論；瑟格伊要托利亞告訴我該怎麼做。他與蘇里克駕著雪地摩托車往南，朝薩瑪爾加前進，托利亞和我則折返，經過直升機停機坪，停在一條支流旁，往東北離開薩瑪爾加。

「這條河是阿卡薩（Akza）」，托利亞說，在陽光下瞇起眼睛，望著狹窄的河谷，陡坡上只有光禿的落葉樹，以及零星幾棵被新雪壓低的松樹。我聽見河水汩汩流動的聲音，以及河烏（Brown Dipper）看見人類出現時發出的警告鳴叫聲。「有個曾在這裡打獵的人，年輕時被魚鴞搞到少了個睪丸，後來一見到魚鴞就格殺勿論。他會自己設陷阱、下毒、射殺魚鴞，反正呢，我們在這裡要做的，就是往上游探路，尋找魚鴞蹤跡，例如足跡和羽毛。」

「等等……被魚鴞搞到失去一個睪丸？」

托利亞點點頭。「據說他晚上出去，想到森林大個便——那時一定是春天——就這麼剛好，蹲到一隻剛離巢、還不會飛的小魚鴞上方。魚鴞脆弱的時候會仰躺下去，以爪子自我防衛。這隻鳥剛好抓到最近的皮肉，也就是最低垂的果子，就用力捏爆，然後……就這樣沒了。」

托利亞解釋，尋找魚鴞需要耐心，還要仔細觀察。由於魚鴞在大老遠就會驚飛，最好假設即使鴞就在附近，你恐怕也不會碰見——把焦點放在魚鴞可能留下的痕跡比較好。基本規則是慢慢走上山谷，尋找三個東西。第一，尋找一段未結冰的河水。在冬天，就只剩幾塊魚鴞的領域還有水流動，因此如果魚鴞出現，就可能是停在這種地方。需要仔細檢視河邊的雪，看看有沒有魚鴞在追蹤魚時留下的足跡，因為魚鴞可能從旁走過，同時悄悄跟蹤魚，或者在降落或起飛時所留下的初級飛羽。

第二種要找的東西是羽毛：魚鴞身上的羽衣總是會脫落（plum-age，譯註：羽衣，鳥類全身羽毛的統稱）。這情況在春季換羽時最常見，如絨羽般蓬鬆、可長達二十公分的半羽這時會脫落飄走，其羽枝（barb）就像上千根觸手伸出，攀著捉魚洞口或巢樹附近的樹枝——像是小小的旗幟，在微風中優雅閃爍光芒，默默宣布魚鴞的存在。第三種跡象就是一棵大樹上有大洞。魚鴞很大，因此需要在能稱得上森林巨人的樹上築巢，通常是古老的遼楊（Japanese pop-lar）或裂葉榆（Manchurian elm）。在一座山谷裡，通常樹木巨人就只有這麼多，一旦瞥見這種樹木，就應該馬上過去，好好檢視一番。若發現一株巨木附近有半羽，那一定是找到了巢樹。

起初幾個小時，我和托利亞在河底邊走邊看，他會指出要好好觀察的樹木，以及或許可看出端倪、應仔細審視的幾塊水域。他深思熟慮地移動。我注意到，瑟格伊會當機立斷，堅定採取行動，並嫌托利亞看起來很懶惰。但是托利亞不慌不忙的做法讓他成為好老師、好相處的同伴。我也得知，托利亞常幫蘇爾馬奇工作，記錄濱海邊疆區的鳥類自然史。

下午，我們停下來泡杯茶。托利亞開始生火，煮滾河水。我們咬碎硬糖果，啜飲著茶，這時茶腹鳾（Eurasian nuthatch）在上方樹上好奇地吱吱喳喳。吃完午餐，托利亞建議由我帶頭，讓我發揮直覺及早上所學，同時由他來觀察。我認為該探索某一段水域，但托利亞則不考慮，認為那邊太深，魚鴞無法在此捉魚，而另一段的

柳樹太茂密，大型鳥類的翅膀無法通過。我在一處緩慢的回水區跌入冰中，所幸只深及膝蓋，高筒防水膠靴能讓我保持乾燥，但我也學到托利亞手上的冰桿很有用——冰桿的尖端有金屬耙子，可測試冰的堅固程度，再決定是否要踏上去。我們順著溪流前進，直到山谷成為陡峭的Ｖ型，河水消失在冰雪與岩石下。

那天，我們沒能找到魚鴞的蹤影。到了傍晚，我們逗留一會兒，心想說不定有鴞會鳴叫，但河畔的雪上沒有動靜，森林一片悄然。我問問托利亞，像今天這樣沒有實際成果，該做何反應。他解釋，即使魚鴞就住在我們站著的這塊地，仍可能要花一個星期的時間尋找、傾聽，才能真正偵測到牠們。這消息聽起來真令人洩氣。舒舒服服坐在蘇爾馬奇的海參崴辦公室，談談尋找魚鴞是一回事；現實觀察的過程這麼寒冷、陰暗、靜默無聲，又完全是另一回事。

一直要到天黑後許久，或許已經九點，我們才回到阿格祖。雪地上，映照著小木屋窗戶透出忽隱忽現的燈光，說明瑟蓋伊和蘇里克已回來。他們以鄰居送的馬鈴薯和駝鹿肉煮湯，還有個穿著過大的派克大衣、身材削瘦的俄羅斯獵人也加入。他自稱雷夏（Lë-sha），看起來約四十歲，厚厚的眼鏡鏡片導致眼睛看起來變形，但不足以遮掩酒醉的程度。

「我已喝了十到十二天。」雷夏不帶感情地說，沒有從廚房餐桌旁起身。

我和瑟格伊聊起那天的印象時，蘇里克正在舀湯，托利亞從門

廳回來，手上拿著一瓶伏特加，鄭重其事地放在餐桌中央，還擺了些杯子。瑟格伊眼神冒出怒火。俄羅斯的社會習俗通常會規定，一旦在桌上擺一瓶伏特加請客，就得等酒瓶空了才能拿走。有些伏特加酒廠甚至不在瓶子上附瓶蓋，只包一層薄薄的鋁箔，可輕鬆戳破──反正瓶蓋沒什麼用，酒瓶不是滿的就是空的，兩種狀態之間只有短短的時間。那一夜，瑟格伊和蘇里克想休息，不要喝酒，托利亞卻給他們一瓶伏特加。我們有五人，但是托利亞只在桌上放四個杯子。我一頭霧水看著他。

「我不喝。」托利亞回答了我沒說出口的問題。這樣他就不必因為又狂飲一夜而吃苦頭，而我發現，這是他的習慣──代替我們送伏特加給賓客，卻沒有和團體先商量，且通常時間點並不妥當。

我們一邊喝湯、飲酒，一邊聊天。瑟格伊解釋，薩瑪爾加河雖不特別深，但可別小看水流的力道。若運氣不夠好，在穿越冰的時候可能沒時間脫身；水流可能會把人吸到底下，朝著快速、冰冷與令人暈眩的死亡前進。雷夏還說，那年冬天就發生過這種事；有個村民失蹤，有人發現，他通往一處小而陰暗的冰縫中，那冰縫可看出薩瑪爾加河多麼洶湧。有時在下游河口會發現人類骸骨：是薩瑪爾加河幾年前的罹難者，在木材、岩石與沙之間糾纏歪斜。

我看見雷夏在看我。

「你住在哪？」他口齒不清地問道。

「捷爾涅伊。」我回答。

「你是從那邊來的嗎？」

「不是，我來自紐約。」我回答。這樣比較簡單，不必向看起來不理解北美地理的人解釋明尼蘇達州與中西部。

「紐約……」雷夏重複，之後點燃香菸，看著瑟格伊，彷彿突破酒醒，理解到重要的事。

「你為什麼住在紐約？」

「因為我是美國人。」

「美國人？」雷夏眼睛瞪得斗大，再次看著瑟格伊。「他是美國人？」

瑟格伊點點頭。

雷夏重複了幾次這個字，同時不可置信地盯著我。他顯然沒見過外國人，當然也沒料到對方會說流利的俄語。在阿格祖家鄉、和冷戰時期的敵人同桌，實在是不容易連結的事。外頭傳來的聲音讓我們分心，接下來，有一小群人進來；許多人是我前一晚認識的。我希望明天早上頭腦清醒，因此覺得這時代該回到後面房間了，托利亞則是逃出去和安普利夫（Ampleev）下棋。他是俄羅斯當地人，已經退休，住在對街。我就著頭燈的光線，記錄一些那天發生的事，之後鑽進睡袋，再度皺著眉，看到角落被忽視的肉與毛皮，紅紅的，亮亮的，就像我們所仰賴的河冰，已開始軟化。

3

阿格祖的冬季生活

　　翌晨的光線灰濛，瑟格伊已起床，指尖夾著香菸，蹲伏在悶燒的燃木爐旁邊。他吐出的煙霧彎曲交疊，之後在通風口前匯聚，消失於壁爐中。瑟格伊咒罵著傾倒在桌邊空空的大酒瓶，說得趕緊離開阿格祖——酒會要了他的命。他說，我們在這件事情上無法發揮自由意願，只要還待在阿格祖，就得討好村民。

　　準備前往田野時，瑟格伊提醒我，在距離魚鴞夠近、可以觀察時，魚鴞可能已經溜走，因為牠們對人類戒心很高，我也該更警覺一點。他說，有件事倒是對我們有利：魚鴞在飛行時聲音很大，這個特點讓魚鴞與其他鴞類親屬不同。多數鳥類在飛行時會有很大的聲音，有時僅從鳥類振翅聲，就能辨別出某些鳥類。然而典型的鴞基本上是完全無聲的[1]。這是因為其飛行羽邊緣有微小如梳子般的凸出物，其功用像是隱身衣，會在空氣碰觸到翅膀前就把空氣排開，降低聲音。這樣鴞在追蹤陸地的獵物時具備優勢。不令人意外，魚鴞的飛行羽是平滑的，之所以缺乏這種適應性變化，是因為

魚鶚的主要獵物是在水下。當魚鶚以沉重的翅膀飛過時，可以聽見空氣振動的阻力，在安靜的夜裡尤其明顯。

這天的規畫和之前差不多。許多魚鶚田野研究都是重複的動作：尋找、再尋找。我們得採用合宜的洋蔥式穿法，因為會整天待在野外，直到夕陽西下。在午後陽光下登山時，我雖然連刷毛外套的拉鍊都解開，但天黑後，溫度陡然下降，我坐著不動，傾聽四下動靜時，這件外套根本不足以保暖。除了一雙防水高筒膠靴之外，這項工作不需要其他特殊裝備或工具。托利亞有攝影設備，但他會把東西放在基地，只有當發現有值得拍攝的事物時才會攜帶。

我又再度與托利亞搭檔，他答應要載棋友安普利夫一程，到河邊捕魚。我們把其中一座空雪橇連接到托利亞的綠色雪地摩托車，開到幾棟房屋外，停在安普利夫的小木屋前。他很快出現，穿著厚重的毛皮外套，帶了根冰桿，還有木製釣魚箱，可當作冰上的坐凳。他在雪橇上伸展，彷彿斜躺在沙發床上，而隨他一起出門的雷卡老狗，蜷在他身邊望著我。他倆都已上了年紀，無法打獵，但釣魚倒是不成問題。

「魚鶚！」安普利夫帶著濃重腔調的英文對我說，咧嘴一笑。大夥兒出發了。

托利亞駕著雪橇，聽這位老先生指示，在阿格祖南邊將引擎熄火，這段河流上的冰有鑽孔機打洞之後重新凝結的痕跡。顯然，這裡是很受歡迎的釣場。

安普利夫和狗輕鬆離開雪橇，托利亞則使用鑽孔機，鑽幾個冰洞。每回快速俐落的鑽孔，會迫使雪泥與水湧出，漫到表面的冰上。在四月初的這天，身邊冰凍的世界透露著春天的跡象：到處有融冰的區塊，劇烈改變的前兆即將出現。這是我第一次來到真正的薩瑪爾加河，感覺到某種惶恐不安與敬畏。我所聽過關於這條河的故事，都為這條河賦予傳奇色彩：薩瑪爾加河為阿格祖帶來生命，但這也是一股毫不留情的嫉妒力量，在河流的地盤卻不夠注意的人，會受到河流打擊、傷到殘廢，甚至一命嗚呼。

托利亞把雪橇拆下，告訴我他要往上游尋找雪鴞，之後赫然發現，他並沒有幫我安排計畫。

「呃，不然你視察這些開放水域的區塊，看看有沒有魚鴞的足跡，」他說，隱約揮舞著冰桿，畫出廣大的弧形。「我大概一個小時左右後回來。」

他把冰桿交給我，告訴我可以自由運用。

「用這來敲打冰，如果聽起來空空的，或是敲得出洞，就別往那邊走。」

他就在引擎的嗒嗒巨響中離開，留下雲霧般的廢氣。

安普利夫拿出一根短釣竿，從釣魚箱取出有污痕與油漬的罐子，裡面裝滿冷凍鮭魚卵。之後，他把釣魚箱蓋上，當成座椅。這位老先生把手伸進冰洞，按揉幾個暗橙色的圓球，讓圓球在水中軟化。他把魚卵裝上魚鉤，將釣線拋入薩瑪爾加河，消失在視線中。

我指著一處沒結冰的水域，托利亞建議我到那邊視察，而我問安普利夫，那邊的冰安不安全。他聳聳肩。

「每年這時候，哪裡的冰都不安全。」

他的注意力回到洞口，輕輕移動手腕，這樣魚鉤和魚餌就能在下方的朦朧光線中舞動。雷卡犬的關節不靈光，一跛一跛閒晃著。

我一步步在冰上謹慎前行，途中穩穩敲擊著冰，彷彿害怕踩到某個隱藏的陷阱。我確保與每個未結冰水域保持一大段安全距離，改以雙筒望遠鏡審視積雪的邊緣，尋找魚鴉足跡。什麼都沒找到。我慢慢走，往下游大約走了一公里，從一小塊開敞空間前進到另一塊，之後聽到雪地摩托車的聲音，車子離開了約九十分鐘。當我回到釣魚地點時，看見托利亞已接來蘇里克，兩人都加入安普利夫的冰釣行列，以彎彎的魚竿從看不見的河水中拉起櫻鱒（masu salmon，譯註：又稱馬蘇鮭）及北極茴魚（Arctic grayling）。

釣魚時，蘇里克告訴我，他和蘇爾馬奇都來自農業小鎮蓋沃龍（Gaivoron），距離濱海邊疆區西邊的興凱湖（Lake Khanka）邊緣僅僅幾公里。像蓋沃龍這樣的村莊經濟很蕭條，沒有多少工作機會，村民相當貧窮，導致酗酒、健康不良，過早死亡也很普遍。蘇爾馬奇把同村的男孩蘇里克納入自己的羽翼下，讓他免於淪入這般宿命：他教蘇里克如何使用霧網來捕捉繫放鳥類（或準備毛皮，供博物館收藏），以及如何從鳥類身上適當收集纖維與血液樣本。蘇里克並未受過正式教育，但是他會悉心製作鳥皮標本，小心記下田

野筆記，也是尋找魚鴞的專家。他會攀登高大枯朽的老樹樹幹，檢視有沒有樹洞與魚鴞巢穴，能力傲視群倫——他覺得穿著襪子時最得心應手——是團隊的真正資產。

我們在冰釣孔附近逗留，直到夜幕低垂，一心期盼能聽見鴞的聲音。我盯著林木線，渴望辨識樹之間的動靜。遙遠的聲音都能讓我豎起耳朵，但我其實不知魚鴞的聲音聽起來如何。當然，我讀過一九七〇年代普金斯基研究中的超音波圖[2]，也聽過蘇爾馬奇與阿夫德育克模仿魚鴞在陸地上的叫聲，只是無法確知這些聲音在現實生活中的逼真程度。

魚鴞夫妻會對唱[3]，以二重唱發出鳥類鳴聲。這項特質並不常見[4]，在全球已知的鳥類中占不到百分之四，且大部分出現在熱帶。通常先開啟魚鴞對唱的是雄鳥，會讓喉嚨氣囊充滿空氣鼓起，宛如有羽毛的牛蛙怪物。雄魚鴞就會維持這樣子，喉嚨白色區塊此刻成為顯眼的球，與身上的棕色及日暮的灰色形成對比。這是在對配偶發出訊號，說明即將要發出鳥鳴。過一會兒，牠會發出如短促啾啾的咕聲，好像人類喘不過氣，而雌魚鴞會立刻以較深沉的聲音回應。這在鴞類中並不常見，因為雌鴞通常聲音較高。之後，雄鴞會發出更長、略高的鳴叫聲，雌鴞也會回應。這四個音的呼叫與回覆不會超過三秒，以固定間隔重複對唱，可能延續一分鐘到兩個小時。由於雄鳥與雌鳥會同步進行，因此許多人聽見一對魚鴞鳴唱時，會以為只有一隻鳥。

但那天晚上我們沒聽到這樣的聲音，天黑後回到阿格祖時，覺得又冷又失望。我們在這裡把捕捉到的東西處理乾淨後炸來吃，並與駐足於此的所有人分享。同伴甩開那天的挫折，迅速把焦點放在飲食上，而我明白對瑟格伊、蘇里克與托利亞來說，這就只是個工作。有人的工作是蓋房子，有人是開發軟體，而這團隊成員是專業的田野助理，只要蘇爾馬奇找到哪種物種的研究經費，這些人就會去尋找這物種。對他們來說，魚鴞就是另一種鳥。這一點沒什麼好批評的，但是對我來說，魚鴞的意義遠不只於此。我的學術生涯，甚至這瀕危物種的保育，都仰賴我們可以發現什麼，以及如何利用這些資訊。這就得靠我（與蘇爾馬奇）分析數據，理解其中的意義。在我看來，今天出師不利，就寢前擔心缺乏進展，及河面上的冰持續融化。

隔天是另一趟前往森林的旅程，我與瑟格伊搭檔。我們要尋找魚鴞的地方，只比前一天的地點略為偏南，瑟格伊準備下午就從村子裡離開。這麼一來能多出幾小時的餘裕，尋找魚鴞出沒的證據，之後再把焦點放在傾聽黃昏時的鳥類鳴聲。出發前，瑟格伊想檢視即將往下游出發的旅程計畫，確保在阿格祖剩下的這幾天，都有充足的劈好的木柴，可供生火。

上午，我在廚房泡杯紅茶，研究地圖，瑟格伊則在外頭劈柴。突然間，像熊一樣魁梧的傢伙從門口衝進小屋，朝著桌邊走去。這

男子人高馬大，毛髮濃密。他穿著厚厚的鞣皮大衣，裡頭襯著毛氈，可能是自己做的。他左邊袖子空蕩蕩地垂著。我想，這應該就是沃洛迪亞‧洛波達（Volodya Loboda），鎮上唯一的獨臂獵人。當地人稱讚他是阿格祖最厲害的神射手，只是有一回狩獵時發生不幸，導致殘障。

這位身材魁梧的人坐著，隨手從大衣口袋抽出兩罐半公升的啤酒，咚地放到桌上。這酒瓶看起來很溫暖。

「聽說，」沃洛迪亞開口道，第一次迎向我的眼神，「你打獵。」

他的語氣是陳述事實，不是提問。沃洛迪亞看著我，彷彿預期會得到獵人之間的對話回應：我喜歡獵什麼、在哪裡打獵、使用哪種來福槍。我是這樣想的，畢竟我不是獵人，於是我告訴他，我不打獵。他在凳子上挪動身子，殘肢放到桌上，眼神沒有別開。看得出來，他手肘下的手臂不見了。

「那麼，你是釣魚的。」

同樣是個陳述，但不那麼肯定。我在否認時，回答得有點抱歉。他不再看我，並倏然站起。

「那你到底在阿格祖幹嘛？」他吼道。

雖然是個問句，但顯然已有想法。他把那兩罐尚未打開的啤酒放回大衣口袋，什麼話也沒多說，就轉身離去。

洛波達這樣閃人，著實令我吃驚。從某方面來說，他這樣也沒

錯：薩瑪爾加河可不是讓人鬧著玩的地方；這裡的荒涼地景與他失去的手臂就是證明。但是從另一方面來看，我來到阿格祖的目的——學習關於魚鴞的知識，盡量幫這個地方維持原始樣貌——就能確保洛波達及像他那樣的人永遠能有鹿可獵，有魚可抓。

午餐後，瑟格伊和我打包了硬糖果和香腸，準備在下午早早往河邊出發。在阿格祖邊緣，瑟格伊把雪地摩托車放緩到怠速，來到一間陌生的小屋旁。裡頭有個男人站在門邊，透過小小的玻璃窗，瘋狂朝著我們揮手。他看起來很惶恐，眼睛瞪得斗大，以動作示意我們過去。

「你留在這。」瑟格伊說。

他下了車，穿過大門與前院，順著木板鋪成的小徑來到門廊。裡頭那個人往下指著某個東西，並大聲嚷嚷。這下子我發現門邊有個掛鎖。那個鎖並未上鎖，但放置的方式能避免門從裡面被打開。瑟格伊站在那裡，瞪大眼睛，受困者繼續懇求他，並指著東西。但他喊出的話語中，不知是什麼讓瑟格伊覺得不中聽，於是他猶豫了一下才打開鎖，再朝著雪地摩托車回來。那人像被囚禁太久的野獸般暴衝出來，踉蹌搖晃，從瑟格伊身邊衝過去，穿過院子，跑到街上。看來這人心神錯亂，無法協調。

我看見門仍開了一條縫，裡頭有個小男孩站在黑暗中，猜想那孩子大約六歲吧。我指給瑟格伊看，說那邊還有個小孩，瑟格伊轉身咒罵。

「他老媽把他鎖起來，以免他跑出去喝酒，」瑟格伊解釋。「他沒說裡頭有個孩子……」

　　男孩在寒冷中，瞥看爸爸逃出去的方向。爸爸已經消失在視線中，於是他伸手，默默把門拉回關上。

4

沉默的暴力

　　我們緩緩離開村莊，沿著平緩的河岸前進，來到結冰的支流上，途中行經幾株高瘦柳樹，最後來到河邊，宛如從擁擠的小巷通往主要幹道。再過幾週，冰就會融化，眼前景象將截然不同。由於薩瑪爾加河是阿格祖與薩瑪爾加村之間唯一的通路，為了避免融冰時發生危險，阿格祖的居民會留在村子裡。每年不得不遺世獨立，直到春天洪水把最後的融冰沖進韃靼海峽。融冰期時，獵人和漁夫不再騎乘雪地摩托車，也會收起冰桿，確保船隻能使用。

　　瑟格伊順著雪地摩托車的車痕小徑，來到結冰的河中央，知道有人已走過這條路，冰能承受得住，不會崩裂。我們經過老先生昨天釣魚的地方，之後在山嘴急轉彎——還記得在搭直升機時，曾見過這條長而多岩的指狀突出物——而經過這個地方之後，河谷就會大幅變寬。在這裡，索卡特卡（Sokhatka，譯註：意為「小駝鹿」）河會與薩瑪爾加河交會，在兩條河交會處還出現針葉與闊葉混合林，有些樹木頗為高大。只是我當時缺乏經驗，不知這就是完美的

魚鴞棲地。

　　魚鴞在選擇領域時得小心：夏天時極適合捕捉魚的河段，到冬天可能變成一塊扎實的冰，因此魚鴞得找出泉水或天然溫泉湧出的河道，這樣才能在冬天提高到足夠的水溫，確保全年不結冰，足以讓牠們生存。魚鴞夫妻會尋找這種地方，並予以防衛，不讓其他魚鴞進入。

　　瑟格伊與蘇里克昨天曾前來此地，雖然尚未找到魚鴞的證據，瑟格伊仍認為可保持樂觀，進一步檢視。他想要更深入探索索卡特卡河，並在黃昏時分傾聽鴞的鳴聲。我們停下雪地摩托車，繫上滑雪板。這是俄羅斯獵人的滑雪板[1]——很短的滑雪板，大約一點五公尺長、二十公分寬，功能和雪鞋類似。這種滑雪板著重於能在路面上移動，而不是加速；其固定器相當單純，就只是一圈布料，讓腳能夠套進去，提高些許操控性。傳統上，獵人會以紅鹿皮固定在滑雪板下方，增加牽引力，但我們的滑雪板則是使用輕盈的合成底皮，是我從明尼蘇達州帶來的。

　　在積雪幾公尺深的雪地上，我以獵人滑雪板前進，動作相當笨拙，因為對於尋找魚鴞還不熟悉，因此我尾隨在樹木間靈巧移動的瑟格伊。我們在森林裡蜿蜒繞著大圓圈，之後返回薩瑪爾加。這天下午很美，可惜缺少魚鴞的跡象，讓我沒什麼士氣。瑟格伊似乎確信，我們會在這裡找到些什麼。回到索卡特卡河道與薩瑪爾加河的交會處，我們沿著兩條勉強結冰的河之間的小丘前進。我剛好看見

一個飽受摧殘的小巢殘骸，那是上一季留下的，位於此刻光禿禿的灌木叢深處，被樹枝保護著。草與泥巴打造的杯狀物裡細心鋪著柔軟的羽毛，那是鳴禽不知從哪裡找來，有溫暖鳥巢的作用。我拿起一根歷經風吹雨打的羽毛：一定是來自猛禽，說不定就是鴞。我給瑟格伊看看這羽翎，他露出燦爛微笑。

「是魚鴞的羽毛！」他說，把這戰利品高舉，讓午後日光穿透。「就知道魚鴞在這！」這根羽毛大約是他半個手掌長，又舊又髒：有碎屑攀附在上，羽片（vane）也破碎不完整，但依然是重要的證據。

更仔細查看鳥巢之後，發現裡頭還有更多魚鴞的羽毛。鳴禽通常會在鳥窩附近收集築巢材料，因此這些魚鴞羽毛可能是在附近發現的。這下子我們士氣大振，決定分頭進行，傾聽魚鴞叫聲。黃昏只剩大約一個小時，瑟格伊想要往下游的對岸前進，拉大這次田調的涵蓋範圍。他會順著河流往南兩、三公里，之後回來接我。在清澈的冬季空氣中，雪地摩托車的聲音越來越遠，即使已消失在視線中，我還是聽得見引擎的轟隆巨響。

輕柔的風撫過樹頂，山楊、樺樹、榆樹與白楊稀疏的林冠嘎吱響，有時風會猛然增強，往下方的結冰河上吹。我在風聲中試著辨別魚鴞的獨特叫聲。魚鴞的鳴鳴聲頻率[2]在略低於兩百赫茲的範圍，和烏林鴞（Great Gray Owl）差不多，比大鵰鴞（Great Horned Owl）還要低一倍。事實上，這頻率很低，很不容易以麥克風來捕

捉。在我後來製作的錄音帶裡，即使魚鴞就在不遠處，但叫聲聽起來總是遠而沉悶，好像差點錯過。鳴聲頻率很低的目的是，確保這聲音可在濃密的森林中清楚傳出去，甚至幾公里之遙也能聽見。在冬季與早春尤其如此，因為這時只有稀少的樹能供掩護，而凜冽的空氣也會促成聲波的移動。

二重唱既是在宣誓領域，也是證實魚鴞的配偶關係。對唱的頻率會依循年度週期[3]，二月正值繁殖期，會是最積極的鳥鳴期。每一回的對唱在這時可能很長，維持幾小時，在整個夜裡都能聽見。然而到了三月，雌鳥開始孵蛋，這些鳴叫只有在黃昏時最明顯，或許是因為魚鴞不願大聲宣告巢的所在位置。對唱在蛋孵化與雛鳥出現時又會增加，但是到了夏天則會開始降低頻率，直到下一次繁殖季來臨。

在等待時，風勢越來越強勁，我有點擔心寒風就這樣灌進禦寒衣物，畢竟我靜待在原地，暴露於環境中。我瞥見約一百公尺外有巨大的原木半埋在雪中，那應該是棵大樹，但在一場暴風雨中被連根拔起，任由洪水沖到此處。我在樹根座旁的雪地，以腳挖出一塊凹處，蹲伏在此避風，這裡大部分都被樹根與影子遮蔽著。

大約半小時後，我咬著最後幾顆硬糖果，樂在其中時，沒聽到麅鹿（roe deer）靠近。牠就這樣衝進我視野，距離不到五十公尺處，努力地在堅硬的河冰層上往上游蹦跳而去，一隻獵狗緊追其後。這隻氣喘吁吁的麅鹿來到一處未結冰的深水域，約有三公尺

寬、十五公尺長，牠毫不停歇，蹦進水中前進。或許牠想要跳躍過水域，卻發現力不從心，可惜為時已晚。那隻狗是雷卡犬，很快停下來發出長嚎，齜牙咧嘴。我在原地無法動彈。我躲在樹根之間，從這低矮的視角只能看到麋鹿的頭部——口鼻部仰得高高的，鼻孔撐得斗大——在清晰的河面線條上載浮載沉。這隻麋鹿短暫應付水流，最後也只能屈服，像是沒了方向舵的船一樣漂流，隨後消失在往下游的冰緣。我站起身，想要有更好的視野，卻只看到水默默湧流，宛如開放的傷口。我想像那隻麋鹿在冰下的黑暗中，肺可能灌滿水，成為薩瑪爾加河的另一條冤魂，就這樣靜靜往東邊的海漂去；此刻，冬天不重要了，狗也不重要了。那隻雷卡犬注意到我的動作，遂轉身朝著我，豎起耳朵，口鼻部顫抖，彷彿在質疑。後來，牠懶得理會我這陌生人，再度把注意力焦點轉向那暴露的河，又嗅又聞，之後往下游折返。

我回到自己在樹旁挖的洞，驚訝看著這地方默默發生的暴力。大自然的原始二分法依然主導著薩瑪爾加河上的生命：飢餓，或者飽足；冰凍，或者流動；活著，不然就死去。稍微偏移，就可讓天秤往另一邊傾倒。村民可能在錯誤的地方釣魚而溺斃，麋鹿可能躲過被掠食者俘虜，卻因為走錯一步，逃不出死亡的魔掌。在這裡，生死的界線能透過河冰的厚度來衡量。

空氣中有股令人沉默的顫慄，讓我回過神。我坐起身，脫掉帽子，讓耳朵露出。在好一段無聲靜默之後，我又聽到聲音了：遙

遠、悶悶的顫音。但那是魚鴞嗎？那一定是在索卡特卡河谷挺遠的地方，而我可能只聽到一、兩個音，不是預期的四個。而我對魚鴞聲音的了解，都是從瑟格伊與蘇爾馬奇粗啞的模仿聲中學來，很難評斷和實際叫聲相比，他們究竟模仿得好不好？總之，是和我現在聽見的搭不起來。或許這裡只有一隻魚鴞，而不是一對？或許是鵰鴞（Eurasian Eagle Owl）？但鵰鴞的聲音比我聽見的要高[4]，且不是二重唱。這聲音每隔幾分鐘就重複，直到幾乎無法察覺的日夜轉換慢慢結束。在這黑暗中，鳥類鳴聲也停止了。

下游傳來起起伏伏的高音調轟鳴聲，代表瑟格伊回來了，不多久，我看見雪地摩托車的頭燈，在雪地投下慘白的光束。

「如何？」我走出來迎向他時，他得意洋洋地說。「聽到了嗎？」

我說，大概有吧，但或許只有一隻。他搖搖頭。「有兩隻——是二重唱！雌鴞的鳴叫聲比雄鴞低，比較難聽到，所以你可能錯過了。」

瑟格伊的聽覺十分靈敏——當我只聽出雄魚鴞帶著呼吸聲的高音時，他可以很有把握地分辨遠處的二重唱。後來，就算我確信只有一隻鳥，我們更躡手躡腳靠近一點時，我才能認出還有雌鳥。魚鴞是留鳥[5]，在同一個地方忍受炎炎夏日與冰雪寒冬，因此如果聽見二重唱，表示這對魚鴞駐留在這片森林。魚鴞是長壽的鳥[6]——曾有紀錄顯示，野生魚鴞超過二十五歲——因此對唱的魚鴞很可能

年復一年，都在同一個地方。然而，如果只聽到一隻魚鴞嗚嗚，可能表示這隻鳥是單身漢，正在尋找自己的領域或配偶。但今天聽到一隻鳥，不表示明天這隻鳥還在這，接下來幾年更不可能。我們需要的是找出長住在此的魚鴞夫妻，當作研究族群：這是我們要追蹤的魚鴞。

我告訴瑟格伊那隻麕鹿與雷卡犬的事。

他啐了口水，不可置信地搖頭。「我剛剛才從那條狗身邊經過！我看見牠主人在河下游釣魚。他說，他的那群狗今天才殺了五隻麕鹿與三頭紅鹿！他抱怨，整個冬天，有錢的城市人都飛到阿格祖獵麕鹿與紅鹿，所以森林空蕩蕩的。此外，他沒注意到的那隻狗害一隻獵物淹死了！」

我們默不作聲，回到阿格祖。

那天晚上，屋裡來了幾個客人，但沒有前幾晚那麼多。其中一個是戴眼鏡的獵人雷夏。他得知我是美國人後又一副眼花的模樣，和前兩個晚上一樣。他忘記我們之前已聊過了——之後又懊悔，他已醉了十到十二天。

「他兩天前也那樣說。」我悄悄告訴村民的領袖之一，一個沒有刮鬍子，一臉疲憊的俄羅斯人。

他哈哈大笑。「雷夏整個星期都在說『十到十二天！』，很難說他到底醉了多久。」

我走到戶外，想呼吸點新鮮空氣。那位沒刮鬍子的村民領袖和我出來，點了根菸。他幾乎與我肩並肩，一同站在通往茅房的狹窄通道，並隱約在黑暗中搖晃，可能是因為喝了伏特加，還有腳下不平坦的積雪。他聊起在阿格祖的歲月：如何在年輕時來到這荒野之地，之後就不再離開；他為何無法想像在其他地方生活。星星開始布滿整個清朗天空，村中犬隻的嚎叫聲一波波傳來，蓋過附近柴油發電機的轟鳴。這個人說話時，我聽到一種奇怪而柔軟的聲響，於是有點不可置信地發現，他已解開褲子拉鍊，在離我一兩步的地方尿尿。他一手插腰，一手夾著菸搔搔頸背，同時繼續訴說他對薩瑪爾加河的愛。

5

順流而下

團隊在阿格祖待了將近兩週，先是等我的直升機抵達，之後則和我一起出動。在這裡能做的事還不少，但一提到對當地搜尋的滿意度、河冰即將融化，還有爆肝危機，瑟格伊指示該走人了。在我加入之前，這團隊在上游森林認識了一位名叫查普列夫（Chepelev）的獵人，和他比過腕力。他邀請我們到他的小木屋工作，那地方在阿格祖南邊約四十公里，稱為沃斯涅申諾夫卡（Vosnesenovka）。於是，我們遷移據點。瑟格伊認為那邊的氣氛較平和。我才來到阿格祖五天，若在索卡特卡河待久一點，尋找明知存在於斯的魚鴞巢樹，對我而言較有利。但魚鴞在某個領域棲息，並不能保證牠們有在那裡築巢。這是因為俄羅斯的魚鴞和多數鳥類不同[1]，兩年才繁殖一次，一次只養育一隻幼雛，較少孵育兩隻。在海岸另一邊的日本，魚鴞通常年年繁殖，每次孵育兩隻幼雛。

這種繁殖子代數量的差異原因何在，仍不得而知，但我認為和河流中有多少魚能供魚鴞獵捕有關。在日本，魚鴞能勉強避開滅

絕的命運[2]，是因為政府協調介入，投入大量財政資源，魚鴞族群有將近四分之一是在人工魚池覓食。這可能表示，日本魚鴞吃得比較好，身體條件更有利繁殖。在俄羅斯，一對魚鴞可能專注養育一隻雛鳥[3]，而這隻雛鳥在孵化後十四到十八個月都跟隨著父母──以鳥類來說，這時間長得驚人──之後才會飛走，尋找自己的領域。相對地，北美大鵬鴞年輕時[4]個頭小小的，體重僅有成年魚鴞的三分之一，但四到八個月就會尋找自己的領域。

　　不過，確認這區域是否有魚鴞夫妻存在，就足以成為這趟遠征的目的，因為這趟遠征的設計，就是為辨識薩瑪爾加河沿岸能發現魚鴞的主要地點，避免伐木業進駐。我能理解瑟格伊多麼急切：我才到阿格祖幾天，但其他人已飽受當地人的款待將近兩週。只要雪橇準備好，我們就該盡快往南出發。

　　一行人花幾小時的時間整備。托利亞小心翼翼，把食物全裝進防水的大型桶子。蘇里克從我們日漸減少的儲油中，為雪地摩托車的油箱裝滿汽油。瑟格伊問幾個當地人該走哪條路線。我們把大部分的重量堆到黃色木製雪橇上，那是瑟格伊在達利涅戈爾斯克（Dalnegorsk）的自家車庫打造的。這雪橇和較大的黑色山葉摩托車（Yamaha）相連。另一輛較小的是綠色山葉雪地摩托車，偏向休閒用途，其設計是講究快速，拉動鋁製雪橇，上頭置放較輕的裝備。我們把補給裝箱打包，外面整齊蓋上幾層藍色防水油布，再全以繩索捆緊，繫在雪橇上，以免途中掉落，同時也有防水之效。

托利亞獨自駕著生氣十足的綠色雪地摩托車，而我則跨坐在黑色山葉的長椅上，前面是瑟格伊。蘇里克站在摩托車拖曳的黃色雪橇後架，看起來像站在狗拉的雪橇上。我們的位置安排經過考量：要是陷入深雪中，蘇里克和我可以立刻下來推車，讓車子有動力繼續往前。我們帶頭，托利亞殿後。

　　我們沒有大聲張揚，悄悄離開阿格祖。幾個當地人出來，祝福我們一路順風，包括沒有刮鬍子的俄羅斯人，以及獨臂獵人洛波達。不過，安普利夫和前幾晚在餐桌邊見過的人，今天多半沒有出現。

　　車隊往南疾駛的途中，我認出前幾天探勘的森林；我們行經安普利夫釣魚的地方，後來又經過我挖洞避風，及麋鹿溺斃之處。再往南一點之後，瑟格伊放慢雪地摩托車的速度，身子往後仰，眼睛和我一樣以滑雪護目鏡遮著，兜帽緊緊繫在頭部。這裡結冰的地面並不平坦，有塊圓形地面高低不平，是冰碎裂之後又重新結凍而成。

　　「這就是那男子掉下去的地方，」他大喊，讓後方的蘇里克聽到，「也就是在阿格祖時，他們跟你講的那個。就在這裡。」

　　我們繼續往前。

　　三不五時，就有人戴著手套，往旁邊一比，眼前便出現一頭又一頭的鹿，有些是紅鹿，但多數是麋鹿，牠們在冰開始融化的南岸休息，或啃咬剛冒出來的植被。鹿實在太多了，後來乾脆不再指

出，不多說什麼就從前面經過。這些鹿有凌亂的皮毛，瘦得皮包骨，在嚴寒中精疲力竭，沒有逃跑——甚至沒起身——只瞥一眼我們帶來的嘈雜奇景。鹿在整個季節族群縮小，現在總算到了尾聲，隨著天氣變暖，夜晚縮短，堅忍不拔會得到融雪與春天降臨的獎賞。我想，要是雷卡犬來到這麼南邊，肯定會發生一場大屠殺。

瑟格伊忽然放慢車速，起身注視前方。托利亞在後面也停下車。大約在前方五十公尺，出現未結冰的水域——蜿蜒的淺藍色雪泥，和周圍的白色固態冰形成強烈對比。雪泥原本狹窄蜿蜒，後來慢慢擴張，延伸到兩岸約五百公尺，之後則是固態冰。

「積冰（naled）。」瑟格伊評估後說，蘇里克和托利亞點頭同意。我不知道什麼是積冰，但若要像剛剛那樣直接加速前進、托利亞殿後，我確實認為並非上策。

積冰的字面意義是「在冰上」，是這一帶河流在晚冬與早春常見的現象。在三、四月份這種尷尬的季節轉換期，白天比較溫暖，夜晚驟降到攝氏零度以下，結合之下會讓表面的水變得像雪泥一樣，稱為「碎晶冰」[5]（frazil ice）。密度高的冰下沉，導致下游堵塞，擋住河水流動。堵塞時會導致壓力累積，迫使雪水交雜的碎晶冰混合物從任何冰的表面縫滲出，在上面恣意流動。積冰的問題在於，若無法近距離觀察，就沒辦法知道這裡泥濘的程度究竟有多深。事實上，積冰底下不是固態冰，反而可能藏著能流動的水。若底下是流動的水，那基本這趟遠征就會猛然畫下句點：如果積冰底

下隱藏著深深的流動水域，那就永遠無法把雪地摩托車拉出來。

當時我對這情況一無所知，只見我們似乎朝向混濁的水前進，還拖著宛如船錨重的雪橇。我想，瑟格伊他們推測積冰可能只有幾公分，之後應該就能順利前進，但是當我們猛然撞上水體時，車子馬上完全失去動能，這才發現，實際上這雪泥有一公尺那麼深。雪地摩托車往水中傾斜，吐出黑色的廢氣，雪橇陷入冰沼，半沒入其中，卡在泥淖動彈不得。我們趕緊將雪橇的連結解開；我跟蘇里克前進，也跟著他陷入厚積冰的泥濘中，腳踩到隱藏在底下仍結凍的冰。雪泥比我的高筒防水膠靴還高，我感覺到褲子吸飽水，襪子溼淋淋。我們用力協助瑟格伊前進，引擎吃力發動，讓雪地摩托車轉個彎，回到僅僅在幾公尺外的固態冰上。之後，我們把剛剛暫時解開的雪橇推過來，重新與雪地摩托車連結。有了固態冰在底下，這台山葉雪地摩托車就有牽引力，能拉動雪橇。

這場混亂的突發事件讓我緊張忙亂，度過險境之後才發現自己有多冷。我腰部以下全溼。在這趟冒險中，托利亞倒是保持乾爽，此時他在岸邊生起火，蘇里克與我穿上乾衣服，把泡過水的褲子與靴子烤乾。我思索當前處境。短短幾天前，這一帶應該都是固態冰，但是四月初天氣變暖後，河流就不再是往前的可行之道，至少在這裡不行。雖然才剛碰到積冰的考驗，但就目之所及，積冰至少還分布半公里。

蘇里克順著河岸往下游偵查，回來時說積冰終於消失了。唯一

可行的做法是從森林闢一條路，繞過河流。這裡的森林算是稀疏，多半是柳樹，我們大有理由保持樂觀。在等待靴子乾燥時，蘇里克從行李中找出鋸子，並和我一起清出一條小徑，瑟格伊和托利亞則駕著雪地摩托車跟上。我們緩慢移動，必要時就砍樹木，終於回到下游有固態冰的地方。

回到冰上，大約過了十五公里，薩瑪爾加河從谷地的一邊換到另一邊，我們順著這條河短暫往東，經過交錯的支流，來到懸崖底部，這座懸崖迫使河流往南彎。經過這河彎後，在錫霍特阿蘭山高聳斜坡的對面空地，我看到兩棟位於薩瑪爾加河西岸高處的木建築。這一定是沃斯涅申諾夫卡。

6

查普列夫

　　接近沃斯涅申諾夫卡的時候，眼前景象令我大吃一驚。最靠近的房子可能是俄羅斯桑拿房（banya）──然而吸引我注意的，是另一棟距離河岸約五十公尺的建築物。那棟建築物尚在興建，有兩層樓高，在荒郊野外實屬罕見。那可是豪宅型木屋，牆壁由悉心刨平的木材構成，方方正正，緊密接合，還有斜屋頂。木屋的南北兩邊有漆成綠色的棚屋頂，讓雨雪從建築物滑落；北邊有儲藏室，與木屋共用一牆；南邊則是門廊與木屋入口。我在俄羅斯看見的狩獵小屋剛好都是單層單間，建材皆是就地取材，湊合而成。但在這，有人花了大把時間、金錢與心思，蓋這棟房子。

　　河岸就在小木屋前，洶湧的河水將河岸沖蝕成垂直，對雪地摩托車來說太高太陡，爬不上去。我們把車停在河冰上，和屋主查普列夫打過招呼之後，就回來拿行李。瑟格伊和蘇里克在幾個星期之前，曾在阿格祖北邊的小木屋和查普列夫比腕力。雖然河邊的冰已融化，河水自由流動，但河中央的冰還是很厚，我們不必擔心要停

在哪裡。

我們登上一處下垂的冰舌，那是雪壓縮而成，將大地與河流連接起來，就像一座吊橋，立在如壕溝般有水流動的薩瑪爾加河上。這座冰橋的形成時間可能是剛開始降雪之後，查普列夫沿著一座雪堆往下走，前往河流。由於他整個冬季都順著同一條路徑反覆通行，遂壓實這條細細的步道。在即將入春的此刻，周圍較鬆軟的雪已融化掉落，只有這冰橋仍岌岌可危地存在。這座橋挺令人害怕的，又陡又窄。我們稍微猶豫之後，決定一次一人過橋。冰橋下的水深度頂多及腰，我看得到河底的卵石，只是水流湍急沟湧。由於一邊有高聳的河岸，另一邊則是厚厚的冰緣；如果冰橋斷裂，或走在上面時失去平衡，要爬出河流並不容易。

到了陸地上，再走五十公尺左右，我來到這棟房子。走到門廊上，經過堆疊整齊的供給品。這間木屋的內部仍還在裝潢。經過門廳，右邊是間小廁所，門尚未安裝，馬桶還罩著保護性包裝。這地方處處有驚奇（之後還有很多等著我），最讓我訝異的大概就是這馬桶。即使在捷爾涅伊（這一區的行政中心），住家都沒有馬桶，大家都使用茅房。事實上，這可能是方圓數百公里內唯一的馬桶，而且是在位於薩瑪爾加河畔一座宛如隱士廬的房子裡發現，實在太出人意料。經過廁所之後，走廊通往一間樸素的廚房。鍋子、馬克杯、絞肉機就掛在方正原木牆的釘子上，燃木爐旁的空間排滿正在晾乾的襪子與靴子。東面牆有大片窗戶，能看到河、我們的雪地摩

托車及遠處山巒。廚房與客廳之間有大拱門，雖然客廳沒有家具，但牆上有幾個東正教聖人的聖像，角落則是壁爐——這很少見，畢竟這裡的人多半偏好以燃木爐來提高熱效率。還有一座挺陡的樓梯，可通往二樓。

維克多・查普列夫（Viktor Chepelev）就在廚房，弓著身子坐在木爐旁的矮凳上，背對著我，以獵刀將馬鈴薯去皮，切成四份。他沒穿上衣，只穿保暖貼身長褲和拖鞋，身材矮壯精瘦，粗糙皮膚下的肌肉不算漂亮，還有狂野的及肩頭髮。很難判斷他的歲數——或許快六十？他一轉身，我發現他和尼爾・楊（Neil Young）頗為神似。

「所以你就是那個美國人。」他說，從那堆馬鈴薯中抬起眼。我點頭。

我聽到他的語氣帶著不甘願，又不得不接受。查普列夫不信賴我，我得過幾天才知道原因何在。

我們把會腐敗的東西與個人物品搬上冰橋，沒有立即需求的就全部留在原地，例如滑雪板、鋸子、冰桿與汽油。查普列夫削好馬鈴薯，加入一鍋沸水中。之後，他就穿著貼身長褲站到戶外，看我們搖晃走上冰橋，背著重重的背包，抓著紙箱，而這些紙箱在旅途中已變軟，恐怕會破。

一到室內，眾人又一團忙亂，打開食物，尋找昨天匆匆離開阿格祖時隨手塞進的東西，所幸都能找到。我問查普列夫，可不可以

上樓看，他點頭允許。我沒料到會見到如此奇異景象。二樓是單一的房間，和樓下一樣幾乎沒有家具，但有個巨大的四面合板金字塔，斜斜設在中間。其中一邊有鉸鏈門，我上前窺探裡頭。是床鋪。查普列夫睡在自己木屋二樓的金字塔裡。他枕頭旁有個金屬馬克杯，裡頭裝著液體，我遲疑地端起杯子聞，鬆了口氣，因為那是水。不知為何，我怕那是尿。我走回樓下。

大家都在廚房，晚餐即將備妥；查普列夫正在攪拌燉馬鈴薯與野豬肉，瑟格伊就站在爐子旁抽菸，說著關於阿格祖的消息給查普列夫聽。托利亞從我們帶來的箱子裡找出盤子和湯匙，蘇里克正切著在阿格祖買的新鮮麵包。

我問查普列夫那座金字塔，以及他為什麼睡在裡面。

「呃，能量？」他回答，愣愣看著其他人，好像我是瘋子。金字塔的力量是俄羅斯西部有點受歡迎的偽科學[1]，保證會改善一切，從食物的滋味到身體健康樣樣靈驗。顯然這門偽科學也深入俄羅斯遠東地區的森林。

大夥兒飢腸轆轆，查普列夫把燉菜舀進我們的碗中，這時托利亞從門廳出現，在桌上放了兩瓶伏特加。瑟格伊咬緊牙關；蘇里克舔嘴唇。吃完晚餐後，查普列夫、瑟格伊與蘇里克喝伏特加、比腕力，托利亞和我則在客廳，把睡墊鋪成長長一列。

早餐是小米粥和即溶咖啡，吃完後，我速速套上靴子與帽子，

就著曙光，前往茅房。這路程是順著一條小徑，然後在俄羅斯桑拿房旁邊岔開。我看見河對岸的山丘上有動靜，於是停下來觀察在斜坡樹木線條間穿梭的野豬深色身影，於白雪背景下特別搶眼。野豬以短腿支撐笨重的身體，無法奢望像鹿一樣，在雪中留下深深的足跡——野豬會犁過雪地，像破冰船畫出一條線，穿過結冰的海洋。

在回到木屋的路上，我發現後方有間小工棚。這裡有這麼多扇門，門後總藏著意外的驚喜，遂決定停下來一探究竟。果然沒讓我失望——裡頭掛著一排排……東西，但我不確定那是什麼。那是幾十個深棕色的物體，每個約二十公分，細細長長，看上去像脫水的手指，小心掛在短短一段繩索上晾乾。我不知道那是什麼，也不知道為何查普列夫要那麼多這玩意兒。

那天早上，一行人和往常一樣準備出門。我們從冰橋上下來，解開雪橇，乘著雪地摩托車順利前進。由於之前算是提早離開阿格祖，瑟格伊與我決定往北回溯，檢視支流所構成的水系，亦即距離沃斯涅申諾夫卡大約五公里、薩米河（Zaami River）匯入薩瑪爾加河之處。托利亞和蘇里克留在距離基地較近的地方。我在穿過森林時，問瑟格伊知不知道查普列夫的背景？他為何有錢蓋這棟小木屋？他只回答一個詞，答案呼之欲出。

「拉提米爾（Ratimir）。」

拉提米爾濱是海邊疆區數一數二大的肉品經銷商之一。瑟格伊解釋，查普列夫將在薩瑪爾加住的這塊地，租給亞歷山大・特洛西

（Aleksandr Trush）——販售香腸的大亨，也是拉提米爾的創辦人之一——而查普列夫就負責管理這租賃獵場。這位香腸大亨還有直升機[2]——兩年後，特洛西會墜機身故——解釋了為何馬桶與煤氣爐等昂貴的家具，可運送到這麼偏遠之處。拉提米爾也能解釋掛在小棚子裡的神祕根狀物是什麼，瑟格伊同樣注意到了。

「是紅鹿的鹿鞭，」他說，「就只是雄鹿的證據——我無法想像他們究竟宰了多少鹿……」

「但他要這做什麼？」

「我問過他這件事，」瑟格伊說。「查普列夫會把鹿鞭泡到酒裡，喝這種東西來壯陽。」

我們在接近傍晚回到沃斯涅申諾夫卡時，沒找到任何魚鴞的蹤跡，覺得挺洩氣的。我到底有沒有從這趟遠征中，得到任何有用的知識？或只是消耗研究經費，讓團隊成員狂灌酒？這次經驗能不能幫我找到魚鴞研究族群？我的博士論文計畫要捕捉幾隻魚鴞，這時似乎顯得很不切實際，畢竟在這趟旅程中，我連一隻都還沒見到。而我建議要發展魚鴞保護區的計畫，似乎顯得太自大了。然而，托利亞和蘇里克回來時，在沃斯涅申諾夫卡北邊的支流有魚鴞的舊足跡，於是我深受鼓勵。隔天，我將與托利亞進一步探索這地區，以求進一步了解魚鴞在什麼樣的地方獵食。

查普列夫說，桑拿房已加熱好了。雖然托利亞拒絕，但其他人都善用這個機會，享受蒸氣浴。要贏得俄羅斯人的尊敬有兩種可靠

的方法：第一種是狂灌伏特加，靠著酒後吐真言來結交真心朋友，另一種方法就是一同去俄羅斯桑拿。我老早就放棄追上俄羅斯人的喝酒速度，但是在那些日子裡，我倒是很樂意享受蒸氣浴。

我們裸裎相見，鑽進低矮狹窄的蒸氣房，擠在矮矮的長凳上。裡頭昏昏暗暗，只有從爐門邊緣透進不均勻的光，映照著同伴們皺眉張口時金牙的閃亮光芒。在短暫的適應時間之後，查普列夫俯過身，舀起一整勺水。水是橡樹葉泡出來的色調，澆灌在爐子上方的石頭上時發出嘶嘶聲，提醒我們一波高溫即將襲來：那股熱氣在房間裡翻騰，重重停在我們身上，同時瀰漫著橡樹葉的濃郁大地芬芳。這開場對蘇里克來說太隆重了，他啐了一聲就出去，把門關上。之後又是另一勺水，一而再，再而三連續著。我們默默坐著：呼吸、預期、放鬆、承受。

查普列夫在整個歷程中仔細盯著我；他顯然以為我會躲避這強烈的高溫，或無法好好面對這個儀式。正當我一絲不掛、冒著蒸氣，來到桑拿房外冰冷的走廊時，仍感覺得到他盯著我。或許他很訝異我能撐這麼久，沒有抱怨或投降。要是我獨自一人，這時可能會默默站立，享受夜晚的靜謐氣氛，暫時對寒冷毫不畏懼。但我卻是雙手捧一把雪，用力搓在臉上、頸部與胸口。完成後，查普列夫讚許地點頭。「你真是奇怪的美國人，」他說，「知道怎麼做俄羅斯桑拿。」

我們重複待在濃濃蒸氣裡與短暫休息的循環，過了一個多小

時，最後終於洗洗身體，回到木屋吃飯睡覺。明天，我將初次見到魚鴞的足跡。

7

水出現了

　　隔天一早，我望著日出為錫霍特阿蘭山灑下的一片金。托利亞很焦慮，想找到更多魚鴞的跡象，而我渴望看到真正的魚鴞足跡——我只知道，魚鴞足跡看起來像字母「K」。我會和托利亞同行，瑟格伊和蘇里克則會駕著黑色山葉車，南下廢墟般的恩提村（Unty）。經過一天，冰橋似乎又更細了，但仍能在我們下來時撐住重量。這回路程不長——托利亞帶我去的支流只往上游前進一點五公里。我們在主河道上的冰層停好雪地摩托車，穿上滑雪板，沿著流動支流的白雪邊緣行走。這裡的水道大致是開放的：是一條淺溪，清澈的水在平滑的卵石河床上汩汩流動，偶爾也有巨石出現。這些岩石和河岸一樣，頂著厚厚白雪，看起來比原本還大得多。

　　才出發頂多兩百公尺，托利亞倏然停下腳步。

　　「新足跡！」他以氣聲說道，興奮地將冰桿朝上游指。

　　這些足跡很大，和我的手掌差不多，意味著是來自個頭很大的鳥。其右腳的腳印像字母K，而左腳腳印恰為鏡像。據信魚鴞腳趾

構造的優點就和魚鷹一樣[1]，有助於抓住扭動的水生獵物。夜霜在深深的積雪上形成薄殼，一方面能承受魚鴞的重量，又剛好能在閃亮的表面，讓魚鴞留下清楚鮮明的足跡凹痕。這隻魚鴞優哉游哉、大搖大擺，每根腳趾肉墊的連結相當清楚，而兩根後爪在雪中犁出的線條，就像在競技場上，腳底裝著馬刺的牛仔。這痕跡在陽光照耀下閃閃發光，宛如鑽石田裡的疤痕。這景象真美，我自覺像個偷窺者：這隻魚鴞在黑暗中悄悄來到這裡，但雪幫我留下了牠路徑的證據，使我驚奇。

托利亞很高興，露出笑容，趕忙以相機拍照，直到我們發現的原始證據消失。他從來沒看過這麼完美的足跡。不多久，或許不到一個小時，足跡就會在陽光下軟化，細節也會模糊不清。

通常魚鴞會獨自狩獵。有時候，成對的魚鴞會在彼此附近打獵，但就和人類一樣，各有各的偏好。一隻魚鴞可能喜歡河的某個彎處，另一隻則可能偏好某種急流。雌鳥在巢裡孵蛋或者幫幼雛保暖時，雄鳥會去捕魚給自己與配偶，盡量頻繁提供雌鳥鮮魚或蛙。

我們順著足跡往上游前進，查看魚鴞暫停在哪，再往水面上方盤旋，或許是在等待魚；之後，我們看到這隻魚鴞一定是從哪裡涉水進入淺灘。一進入水中，所有的證據都消失了。我們繼續往上游前進一公里，卻沒有看到更多足跡，之後循著一條較小的支流，回到薩瑪爾加河，來到雪地摩托車在上游的停車處。

在距離支流幾公尺的地方，巨大的腳印又出現了，那腳印往上

游移動，看起來很有耐性。那些足跡和一條滑雪徑交叉，之後爬上河岸，繼續進入森林。是老虎的足跡。

「我昨天晚上在這裡，」托利亞悄聲說，聲稱這人類的滑雪痕跡是他留下的，「但昨晚還沒有老虎的足跡。」

我心想，這地方也太迷人了吧，人類、阿穆爾虎與毛腿魚鴞在幾個小時內接連出沒。我不擔心這隻老虎[2]：曾在老虎棲地進行多年研究，知道如果尊重牠們，則牠們不會傷人，或至少不像大型肉食性動物會造成的傷害。「西伯利亞虎」這名稱並不正確：西伯利亞沒有虎。相反地，這些動物是生活在西伯利亞東邊的阿穆爾河（Amur River，譯註：亦即黑龍江）盆地，因此稱之為「阿穆爾虎」比較正確。

後來，那天下午我們回到沃斯涅申諾夫卡，查普列夫在戶外劈柴，穿著的仍舊是那件眼熟的貼身長褲和靴子，搭配薄薄的羊毛上衣。他停下手邊的工作，問我們是否順利。托利亞得意洋洋描述著魚鴞的足跡，說明這鳥沿著河道旁的步態，他掌心朝外，兩手拇指與食指呈現垂直比「七」，圍出方框，解釋他那幾張照片如何構圖。查普列夫客氣聆聽，但顯然沒什麼興趣。之後，托利亞提到老虎的足跡。

「絕對也是新的，」托利亞拉長語調，「不然昨天一定會注意到。」

查普列夫放下斧頭。

「該死的老虎。」他咕噥道，然後進入屋裡，完全忘了木柴、托利亞和魚鴞。

片刻後，他從屋裡出現，依然穿著貼身褲與靴子，但套上了外套與毛帽，還帶著一把來福槍。他跳上生鏽老舊的牽引機，發動引擎，帶著嫌惡的眼神看著森林。有些俄羅斯遠東地區的居民認為，老虎是到處漫步的貪吃鬼，胃口是無底洞，會一隻一隻消滅鹿與野豬族群。有些獵人完全仰賴森林生存，一見到老虎，等於見到得馬上射殺的威脅。近期科學資料說明[3]，阿穆爾虎通常一週只會獵殺一頭動物，而阿穆爾虎的密度又非常低（其活動範圍很遼闊[4]，介於四百到一千四百平方公里），當然不會對鹿或野豬的數量造成明顯衝擊。事實上，人類過度獵捕、摧毀棲地，才是有蹄類動物數量急劇減少的真正禍首[5]。不過，老虎很容易被當成代罪羔羊，但是要改變辛苦謀生的人心中的成見很不容易，無論某個論點在統計學上多麼站得住腳。

查普列夫將牽引機開到有車痕的小徑，那條小徑會往北通往森林，那雙瞇起的眼睛從毛帽底下望外探看，掃視地平線。他一手抓著顛簸前進的牽引機方向盤，另一手抓著來福槍。這景象好像在嘲笑大英帝國時代在印度獵虎的情境：一名皇室成員趾高氣昂，騎乘在大象背上，搜尋著難以捉摸的條紋戰利品。只不過眼前換成一個俄羅斯怪人，穿著貼身衣物，騎在轟隆響的牽引機上。查普列夫的鋼造大象[6]恐怕不是他所想像的行動堡壘：在二十世紀的俄羅斯，

老虎攻擊人類的次數屈指可數，但有一回，一頭老虎三兩下就把農夫拉下牽引機，宰了這個人。

　　大約一個小時後，查普列夫回到沃斯涅申諾夫卡，看起來依然很火大。他看見老虎的足跡，認為老虎一早已往北離去，超出他的牽引機能前往的範圍。我不太擔心他會不會真的找到老虎：這裡的老虎懂得如何躲人，只有在意外狀況下才會被抓。查普列夫開著老牽引機，一路顛簸，聲音清清楚楚，老虎一定會躲。幸運的話，這隻獵食者不會讓任何人類看見，但是河邊脆弱的獵物對老虎而言有難以抗拒的吸引力，這麼一來，就會越來越靠近阿格祖不帶同理心的宿敵。如果一名步行的獵人沒發出聲音，那麼這場相遇可能會奪走老虎的性命。事實上是，老虎在薩瑪爾加河很難長久存活。

　　天色漸暗，托利亞和我仍對魚鴞的足跡很興奮。我們穿上滑雪板，慢慢往上游前進，盼能聽到鳴叫，判斷在這領域生活的究竟是一對魚鴞夫妻，或只有一隻魚鴞。到了黃昏，我們距離支流幾百公尺時，有個巨型身影從樹上落下。雖然光線昏暗，但在支流對面懸崖附近的冰凍河面上，對比格外明顯。我見過其他鴞，能立刻認出這是什麼，只因為這比我之前看到的其他種鴞要大得多。是魚鴞。這事實朝我全身席捲而來，令我屏住氣息。這隻鳥並未多做任何不必要的舉動；牠展開雙翅飄，在水上呈現下降姿勢，旋即消失在前晚打獵的支流。托利亞和我相視而笑。我們只看見側影，但很有成就感。從鳥飛過的地點來看，牠可能在我們靠近時就一直觀察。我

們不想再打擾牠，沒有步步逼近，只是再等一下，想聽聽看有沒有鳥類鳴聲，但什麼都沒聽見。我們往下游前進，回到沃斯涅申諾夫卡；不多久，瑟格伊與蘇里克野得意洋洋地回來，加入我們的行列。他們在恩提附近聽見魚鴞對唱。我和托利亞見到魚鴞的地方，和那對恩提魚鴞的領域大約距離四公里——對鴞來說，飛行距離不算太遠——但由於我們幾乎是同時發現魚鴞，因此猜想碰上來自兩個不同領域的魚鴞，而沃斯涅申諾夫卡就是這兩個領域的分界。

查普列夫依舊怒氣沖沖，怒火延燒到晚餐。或許他已厭膩我們在他身邊；對於一個習慣獨來獨往的人來說，和四個陌生人共處三天可能挺煎熬的。在喝完第二瓶伏特加之後，他抱怨莫斯科的「同性戀猶太人」陰謀，侵蝕俄羅斯的價值觀，透過緩慢與難以察覺的滲透，顛覆文化與社會，獨厚西方價值觀。我終於開始了解他對我冷若冰霜的態度從何而來；他的被害妄想症讓我想起安東尼·伯吉斯（Anthony Burgess）的小說《發條橘子》（*A Clockwork Orange*），書中，後現代的西方既腐敗，又充滿暴力，意識形態和語言都受到蘇聯影響（勃吉斯發明了一種「納查奇語」〔Nadsat〕[7]，是英語和俄語混合而成的語言）。但事實恰好相反：放眼全球，蘇聯的影響力正在消退，英語開始滲入俄羅斯語彙中，西方理想開始滲透俄羅斯文化。有些人（例如查普列夫）於是提高警覺，看不順眼。

蘇里克換話題，詢問查普列夫有沒有想過和其他人同居在這美

麗的地方，比如找個女人。

「我曾和一個女人在這裡住幾個月，」查普列夫想起這段往事時搖搖頭，「但我把她趕走了。她在俄羅斯桑拿裡浪費太多水。」

我覺得很有趣[8]，這個會以鹿鞭壯陽的人竟不跟人往來，而我看見瑟格伊的視線望向窗戶，彷彿在打量從俄羅斯桑拿到薩瑪爾加河之間有多遠距離，這條河是濱海邊疆區最大的淡水來源。但他沒說什麼，倒是查普列夫繼續說。

「泡個桑拿何必需要那麼多水？畢竟只有三個部分需要偶爾洗一洗。」他比了比鼠蹊和兩邊的腋下。「其他就是浪費，就這麼單純。所以，船一來，我就送她到岸邊了。」

查普列夫數落著俄羅斯男子的衰落及女性的虛榮之後，就開始把矛頭指向眼前的人。他不滿我們來到薩瑪爾加，只為了調查一種瀕危物種。他知道我們的目標是尋找魚鴞，保護魚鴞不受到伐木業衝擊，並提到他還與其他有相同目的的生物學家團體見過面，有些是在數鮭魚，有些是來找老虎。

「你們五年前在哪？」他情緒激昂，用力往桌上一拍，因此酒瓶裡剩下少少的伏特加都在瓶內起了波瀾。「你們去年在哪？薩瑪爾加河真正需要你們的時候呢？伐木業已經來了。現在太遲了。」

另一個房間傳來魚鴞鳴叫聲。托利亞把攝影機連接到電視，回顧先前在這趟遠征時拍攝到的魚鴞巢鏡頭，那時我還沒和阿格祖的團體會合。查普列夫加入他的行列，我們也跟著過去，裸著上身，

穿著貼身長褲，默默坐在地板上，看著小螢幕上粗顆粒、嗚嗚叫的影子。我們待在薩瑪爾加河岸的夜晚已開始倒數。

─────────

隔天，瑟格伊和蘇里克想看看我們昨天發現的魚鴞足跡，於是他們往上游前進，托利亞和我往南，在交錯的水道上，一探瑟格伊和蘇里克前晚聽到的恩提魚鴞跡象。可惜一無所獲。我們快回到沃斯涅申諾夫卡時，已可看見黑色山葉雪地摩托車停在兩架雪橇旁。托利亞停好雪地摩托車，但是走沒幾步就停下來，盯著一個空蕩蕩的地方；幾個小時前，那裡曾有座冰橋。一時間，我在想瑟格伊和蘇里克是不是和橋一起消失了，幸好蘇里克從小屋出來，指示我們順著他們方才的路，也就是左邊約一百公尺處，繞過壕溝，再上來河岸。我們在俄羅斯桑拿房附近出現，順著小徑來到木屋。

一進屋裡，就看到瑟格伊與蘇里克也為了冰橋消失而心慌意亂。蘇里克雖然嘻嘻哈哈，但雙眼透露出憂心。他告訴我們，他和瑟格伊在森林裡看到好幾種有蹄類動物，甚至有紅鹿和麞鹿——這些動物太累了，根本不想在深深的積雪中奔跑。而車子往下游前進，回沃斯涅申諾夫卡的途中，幾片冰已破裂，滑進他們雪地摩托車後方的薩瑪爾加河。

「我其實很訝異你們這幾個人還在這，」查普列夫觀察道，他

坐在燃木爐旁，捧著一杯熱紅茶。「如果是我，大概兩天前就走了。你們怎麼有辦法撐到現在？」

冰橋消失所凸顯的事實是，我們在這已待太久，不僅查普列夫不歡迎，就連冬天也走了。我們幾乎馬上收拾東西，打算天一亮就趕快往海岸前進，不確定下游的冰夠不夠厚，是否足以支撐重型雪地摩托車和雪橇。我們問查普列夫，他是否缺少什麼補給品，需不需要從我們的庫存中補充。我們把所有東西搬到雪橇上，除了睡袋與睡墊。為了繞過壕溝，這段路花了四倍的時間。最後托利亞和蘇里克乾脆站在雪橇邊，瑟格伊和我盡力把東西扔到壕溝另一邊，讓他們打包。我們唯一的焦點就是到薩瑪爾加村：我們不敢冒險，在季節轉換期間卡在河上；得安全上岸，才能思考恢復魚鴞調查。

8

追著冰層跑

太陽爬上東方山脊時，我們騎著雪地摩托車，在原地怠速。這天是四月七日，大地在一夜之間結了層厚厚的冰霜，帶來些許希望，或許今天早上冰層又完整了。查普列夫準備好豐盛的早餐：米飯上鋪著炒洋蔥，還有切丁的鹿肉，再配上即溶咖啡與僅存的煉乳（sgushonka）。這種甜甜的煉乳裝在矮胖的藍色罐子裡販售，俄羅斯人毫不掩飾對它的熱愛。或許查普列夫深知此地偏遠，我們不會重返，才說會永遠為我們敞開大門。在說完再見、用力握手之後，他祝福我們好運。托利亞再度駕著綠色雪地摩托車，蘇里克跨坐在瑟格伊的大型山葉雪地摩托車後座，而我站在連接於其後的黃色雪橇寬履帶上，看著沃斯涅申諾夫卡消失在後方。

前面的道路看起來相當筆直，但由於冰橋坍塌，加上季節性積冰，因此能走多遠才會碰到阻礙，沒人說得準。我們才剛離開沃斯涅申諾夫卡，就碰上積冰。托利亞和我不到十二個小時前才輕鬆通過那段河道，這會兒卻出現三十公尺、深及小腿肚的雪泥帶。瑟格

伊徒步探查後，認為使出蠻力，或許可通到另一邊，因此我們全力加速，弓起背，咬緊牙根。

「水來了！」瑟格伊吶喊，聲音蓋過雪地摩托車的尖銳聲。

我在雪橇上握緊拳頭，這時我們犁進積冰。雪地摩托車的後方履帶陷入稀爛的東西裡，掀起大片融雪，直擊我的臉與胸，宛如徒手賞巴掌。我在想，這是不是蘇里克急於把他雪橇位子讓給我的理由——上回碰到積冰時，他八成也是渾身溼透，但我那時已經快瘋了，壓根兒沒注意到這件事。

「推！」瑟格伊吼道，根本沒有回頭看就猛踩引擎。

蘇里克和我跳下來，陷入泥雪中。我抓著雪橇的後方往前推，再度忽視冰和水已滲入高筒防水膠靴上的開口，慢慢浸溼我的褲子及襪子。瑟格伊像船長一樣大聲嚷出指令，並從長凳滑下來幫忙推，同時緊握著油門。這股動能把摩托車推到積冰的另一邊，底下是硬硬的冰，於是旋轉的橡膠履帶抓住地面，把我們拉到安全的地方。我回頭一看，發現托利亞和他較輕的載重通過積冰，只碰到一點點困難。我們沒有停下來更換或烘乾衣服，水讓羊毛襪子緊緊壓住我的腳。我們擔心前方有更多積冰——果然一語成讖——沒有休息的餘裕。薩瑪爾加河從這裡一路往東南流動，直達海岸。在距離沃斯涅申諾夫卡六公里的地方，有一處寬廣的沖積平原，第二條來自西邊的雪地摩托車的路徑，在這平原邊緣與我們的會合——這一定是通往如廢墟的恩提村。經過此處之後，河就分裂成好幾條水

道。查普列夫提醒過我們，每次河流分岔時就要注意，確保能走在正確的路線上。但他有信心，認為我們可以看到清晰的車痕，那是一整季的獵人與設陷阱者在騎乘雪地摩托車與雪橇時留下的。到了夏天就比較困難，需要仰賴本地人的知識；原本看似可以引導船隻的明顯路徑，可能會很致命，因為流木集積（logjam）可能倏然吞沒一條水道。

在平安度過一、兩公里之後，後方忽然傳來尖銳的碎裂聲迴盪。回頭一看，我們和托利亞雪地摩托車之間的一大片冰，已經和河冰的其他部分分開，且水漫過這片冰上，導致冰越來越暗。托利亞放慢速度，想起身看個清楚。

「你現在快點移動！」瑟格伊嚷道，催促托利亞趕緊行動。他發動引擎，劃過溼滑表面，這時錯位的冰持續移動。浮著的冰層被他往下壓，但仍撐得住疾馳的車子重量，於是他跟上我們旁邊，氣喘吁吁，口出穢言。從那時開始，每回在河邊轉彎時，都讓人擔心接下來在另一邊會出現什麼。我們繼續設法超越積冰，承受著雪泥一波波襲來，掃過原本道路變成的洞口邊緣，看著河流吞下冰，對我們窮追不捨。

終於，我們在馬林諾夫卡（Malinovka）這棟焚毀的小屋殘骸休息，以燃木爐的殘餘骨架，點起嘶嘶作響的柴火，烘乾溼透的襪子。在阿格祖時，我們曾一度考慮停留在這裡，但那時還沒有看到這座小屋的狀況，冰也還沒開始裂解。

瑟格伊和托利亞曾去過薩瑪爾加河，但只在夏天去過，因此沒有人確定冰還能存在多久。我們只在馬林諾夫卡停留所需的時間，但才一出發，眼前的水忽然就在主要河道自由流動，先是靠著左岸，之後漫過整個河床，繼續往右岸流，在一處河灣之後就看不見了。雪地摩托車的車痕沒入水中，之後才在遠處的厚冰棚上出現。現在沒有積冰可供摸索。我們受困了。

「這裡倒是可以吃午餐。」瑟格伊說著，點燃一根香菸，若有所思往下游看。這天已經夠吃力了，而距離薩瑪爾加河可能還有十五公里。托利亞開始在厚厚的冰上生火，準備泡茶，蘇里克在右岸步行，想看看前方的情況。他很難前進，因為林地不受積冰那樣的融冰影響，也不像河冰那樣會直接暴露於陽光下，目前尚有近一公尺的雪。蘇里克二十分鐘後回來，建議我們像幾天前在沃斯涅申諾夫卡北部那樣，或許可以穿過覆蓋著雪的森林，避開這段蜿蜒的路程，到位於另一邊的固態冰上。他估計，這段距離大約三百公尺。

洪泛平原上滿是植被；樹木與灌木從覆蓋著的雪中冒出，加上表面有幾條匯入薩瑪爾加河的小溪，因此地勢起起伏伏，這回走捷徑並不那麼輕鬆。然而，顯然這是唯一一條可行的前進方法——另一項選擇則是把雪地摩托車拋棄在岸邊，能扛什麼就扛什麼，踩著滑雪板到薩瑪爾加河。瑟格伊和我帶著電鋸走在前頭跋涉，盡量從障礙的一邊，往另一邊開闢出一條直線道路。

在某些地方，我們四人在處理眼前的情況時，不免一邊咒罵，

一邊使盡全力把每一輛雪地摩托車與雪橇往下推，再拉回狹窄的溝壑上，或穿越剛清掉植物的通道。過了一個小時，我們回到冰層上時已精疲力竭，汗水淋漓。然而這段路程很緊急，又沒有其他選擇，顯然動機很充分。

幾公里後，我們通過山間的狹窄縫隙，之後這條路徑出乎意料從河邊偏離，瑟格伊放慢速度，停下車來。眼前是覆蓋著雪的遼闊原野，偶爾出現去年生長的細瘦草梗，雪因為風吹或融化，讓草梗露出來。橡樹與樺樹的矮丘宛如月牙，在西邊升起，往北邊彎曲，在東邊沉下。前方是南邊的平地，代表著薩瑪爾加河、韃靼海峽，以及我們這趟出走的頂點。

「朋友，」瑟格伊得意地在座椅上盪著雙腳，身子往把手靠，心滿意足嘆了口氣：「我們通過了。」

他和蘇里克點起菸慶祝，托利亞則取下滑雪鏡，伸個懶腰，發出鬆口氣的聲音。遠方有五匹馬不信賴地看著我們；我更往牠們靠近點，想看個仔細，但牠們會閃躲，保持一段安全距離。這些馬是在一九五〇年代蘇聯集體化時帶進來的，原本有人養，但後來逃脫野化。即使原本飼養這些馬匹的目的已經消失，但牠們依然活著，於是被野放，必須自己對抗洪水與虎，而不是肩負著農夫不再需要的服務。這些馬匹繼續繁殖，甚至還算是興旺，但這年冬天仍過得很辛苦：牠們站在深雪中，臀骨明顯突出，冰有如聖誕裝飾，成團掛著在長長的馬尾上。

我們朝薩瑪爾加河加速前進，由於這回腳底下有堅硬地面，因此勇氣倍增。托利亞原本偏離隊伍騎快車，卻在無意間撞上隱藏的隆起而騰空，差點把雪地摩托車撞壞。他嚇著了，於是收斂地回到隊伍中。

我們來到薩瑪爾加村的第一批房子，卻看不太出這裡有人生活的跡象。從韃靼海峽吹來的風，宛如擋也擋不住的海嘯低襲村莊，迫使人待在屋內，除非不得已，否則不會出門。和阿格祖不同，阿格祖的房子緊密成群聚集，這裡的建築物則是零散的群體，四處散居。我想，木橋下的冰雪隱藏著河道與溼地，因此屋主能在哪裡找到乾燥的地方，就在哪裡蓋房子，讓薩瑪爾加看上去有種離群的孤傲感。

最早造訪薩瑪爾加河口的俄羅斯人，是一九〇〇年的皮毛商人。他們的生存率僅有百分之六十六[1]；有個商人因為凍傷而失去一條腿，後來就在那裡亡故。這座村子是八年後由舊信徒派（Old Believers）創立，他們屬於俄羅斯正教會（Russian Orthodox）的分支，在十七世紀迴避教會改革，也因此遭到嚴重的處決。舊信徒派從俄羅斯人口多的地方逃跑，有些遠及阿拉斯加與南美洲，還有幾百人重新在濱海邊疆區的遙遠森林裡，平靜地實踐宗教信仰。

探險家弗拉基米爾·阿爾謝尼耶夫（Vladimir Arsenyev）曾記錄過薩瑪爾加的誕生。一九〇九年，他描述[2]在薩瑪爾加河口有兩棟房子、八個居民、兩頭牛、兩隻豬、七隻狗、三艘船與十把槍。

自此之後，這座村子進行了幾次嘗試，想要強化活力，可惜功敗垂成，包括在一九三二年曾經開設一座稱為薩瑪爾加魚場（Samarga-Fish）的集合農場，但三十年後就關閉了，原因可能是一九五〇年代發生一次大地震，改變海洋洋流，致使鯡魚漁場遠離了這座海岸。第二項方案，也就是同樣支撐阿格祖的野物肉品產業，在一九九五年宣告失敗。伐木業近期已把港口建立在距離海岸不遠之處，而大約一百五十位薩瑪爾加村的居民再度懷抱希望，盼能有穩定的就業機會，未來能過得舒適些。

路上的木造住宅經歷風吹日曬，木頭灰灰暗暗，油漆已剝落。我們繼續往前，來到薩瑪爾加村，停在一排面對韃靼海峽、宛如第一道防線的房屋前。風依然會壓迫人，提醒我們雖然已度過河流，但大自然環境依然強勢。瑟格伊向我們指著一棟房子，那是當地行政機關提供給賓客的三房小屋。通常這是供警察差旅住宿，可能是從捷爾涅伊飛來（這是最近的警局）的兩人團隊，表面上在偏鄉執行法律，但事實上，他們往往在此狂飲酗酒，並以出差之名來稍加掩飾。瑟格伊已與薩瑪爾加的市長聯絡，讓我們在等待可以往南通行之前先借宿於此。我瞄了瞄手錶。雖然之前好像來到這條河上很久，其實離開沃斯涅申諾夫卡才六個小時。

我們暫時的住處周圍是凌亂的圍籬，尖樁的寬度與高度不一，有些較明顯的破口則以綠色尼龍漁網遮擋。一頭斑駁陰鬱的牛站在附近的雪地；牠看著我們靠近與停下來，但沒有移動，就只是盯著

我們。我們經過院子，來到避風處，那院子小小的，滿是屋子掉落的碎片與雪。我必須穿過這些障礙，來到後方的戶外茅房，那裡沒有門，往旁偏斜，彷彿自慚形穢。我們不得不把屋子前門的雪清出一塊空間，才能進得去；這扇門通過擺滿箱子與生鏽物品的門廳，不知是誰沒有意願或沒有機會扔掉這些東西。到了室內還有一扇漆成暗橙色的門，通往小廚房和兩間附屬房間：其中一間就在燃木爐正後方，另一間則在左邊，經過裝在牆上的飲水機，下面還有水槽與盛水桶。我注意到，在橘色門內部有不少塗鴉，多半是以顯眼的字眼寫著「關門──最好從另一邊關」，接下來是一大堆關於人生與宿命的冗長文字，多半無法解讀。這棟房子還算乾淨，只是缺乏重視與維護。如果速速尋找，是沒有瓦礫或肉堆放在後方房間，只有床墊放在單人床架上、一張書桌，擺著電話，那隻電話會發出微弱靜態的撥號聲，還有一座書架，上面擺滿一九八〇年代的破舊書刊。

蘇里克開始在燃木爐生火，其他人把雪橇上的東西全搬進屋裡。我們在靠近屋子時經過一口井，因此我從角落找來兩個空桶子，回到井邊。我對村子的井不是很放心[3]；在捷爾涅伊的友人曾在井中發現溺斃的貓。不過，我們別無選擇，畢竟周圍其他地方的水略有鹹味。我回來時，把一桶水放到爐子上，讓大家有熱水清洗與清潔，之後把另一桶水平均分配到茶壺與飲水器。大夥兒短暫休息、吃點香腸，應該就會恢復活力。之後，進入下午，瑟格伊就會

帶我們前往魚鴞築巢的樹木，那是他去年夏天在薩瑪爾加河口水道上的一座島嶼發現的。

9

薩瑪爾加村

距離日落還有兩小時，瑟格伊與我爬上雪地摩托車，托利亞和蘇里克搭雪橇，腿懸在雪橇末端，背對著風。我們循著一條雪地摩托車的車痕來到河邊，把車停在步行橋旁，過橋來到一座島上。一行人暫停一下，穿上滑雪板，瑟格伊移動到我們前方，莫名猶豫地尋找起築巢的樹木。過了一會兒，他承認沒看見預期中的地標。同樣一片森林，在夏天尋找魚鴞時是會覺得很熟悉，但是到了冬天又換了個模樣。除了植物枝葉不一樣，河道也可能在洪水後一夕之間改變，任何參考點基本上都不同了。

托利亞說上個月他們剛到薩瑪爾加時，曾憑一己之力找到巢樹。於是，他趁著記憶猶新，自告奮勇帶路。瑟格伊不甘願地讓出位置，由托利亞帶領我們轉個彎，前往新方向。我們通過一段矮矮的植被前進，推開勾住滑雪板與帽子的樹枝，三不五時停下來脫下滑雪板，涉過淺水道，這些淺淺的水道分隔了河口小島，島上以柳樹為主。這是我第一次真正在魚鴞棲地徒步跋涉。在此之前，我幾

乎都是穿越沒有樹枝、平坦結冰的薩瑪爾加河，也只有看見值得進一步探索的樹木時，才會鑽進洪泛平原的森林。今天這趟辛苦的過程算是常態，不是特殊情況：對打算研究魚鴞的人來說，都會碰到突出有刺的荊棘與戳人的樹枝，還可能在出乎意料時跌倒。

這趟穿越三角洲的艱困跋涉耗時將近一個鐘頭，之後又繞回東邊，原本越來越不高興的瑟格伊直接火山爆發，指責帶路的根本是瞎子。

「我才不可能這麼偏離路徑。」他咆哮。但這時托利亞舉起冰桿，指向一株老鑽天柳（chosenia，譯註：又稱為朝鮮柳），這種柳樹能長到粗如古希臘柱、高達三十公尺，裂開的樹洞是曾有大型枝幹往天空延伸的地方。

「就在那邊。」托利亞靜靜說道。

瑟格伊專心瞇起眼，看了樹木好一會。「這不是我找到的那棵魚鴞巢樹。蘇里克，爬上去看看樹洞。」

蘇里克評估一下爬上樹的路線，看著這巨大、長著樹瘤的樹幹，之後滑雪到樹底下，脫掉靴子，毫不猶疑爬上樹。他很快來到裂縫處，之後往下看我們，搖搖頭。

「太淺太窄，魚鴞沒辦法築巢。」

大夥兒好不容易來到托利亞找的樹木前，可惜不是得找到的那一棵。托利亞開始道歉，但瑟格伊揮揮手，要他別再說了。

「沒關係，我會繼續找。你們三個回去雪橇那邊，如果我黃昏

時還沒回去，那麼大家就分頭進行，看能不能聽到鳥類鳴聲。」

　　從我的GPS裝置來看，雪地摩托車大約停在一公里外。我們按照裝置螢幕上的灰色箭頭，直接朝雪地摩托車前進，而不是沿先前在雪地留下的蜿蜒痕跡返回。途中，我看見前方大約五十公尺處有個類似雪茄菸的輪廓，好像是長尾林鴞（Ural Owl）坐在枝頭上，背對著我。這種鳥似乎和魚鴞共棲，在魚鴞棲地很常見。我舉起雙筒望遠鏡，想看得更仔細一點，之後模仿苦惱的齧齒類動物叫聲，引起牠注意。這隻鴞朝我轉過頭來，黃色雙眼直盯著我，讓我措手不及。那不是長尾林鴞，因為這種常見的鳥眼睛是棕色的；這是烏林鴞（Great Gray Owl），會出現在荒涼的北方針葉林（taiga forest）——從阿拉斯加與加拿大，延伸到斯堪地那維亞與俄羅斯等北方氣候帶。在濱海邊疆區，只有少數幾筆關於烏林鴞的紀錄[1]，很少在這麼南邊出現[2]，而至今為止，這仍是我在俄羅斯遠東區看見的唯一一隻烏林鴞。對賞鳥人而言，能在意料之外一睹稀有鳥類，向來讓人十分興奮，而對喜愛貓頭鷹的人來說，能看到烏林鴞則是喜悅。我還來不及從背包拿出相機，這隻烏林鴞就飛走了。

　　我們才剛回到雪橇停放處不久，瑟格伊也回來了。他終於找到那棵魚鴞巢樹，明天早上會帶我們回去。他駕著雪地摩托車回到薩瑪爾加河時，車燈照亮屋外一個在等我們的人。他是奧列格・羅曼諾夫（Oleg Romanov），這位烏德蓋獵人有個很俄羅斯的名字。他瘦瘦的，年近五十歲，戴著大大的棕框眼鏡，菸癮和瑟格伊不相上

下。奧列格是薩瑪爾加河的當地權威，曾協助瑟格伊規畫魚鴞調查的後勤活動，建議我們可在河邊的哪裡停留，以及該把儲備燃料放在哪邊。他很期待聽到我們這趟遠征的消息。

「你上個星期沒出現，我就開始擔心了，」他說著，握起瑟格伊的手。「真不敢相信你這一季到現在才現身。」

他說，在阿格祖與薩瑪爾加的居民都有追蹤我們的進度，從中找樂子，好奇我們能不能在融冰之前抵達岸邊。那年冬天，我們是這條河最晚的旅客──後來得知，有個來自阿格祖的獵人，比我們晚一天想去薩瑪爾加河，但因為水勢洶湧，只好打道回府。因為種種狀況，各村之間的交通停擺幾個星期，得待冰都融化才能恢復。我們是靠著本季最後的冰來到海岸的。

奧列格、瑟格伊與蘇里克坐在燃木爐旁邊，一邊抽菸，一邊聊天。雖然我們在薩瑪爾加還有一點魚鴞的搜尋事宜，但奧列格說，薩瑪爾加市長明天早上會過來，協助我們規畫返回捷爾涅伊的行程。果然，隔天早上不到八點，外頭就傳來轟隆隆的引擎聲，提醒我外頭有牽引機。市長是個大約三十五歲的年輕人，晨光中，淺藍色眼睛映著可能是酒後的朦朧光澤。他下車與我們握手時，飄來烈酒的氣味，更加深我的懷疑。無論是否喝醉，他都能言善道，樂於助人。托利亞和我打算預定下一班直升機的機票，但他建議我們，不妨考慮搭弗拉迪米爾·古琴科號（Vladimir Goluzenko）[3]這艘船，兩天後就會啟程。古琴科號是一艘運輸船，伐木公司會以這艘

船來載運員工，往返海岸邊各個孤立的港口與公司位於普拉斯通的樞紐，普拉斯通港就在捷爾涅伊的南邊。當初瑟格伊與其他團隊成員在遠征之初，就是搭船到薩瑪爾加。市長可幫忙安排行程，我們或許可以免費。

「搭船的話，十七個小時才會抵達普拉斯通，」他承認，「但如果仰賴直升機，反而不知會在薩瑪爾加卡多久。搭船比較保險。」

市長和瑟格伊坐在一起，討論在本週稍晚出發的下一趟貨船中，需要多少空間來載運設備。我們得和伐木公司協調，才能把雪地摩托車和其他設備送回南邊，瑟格伊和蘇里克會留在薩瑪爾加，看顧這些貨物。

聊完後，市長說，他的下一場會議遲到了。對於一個主要交通工具是牽引機、只代表一百五十個選民的人來說，他似乎出奇忙碌。他離開前還邀我們今晚去他家享受俄羅斯桑拿浴。他說，如果願意的話，鎮上的每個人都可以指出他家在哪裡。

我們速速吃完早餐，之後瑟格伊、蘇里克和我擠在黑色山葉雪地摩托車座位，托利亞到鎮上的北邊，查看魚鴞可能的棲地。我們依循昨天的路線，穿越薩瑪爾加到河口。我這五年的研究計畫中，有個研究目標是探究魚鴞如何與為何選擇某巢樹；完全是因為樹洞很適合，還是周圍植被在選擇過程中也扮演某種角色？我採取標準化的方法學[4]，描述築巢地點的結構與植被，供科學分析與比較，

這需要做不少測量。我想把這套方法學應用到巢樹，理出個頭緒。我帶著捲尺與其他儀器。今天很快就找到巢樹；昨天瑟格伊已很接近這裡。他認為先前會搞錯，是因為用以辨識方向的河道在去年某次暴風雨之後已改變，但他還是順著那條河道，所以走錯方向。

諸如遼楊、裂葉榆與鑽天柳這些樹種，在成熟之後——二、三十公尺高，一公尺粗、樹齡兩、三百年——大小與樹齡就會成為負債。颱風的風勢會折斷樹冠，讓樹幹變得像煙囪。有時候一根枝幹斷裂，就會露出內部柔軟的木頭。久了之後，腐敗的地方會形成夠大的空間，讓魚鴞進去打造出舒服的巢。

魚鴞似乎偏好「側樹洞」鳥巢[5]——在樹木側邊的洞——因為比起其他樹洞，這種樹洞能在自然環境中提供更好的保護。煙囪樹洞——在樹頂形成的凹處——會在孵育魚鴞的過程中更顯脆弱。雌魚鴞必須緊緊坐著保護鳥蛋或雛鳥，避免其暴露於風雪或雨水。蘇爾馬奇曾在暴風雪中觀察到，有隻雌鳥在煙囪式鳥巢中孵蛋，即使大雪紛飛，牠依然不動如山，最後只看得到尾巴從雪堆中露出來。

當然，規則都有例外。有些地方的魚鴞早已忘了奢侈的樹洞（或從未有樹洞），在這些地方，魚鴞會以其他方式來將就。最近有人發現，在鄂霍次克海（Okhotsk）北岸的馬加丹（Magadan），一株小白楊高高的樹彎上，有個樹枝構成的虎頭海鵰（Steller's Sea Eagle）舊鳥巢裡，有隻魚鴞幼鳥探出頭。而在日本[7]，現在已經很少老樹了，有一對剛長出羽毛的雛鳥出現在絕壁岩架上。

蘇里克掏出捲尺與小數位相機，爬上一株大鑽天柳，這個目標樹木有茂密的樹枝與樹瘤，可通往主幹上方七公尺的樹頂洞穴。他繼續測量這些樹洞並拍照，我則忙著測量其他項目，例如巢樹的直徑與狀況、計算附近的樹木及其大小。這工作有一項明顯的缺點：現在仍是冬季——我們在幾呎深的雪堆上，樹與灌木都光禿禿的。穿著滑雪板挺礙事的，而我進行的幾種測量（例如樹冠涵蓋範圍與下層植物的能見度）顯然並不精準。雖然如此，能測量仍是好事。這項運動大約花了四小時完成。後來我抓到訣竅，大約花一個小時就能完成。

　　我們回到薩瑪爾加，想找到市長家的俄羅斯桑拿房。我們先回借宿處，準備接托利亞，但他還沒回來，所以我們先行出發。一名路過的冰釣者告訴我們市長住哪裡，而抵達之後，欣然發現桑拿房已經開始加熱。那是一棟低矮的小建築，地板破破爛爛，一次只能容納兩人。我先享受蒸氣與沖澡，之後輪到瑟格伊與蘇里克。在等他們時，市長邀我進他家喝茶、吃甜點，旋即請我包涵，先去忙公事了。桌子對面坐著一名年長男子和小女生，沒有人向我介紹他們，但想必是市長的父親或岳父，以及市長的女兒。這兩個纖瘦灰色的人影，陰鬱地從桌子對面打量著我，而桌上擺了許多麵包，以及果醬、蜂蜜與糖。我幾次試著打開話匣子，可惜沒能炒熱氣氛，只能默默喝茶，忍受他們的注視，偶爾抹去眉上的汗水，試著讓體溫從桑拿的熱氣中恢復。

到了早上，我們收到訊息，確認托利亞和我在古琴科號有船位，預計啟航時間是隔天下午。我們會從海岸北邊十二公里的伐木港口阿迪米（Adimi）出發。市長說，那條路可以通行，只要在正午陽光把路面曬到泥濘前出發，應該就來得及抵達。這消息啟動了倒數計時：我們在薩瑪爾加剩下二十四小時，大家都希望能趁著這段時間，尋找更多魚鴞。畢竟最後一段河流的調查，都因為融冰而必須放棄大部分。我們無法往薩瑪爾加河上游前進多遠，因為會碰上沒結冰的水域。所以托利亞和我乘著其中一輛雪地摩托車，去他前一天尋找過的整體區域，瑟格伊和蘇里克則早早離開，前往海岸邊的愛丁卡河（Edinka River）河口；去年夏天，瑟格伊曾在那邊聽到魚鴞鳴叫。托利亞和我沿著路徑穿越谷地時，他突然從把手上舉起戴著手套的手，指著大約一百公尺外樹林間一個老鷹大小的胖胖棕色點——是魚鴞，薩瑪爾加河口魚鴞夫妻的其中一隻。這是我二〇〇〇年初見魚鴞之後，第一次清楚看到魚鴞。

　　托利亞放慢雪地摩托車，好看得更清楚些。但是我們在猶豫該怎麼前進的那一刻，魚鴞驚飛了，先是後退，接著消失在光禿的枝枒間。我雖然很高興能短暫瞥見這隻鳥，但這隻魚鴞也讓我擔心：捕捉鳥類絕對是我研究計畫中很重要的一部分，但魚鴞似乎積極避開人類的注意。如果魚鴞和人類保持的距離，總是超過一座足球場那麼遠，那我們怎能奢望捕捉到魚鴞？

　　我們繼續前進，冰持續發出碎裂聲，沒入後方窄淺的水道中。

如果這是我初次碰上雪地摩托車和融冰，我會提高警覺，但這回頂多讓我覺得厭煩，遠比不上之前在上游碰到、差點丟了小命的難關。周圍的森林似乎對魚鴞來說很理想，可惜只能探察其中的一部分。我們只短暫瞥見魚鴞就回村子去了，過了一段時間，瑟格伊和蘇里克回來了。他們沒有找到魚鴞的證據。瑟格伊重述，方才在薩瑪爾加河的南邊岩灘上，經過一匹飢腸轆轆的馬。

　　「牠側躺在地，全身皮包骨地抽搐，慢慢死去。」他皺眉回憶道，「要是我有槍的話，大概會讓牠早點解脫。」

10

古琴科號

　　四月十日早上，小屋裡洋溢著活力。托利亞和我沒花多少時間打包，就把行李捆到黃色雪橇上。瑟格伊駕著雪地摩托車從海岸邊北上，載我們到阿迪米，沿途有時是雪泥，有時很泥濘，兩種質地差不多。來到小鎮邊緣時，就看見一輛大車停在那；這是伐木營邊緣，私人車輛無法再前進了。我爬上一輛等待中的卡車後方，托利亞和瑟格伊則把一個個包包交給我。由於再過一個星期，應可在捷爾涅伊與瑟格伊見面，因此我們就簡單握手，點頭道別。托利亞爬上梯子，進入卡車，拍拍金屬車頂，讓司機知道我們準備好出發了，於是車子駛向阿迪米。瑟格伊站在黏著結塊泥巴的雪地摩托車與空雪橇旁，目送我們離開。

　　就像十九世紀美國西部的邊疆小鎮，阿迪米的建築物是以新鋸好的木材搭建而成，一棟挨著一棟，排列在大馬路兩旁。在這時節，馬路上的爛泥深及小腿肚，伐木公司的員工踩在高起的木板通道上，匆忙行走。卡車載我們到碼頭，伐木工人在完成幾個月的輪

班之後，正扛著行李，排隊穿越舷梯，登上古琴科號。

在我看來，這艘船是拖船與渡輪的綜合體。船在一九七七年打造，一九九〇年之後由這家伐木公司持有。船上有小小的前甲板，後面緊鄰著高起的操舵室、較大的後甲板，下方船艙的座位足以供上百名旅客使用，雖然大約只有二十名伐木工上船。座艙的排列有點類似飛機艙，成排的舒適座椅以兩條走道分隔。往後甲板的途中有小型自助餐廳、一桶保溫熱水，可供沖泡茶或即溶咖啡，還有幾個小隔間，裡頭擺著桌椅。主客艙的前方角落擺著電視，大聲播放著低預算的情境喜劇，是關於俄羅斯陸軍基地的生活。就我看來（雖然盡量不予理會），情節主要是一群好心但傻乎乎的徵兵，總是讓帶頭的軍官一個頭兩個大，而那位負責管理的軍官身強體壯，戴著高帽，口頭禪是「喔，天哪！」（Yo-mayo!）。他三不五時重複這話，手掌用力往額頭一拍。

多數伐木者聚集在客艙前方、靠近電視之處，我選擇靠近後方較安靜的角落，把行李分散放置在幾張相鄰的座椅，之後就有空間躺下。要在這艘船上待十七個小時還挺久的。之後，我回到後甲板，托利亞正在那邊忙著拍攝大黑脊鷗（Slaty-backed Gull），那些海鳥一直在船後方的空中飛；海鸕鷀（Pelagic Cormorant）只要我們一靠近就逃了，而大批長尾鴨（Long-tailed Duck）在船隻經過時，於波浪上載浮載沉。

就像在阿格祖，周圍總有不少人對托利亞與我有興趣。阿迪米

是個孤立的聚落，人人彼此相識。忽然間，有一對似乎不知道從哪裡冒出來的陌生人出現：第一個矮矮的，皮膚黝黑，什麼東西都要拍照；另一個則是高個子，長著鬍子，顯然是外國人。這些伐木者掌握了十七小時的空閒時間，似乎百無聊賴，又滿心好奇，整趟旅程總有人來問我們到底是誰，為什麼來到薩瑪爾加。

大約在航程第五個小時時，托利亞和我進入餐廳，倒點熱水泡茶包，吃點從薩瑪爾加打包的點心，是半條沒有切的麵包，還有隨手塞進黑色塑膠購物袋的香腸。有兩個人在桌邊吃點心，其中一個伐木工很纖瘦，另一個身材魁梧。我們才剛在小隔間坐下，他們就過來加入。

「那麼，」身材高大的那個人自我介紹，說自己叫米哈伊爾（Mikhail），「跟我們聊聊你的故事吧？」

我們和這些男人聊得挺愉快的，提到為何我們來到薩瑪爾加，也得知他們在伐木公司的角色。米哈伊爾身穿藍灰色法蘭絨襯衫，扣子開到很低，大方露出大雪怪般的濃密胸毛。他負責林木收穫，還說起看到斯韋特拉亞村（Svetlaya）附近的廣大森林被砍伐時，感覺多可怕。俄羅斯人比較習慣擇伐（selective harvest），只選擇採伐某些樹木，但是在一九九〇年代初期，一家與南韓現代公司（Hyundai）合資的企業，把斯韋特拉亞高原的山丘砍伐殆盡，徒留濯濯牛山。現代公司也看上比金河[1]（Bikin River）盆地，這裡和薩瑪爾加河一樣，是烏德蓋人的要塞，但由於當地人抗議，因此現

代公司沒辦法得到豐厚的木材大禮。不久之後，現代公司與俄羅斯合作者控告彼此貪腐，在斯韋特拉亞的合作一併告吹。

「我想，該來點伏特加了。」米哈伊爾咧嘴一笑，後來一名船員過來，說船長想說點話。我慶幸能躲過原本可能會被捲入的伏特加漩渦。到了前甲板，我聽到船長毫不掩飾，熱情說起他在濱海邊疆區海岸的豐富經歷，而船隻慢慢經過山嶺與河谷時，他如數家珍，道出這些地方的名稱，這裡大約是我們西邊一公里，位於平靜無波的日本海岸。他說起曾分布於海岸的漁村[2]，但是在五十年前，由於鯡魚消失，這些漁村也跟著沒落。他指著一個地點，說那邊曾有座漁村，叫康茲（Kants）。

「那裡還有一輛牽引機，」他繼續感傷說道，「是唯一留下來的東西——生鏽的殘骸就位於樺樹與山楊之間，原本是一塊田的地方。」

船隻漸漸靠近斯韋特拉亞，也就是米哈伊爾方才提到的岸邊伐木小鎮。船放慢了速度，朝著岸邊接近。這座村莊位於斯韋特拉亞河北岸，對面是南邊一處黑色突出的岩架，宛如烏木刀深入日本海。在這陡峭的岩石上方立著一座燈塔，後方是夕照餘暉，而燈塔照亮下方的碼頭殘跡。這座結構體一定是在嚴重的暴風雨中遭到破壞，而浪潮在細瘦如骨的指間移動，軟弱無力地拍打著玄岩下方的岩石。真慶幸此刻海象平靜——這裡似乎很難避免船難。由於缺乏尚在運作的碼頭，古琴科號就停在這，等待一艘來自村子，隨著波

浪起伏朝我們前來的船。小船送來十幾位斯韋特拉亞的伐木者，他們也要前往普拉斯通。我隨著船長一同看他們上船，之後我回到下層，繼續往南的旅程。天色漸黑，我也要試著補眠。

現在船上約有三十位伐木員，表示還有七十個空位。我回到位子時，卻發現座位被喝醉的伐木工占據。他已經昏睡，整個人癱倒在我鋪著用來標示地盤的大衣上。我試著叫醒他，但最後只得放棄我的角落空間。既然位子被搶走了，我只能更靠近電視一點，泡棉耳塞根本不敵螢幕天線的聲音效果，怪的是，螢幕上依然是氣呼呼的上尉排長在重複口頭禪：「喔，天哪！」大約過了九個鐘頭，仍睡不著的我到處走，在自助餐廳周圍繞大圈。我不知道裡頭發生什麼情況，但總之吵吵鬧鬧，看來我還是別過去比較保險。我在後甲板遇見托利亞。那時正是午夜，只有我們兩人在外頭，周圍一片漆黑，寒風颼颼吹過。我說，這艘船一定有一整套的軍隊情境喜劇——到現在還在播。

「你沒發現嗎？」他輕聲說。「那是同一集。從我們登船以來，一直都在重播同一集，大約一個小時長。不然你以為我為什麼要在外頭？」

喔，天哪！真的。

我睡了幾個小時，在清晨醒來，看見已在普拉斯通北邊的熟悉岬角。這艘船轉進附近的避風港，我們也紛紛下船。捷爾涅伊的朋友贊亞·金茲科（Zhenya Gizhko）收到要來接我們的訊息，這時

已在此等待。他靠坐在在一輛白色荒原路華計程車裡抽菸，聽著合成舞曲。

　　薩瑪爾加遠征結束了。我訝異地發現，自己離開捷爾涅伊竟然不到兩週。這是一趟十三天的雲霄飛車之旅，在冰上駕車，碰上一堆稀奇古怪的遭遇，與其說是在尋找魚鴞，反而花更多時間在後勤。但我還是有好的開始：在俄羅斯遠東區的田野調查研究，本來就是不斷在研究、當地居民與自然環境之間妥協。接下來幾週，團隊會稍作休息；托利亞和我一起在捷爾涅伊等瑟格伊從薩瑪爾加南下。之後，瑟格伊和我會展開這五年計畫中，探索階段的第二部分——在捷爾涅伊區的謝列布良卡（Serebryanka）、克馬（Kema），與馬克西莫夫卡（Maksimovka）河流域，尋找可能捕獲魚鴞的機會。下一個階段是六個星期的考察，為魚鴞遙測研究打下基礎。

第二部　錫霍特阿蘭山脈的魚鴞

11

來自古代的聲音

　　在捷爾涅伊待了幾天之後，托利亞和我漸漸從薩瑪爾加河旅程的暴風雪混亂中走出來。瑟格伊偶爾會打電話來，他還在薩瑪爾加，不滿地嚷著目前仍停滯不前的狀況。原本排定要去接他與蘇里克南下的補給船，碰上海象不佳而延遲，因此他們在狂風呼嘯的邊境村莊，比預期多待上五天。此外，還發生了雪上加霜的事：來了一群官員進駐房子，與他們同住——那畢竟是鎮上唯一能容納賓客的房屋——而且他們帶了伏特加。瑟格伊想躲也躲不掉，好生苦惱。他說，他們去河口冰釣時，他躲在雪地摩托車的雪橇後，蓋著大衣，有氣無力，飽受宿醉之苦，躲著刺眼陽光，而那些不受影響的酒伴就擠在他身邊抽菸。

　　又過了幾天，電話仍靜悄悄。我們終於從海參崴的蘇爾馬奇口中得知，瑟格伊和蘇里克已搭伐木船離開，卻被迫停在斯韋特拉亞的港口避風，度過兩夜。岸邊海象惡劣，大家都嘔吐，隨時有大浪把船推高，搞得貨物鬆脫亂撞。終於，瑟格伊和蘇里克抵達普拉斯

通，兩人先各自駕車回南邊的家，稍作休息。

　　托利亞和我則運用這意外多出的閒暇時間，在捷爾涅伊附近的謝列布良卡河谷尋找魚鴞。在薩瑪爾加河的那段旅程中，我學到尋找魚鴞時該把焦點放在哪裡——森林類型、被樹木勾住的羽毛所發出的銀色光芒、河畔雪中足跡刮痕，或黃昏時的鳥鳴顫音。此外，我得開始列出魚鴞個體，這在遙測研究時可能會用得上。在計畫的第三與最後階段，也就是預計在下個冬天進行的捕捉繫放與資料收集階段，這些魚鴞正是關鍵所在。我們會依照從這些特定的魚鴞所收集的資料，建立保育計畫，保護牠們。然而，我沒把握能在捷爾涅伊區見到多少魚鴞。我在和平工作團時，曾在這裡花了幾年的時間觀鳥[1]，還跟著本地的鳥類學家，前往調查路徑，穿過謝列布良卡河谷的河岸帶林地。魚鴞特別喜歡這種棲地——這種林地在河岸旁排列，樹木喜歡生長在水邊，例如白楊和榆樹。但我從來沒有在那樣的地方看見或聽見魚鴞動靜。我想，或許到更北邊、更偏遠的安姆古，運氣會好些，幾週後，我會與瑟格伊前往安姆古，但現在先看看捷爾涅伊也不錯。反正我沒事幹，不妨練習一下。

　　我多是和托利亞一起尋找魚鴞，但有時候約翰‧古德里奇（John Goodrich）也會加入，他那時是國際野生生物保護學會（Wildlife Conservation Society）西伯利亞虎計畫的田調統籌[2]，這機構位於捷爾涅伊。約翰待在俄羅斯已逾十載，我也在六年前結識他。他個子高、一頭金髮，像是會動的人偶一樣英俊。事實上，曾

有一段時間，國際野生生物保護學會的所在地紐約市布朗克斯動物園（Bronx Zoo），販售一種關節可動的人偶，據說就是依照他的樣子打造出來的。它有雙筒望遠鏡、背包、雪鞋，還有可以讓這個玩偶追蹤的小小塑膠虎。

約翰在捷爾涅伊的鄉村環境中生活，過得生龍活虎，甚至在某種程度上更像俄羅斯人，在這國度住久了就會這樣。冬天，他戴著傳統毛帽，臉上的鬍子刮得一乾二淨，殷殷期盼採摘蘑菇與莓果的季節到來。不過，俄羅斯的伏特加酒不足以洗去他的美國鄉村感。他除了把飛蠅釣介紹到捷爾涅伊，到了夏天，還會開著貨卡在鎮上到處逛，戴著環繞式太陽眼鏡，身穿無袖T恤，宛如從美國西部的鄉間小路上瞬間傳送過來的畫面。

說起野生動物時，約翰相當喜歡一探究竟。雖然他研究老虎，但也熱衷於在有空時協助研究魚鴞。四月中的某個晚上，由於缺乏來自薩瑪爾加河的錄音，我就照著瑟格伊教我的，親自模仿起魚鴞的鳴聲給約翰聽，包括四個音的對唱，以及一隻鳥所發出的兩個音鳴叫。我粗糙的咕咕聲沒辦法愚弄魚鴞，但最重要的是，要知道鳥鳴聲的節奏與深沉音調——森林裡沒有其他動物的聲音是這樣。常見的長尾林鴞鳴叫聲是三個音，而這一帶其他可能聽得見的貓頭鷹叫聲——鵰鴞（Eurasian Eagle Owl）、領角鴞（Collared Scops Owl）、東方角鴞（Oriental Scops Owl）、褐鷹鴞（Brown Hawk Owl）、鬼鴞（Tengmalm's Owl）與山鵂鶹（Northern Pygmy Owl）——鳴叫

聲都較高、較好辨識。魚鴞的聲音不會被誤認。約翰明白了該聽什麼之後，我們就出發了。他載著托利亞和我，到捷爾涅伊西邊十公里，也就是謝列布良卡河與圖因夏河（Tunsha）交會處。道路在這裡隨著兩條河分岔，這個地方看起來是魚鴞的完美棲地，有許多淺淺的河道，還有大樹。要前來這裡並不困難，對我們來說會是研究魚鴞的好地點——只要夠幸運能找到魚鴞。

　　如此展開魚鴞調查並不複雜。相對於薩瑪爾加河，當時我們得先到河邊，沿著結冰的河前進，但在這只要在與河流平行的泥土路開車，暫停下來傾聽奇特的鳴叫聲即可。我們不必太接近河流本身；這樣反而是好事一樁，因為水流聲導致難聽清楚其他的聲音。約翰把托利亞與我留在橋邊，之後繼續開往圖因夏河上游地約五公里。我們講好，在天黑後四十五分鐘要回到河流交會處集合。我穿著迷彩夾克與長褲，與其說是和環境融為一體，不如說是更能與當地人融合。我朝著一個方向的泥路前進，托利亞前往另一個方向。我摸摸口袋，確保有手持火焰信號棒。這是用來保護自己的：現在是春天，會有熊出沒。身為外國人，我不能攜帶武器，防熊噴霧又難買，說不定根本找不到。手持火焰信號棒是設計來給遇上麻煩的俄羅斯水手使用的，在海參崴很容易買到，若要使用，只要拉開一條繩索，就能融化化學物質，釋放出震耳欲聾、長達一公尺的火與煙，並持續數分鐘。在大部分情況下，這種方法夠震撼，足以嚇阻任何抱著好奇卻會帶來危險的熊與虎。但如果嚇阻不了，火焰也可

以用來當武器。古德里奇就曾使用過：有一次，他被一隻老虎撲倒，仰躺在地，一手被老虎咬了幾個洞，但另一手就把這火焰之刃往老虎的側身按下去。於是老虎逃跑，他也活了下來。

我走了大約半公里，就聽到魚鴞對唱。那是從上游傳來，也就是我前進的方向，是四個音的嗚嗚聲，或許是從兩公里外傳來。這是我距離發出鳴聲的魚鴞最近的一次，也是我聽過最清楚的二重唱。這聲音讓我留在原地不動。森林裡的某些聲音——鹿鳴、來福槍響，甚至鳴禽的顫音——會響亮爆發，立刻引來關注。但魚鴞的二重唱不一樣。那聲音悠長低沉，充滿自然之感，從森林裡迴盪而出，躲在嘎吱響的林間，隨著滔滔河水彎曲迴轉。那聲音是那麼古老，在大地之間響應。

要幫遙遠的聲音精準定位，三角測量是個可靠的方法[3]。這過程很簡單，只需要一點資訊，以及足夠的時間來收集。以我來說，需要先以GPS裝置，記錄聽到魚鴞叫聲的位置、以羅盤記錄鴞的叫聲來源方向（稱為「方位」〔bearing〕），以及需要時間在魚鴞停止鳴叫或移動前，收集到多個方位。之後就能在地圖上，運用GPS點來畫出我的位置，並以尺將每一個相對方位連起來。這些線條交叉處，就是魚鴞發出叫聲的粗略位置。基本上，通常會至少需要三個方位，尋找的位置就位於方位交會形成的三角空間（所以稱為「三角測量」）。

我的動作得快：繁殖期的魚鴞通常會在鳥巢開始對唱，但很快

就會飛走狩獵。只要收集到三個方位，就很可能找到巢樹。我快速尋找方位，以GPS記錄位置，之後在路上奔跑一下。在泥土路上跑了幾百公尺後，我稍微停下來，聽見心臟撲通撲通跳，之後再仔細聆聽。另一聲對唱傳來。我記錄下另一個羅盤方位與GPS位置，之後再跑一下。來到第三個位置時，鳥就安靜了。我又等了一會兒，拉長耳朵，但森林還是靜悄悄的。我終於明白，在捷爾涅伊這麼久，離魚鴞這麼近，為什麼不記得牠們存在：我必須在正確時間、正確條件下到戶外才有機會。魚鴞對唱很容易被其他聲音蓋過，如果有風或附近有人說話，我就會錯過。

這兩個方位讓我士氣大振。如果夠精準，這兩個方位或許能帶我前往巢樹。我等了一會兒，想聽另一次鳥鳴，但沒有等到，遂順著方才走過的路回去。我在黑暗中興高采烈，腳底下的碎石沙沙響。托利亞和約翰臉上也掛著笑容，都說聽到魚鴞的叫聲。根據托利亞的描述，他偵察到的顯然就是我在謝列布良卡聽到的那對鳥，但是約翰聽到的則為不同的魚鴞夫妻：他是在反方向聽到對唱。在一個小時之內，我的潛在研究動物名單從零變成四隻鳥。最激勵人心的，就是我們聽到的不是一隻魚鴞，而是成對的魚鴞。單一魚鴞可能是過境鳥，但成對的則代表這是牠們的領域。或許我們明年就能捕捉這幾隻魚鴞，好好研究。

那天夜裡，我在地圖上畫起方位，再把交叉線座標輸入GPS。隔天早上，托利亞與我開車，沿著坑坑疤疤的泥土路，回到謝列布

良卡河，跟著GPS灰色箭頭指示，看看這箭頭帶我去哪裡。然而，那條又寬又湍急的大河旋即擋住我們的去路，我們前一晚並未來到這裡。魚鴞一定是在對面鳴叫。我們穿上高筒防水靴，前進謝列布良卡河的主要河道，其寬度大約三十公尺。無論是往上游或下游，水都太深，無法穿越，但這裡不會，深度大約是介於膝蓋與腰部之間，清澈的水在平滑如拳頭大小的石頭上，以及更小的卵石上方奔流。

在濱海邊疆區，即使河水僅深及膝蓋，也可能欺騙門外漢，讓他們以為可以輕鬆度過——謝列布良卡河的水流就和薩瑪爾加河與其他海岸邊的河流一樣，可能相當湍急。我們在涉水過河時，急流推著我們。若在某一點停留太久、偵測往前的路徑時，腳下的卵石就會被沖走。我們來到對面河岸，發現自己位於一個個小島所形成的網路之間，較小的水道交織其中；島上植被茂密，古老的松樹、白楊和榆樹構成森林；而在最容易氾濫的區域邊緣有簾幕垂柳排列。我們跟著GPS，來到其中最大的島，周圍是懶洋洋的回水，與其說是溪流，更像是沼澤，而其高地主要是由灌木叢中拔地而起的白楊構成，那些灌木叢和被風吹倒的草木殘骸，在地上糾結著。我拿起雙筒望遠鏡，從一個樹洞掃視到另一個；潛在的巢樹數量多不可數。在這些瘦巴巴的樹木中央，屹立著一株優雅的松樹，宛如一位美女被膽怯的追求者包圍。這是個穩固又健康的美女，強健的紅樹皮樹幹往上升，最後消失在綠色的繁茂枝葉中。我看見在大樹枝

上有根魚鴞的羽毛黏在上面，在難以察覺的微風中顫動。

　　我揮揮手，引起托利亞的注意，於是一行人朝著松樹前進，目不轉睛。雖然濃密的樹枝應該要能遮蔽樹木的基底，不受環境影響，但底下有東西與周圍的融雪混合。這裡充滿魚鴞白色的排泄物——數量繁多——混合著過去獵物的骨頭。原來，這是一株棲木。魚鴞喜歡在針葉林棲息，這棵松樹就是個例子，可在其白天睡覺時提供遮蔽，保護牠們不受風雪及想騷擾牠們的遊蕩烏鴉注意。我立刻看見魚鴞獨特的食繭（pellet）：這些食繭和其他鴞所產生的不同，並不是灰色、如香腸狀的逆流物．多數的貓頭鷹會吃哺乳類，因此食繭會是毛皮緊緊包裹著骨頭。然而，當魚鴞將無法消化的獵物殘骸反流回來時，沒有東西能把骨頭包起來，因此食繭並不呈現繭狀。

　　托利亞與我因為這項發現而大受激勵，給彼此俄羅斯式的擊掌歡呼——握手。魚鴞並不像其他貓頭鷹一樣，有習慣棲息的棲木，這麼常使用的棲木是很罕見的。然而，棲木也強烈暗示著巢樹就在附近；雌鳥窩在巢中時，雄鳥通常會在附近守護。早上其餘的時間裡我們伸長脖子，觀察高處的樹洞，果然到處都有樹洞，高度從十公尺到十五公尺都有。我們尋找線索，看看哪棵樹可能有魚鴞巢，可惜徒勞無功。不過，我們確實撞見了魚鴞出沒的祕密之地，這邊無法從河上島嶼與沼澤窺視。

　　接下來幾天，我們繼續在謝布列良卡和圖因夏河谷，尋找魚鴞

的影子。我們聽到了約翰找到的那對鳥，卻找不到實體的跡象。這些留鳥整個冬天都在這裡，但現在雪融了，樹木冒出嫩葉，因此越來越難看到其足跡和羽毛。再過幾天，托利亞前往南方兩百公里的阿瓦庫莫夫卡河（Avvakumovka River），蘇爾馬奇在那邊發現魚鴞住的鳥巢，還有剛孵出的蛋。蘇爾馬奇想要托利亞去監視這巢，記錄成鳥帶回多少食物給幼雛、帶回什麼獵物，及幼雛何時長出羽毛。我這個星期和約翰一起聆聽鴞的聲音，尋找更多魚鴞可能居住的領域，包括謝普敦河（Sheptun River），幾年前蘇爾馬奇和瑟格伊曾在此找到鳥巢。約翰與我發現了這棵樹，是株粗壯的白楊，可惜已在暴風雪中傾倒，而周圍的灌木繁盛生長，幾乎藏住這棵樹的存在。我們在那邊沒有聽見魚鴞的動靜。

從薩瑪爾加河回來之後，我就和約翰住在捷爾涅伊。他家位於小鎮上方的山丘，明亮舒適，漆成藍色與黃色，還有座樸實的花園。我住在他家的客房，這間帶著霉味的房間，大小剛好可放進一座磚造燃木爐、矮書櫃，還有張小沙發，拉出夾層就能變成略微不平坦的床。這房間位於主建築外，和俄羅斯桑拿房隔一道牆。約翰有遼闊的前門廊，那是圍繞著一株蘋果樹打造，可俯瞰捷爾涅伊以及遠處日本海的低矮木造房屋。過去幾年，這個地方在溫暖的夏夜幾乎是我第二個家：我們會喝啤酒、吃煙燻紅鉤吻鮭，從不厭倦眼前的絕美景致。那年春天，托利亞離開之後不久，我們也坐在那邊，享受同樣舒服的夜晚，吃被暴風雪沖上岸的貽貝，那場暴風雪

也把瑟格伊與蘇里克困在斯韋特拉亞。約翰把話題轉向托利亞。

「你知道為什麼托利亞不喝酒嗎？」約翰默默問道，帶著疑問瞥看著我，口對著半公升的啤酒瓶。我回答，我不知道。約翰點點頭繼續說話。

「他告訴我，他幾年前到阿爾泰山脈造訪親戚，在野餐時喝了太多酒。他躺在草地上，望著上方的藍天，這時他內心湧現一股對下雨的渴望。沒想到，還真的開始落下雨滴。於是托利亞認為，他有掌控天氣的能力，決定戒酒，因為他必須守護這危險的能力。」

我瞪著約翰，不確定要怎麼回答。

「每當你認為某個人腦袋正常時，」約翰啜飲一口啤酒，「他們就會講出這樣的事情。」

二〇〇六年，春天的腳步遲了，許多原以為水深及腰或胸部，因而可涉過的河流，現在滿是融雪，水流仍是棕色，步行通過會有危險。和瑟格伊討論之後，我們決定往南，加入托利亞在阿瓦庫莫夫卡河的行列，等河上的雪完全融化之後再北上安姆古。我會花點時間，和托利亞在鳥巢觀察魚鴞的行為，也幫瑟格伊尋找阿瓦庫莫夫卡河這一帶的其他魚鴞，或許能將牠們納入遙測研究。四月底，我從捷爾涅伊搭四個小時的巴士，南下達利涅戈爾斯克（Dalne-gorsk），也就是瑟格伊住的地方。從那邊，瑟格伊會開著貨卡，前往更遠的岸邊，到阿瓦庫莫夫卡河。

12

魚鴞之巢

　　達利涅戈爾斯克這座城市有四萬人口[1]，位於魯德那亞河（Rud-naya River）河谷陡坡之間，一八九七年，演員尤・伯連納（Yul Brynner，譯註：1920～1985，海參崴出生的美籍演員，曾以《國王與我》獲奧斯卡最佳男主角）的祖父在這裡建立採礦營地。這座城市、河流與河谷原本稱為野豬河（Tyutikhe）[2]，到一九七〇年代初期更名，當時中俄關係惡化，俄羅斯遠東區南部有數以千計的河川、山嶺與城鎮突然被賦予新稱呼，捨棄中文名。探險家弗拉基米爾・阿爾謝尼耶夫[3]率領人馬，在一九〇六年度過魯德那亞河之時，深受此處美景吸引：崎嶇峭壁、森林蒼蒼鬱鬱，鮭魚數量超乎想像，令他們瞠目結舌。遺憾的是，經過百年的密集挖礦與煉鉛，致使這裡光彩盡失。史詩般的鮭魚遷移，在河川棲地遭到破壞與過度捕撈之下，已成過往雲煙，河谷成為過去的怪異空殼。有些最美山丘之頂已在採礦時被劃平，還有些則因為礦產而從裡頭被掏空。這傷疤也存在於人體內[4]。有四位煉鉛主管接連罹癌病故，而附近

村莊遊樂場的泥土樣本顯示，鉛含量為百分之一（11,000ppm），比美國強制清理的閾值高出二十七倍。魯德那亞河有個村莊的居民，罹癌率是捷爾涅伊居民的將近五倍。

　　瑟格伊與我相約巴士站，隔天早上，我們離開達利涅戈爾斯克。他駕著「小房子」（domik）：一輛一九九〇年代初的豐田海力士（Hilux）貨卡，後面有客製化的露營車廂，整體統一漆成淺紫色。後車廂裡頭鋪設棕色地毯，有桌椅包廂，能讓兩個人舒服睡覺。這輛貨卡的暖氣不靈光，不太適合冬天行駛，但在春天的貓頭鷹考察行程倒是很能派上用場：我們總是忙到太累，之後隨便找個地方，停車睡覺。這輛車雖然在世上其他地方沒什麼好稀奇，但在濱海邊疆區中央卻獲得相當多矚目。路人會伸長脖子，村裡的男孩也會呼朋引伴，趁我們消失在視線範圍之前來一睹風采。

　　開了兩小時的車之後，我們停在海邊的奧爾加村（Olga），和瑟格伊的兄弟薩夏（Sasha）吃頓遲來的午餐。薩夏住在這座村莊，之後我們繼續往前一小段路，來到韋特卡（Vetka）[5]，這是濱海邊疆區最古老的俄羅斯村莊之一，在一八五九年，由來自俄羅斯東南部的移民墾殖。韋特卡或許在建立之後，曾享有一個半世紀的風華，但是在俄羅斯聯邦的這個角落早已失去風采。這村子是單一樓層的住家小集合，但多半年久失修，由嚴肅的退休人員居住，周圍則是生鏽的大院子。我們從主要道路上轉個彎，從山丘顛簸而

下，之後經過失敗的蘇聯集體農場斷垣殘壁；許多集體農場都是這樣，並未撐過經濟改革（perestroika）。村子的另一端是座垃圾場，有大片垃圾、破裂的瓶子，就這樣緊鄰甚至落入阿瓦庫莫夫卡河淺淺的支流中。我們穿越這條水道，在路上看到前方兩百公尺有個人影。是托利亞站在營地外頭。他在原野邊緣搭了個帳篷，緊鄰一片河岸帶林地，並在小小的火坑上拉上一大片藍色的油氈布。他在這裡待了超過一個星期了。喝杯茶後，托利亞帶我們沿著漁夫到河邊的路徑，前往巢樹。

托利亞帶我們查看的那棵樹是鑽天柳，就像我在薩瑪爾加河口附近看到的巢樹，有深鏽色的樹皮，歪歪曲曲的樹枝朝天空延伸，宛如海怪的胳臂。托利亞指著上方一個彎曲處，那原本是樹木主幹該繼續生長的地方，現在倏然成為木頭裂開時的粗糙線條，可能是暴風雨把樹折斷了。這裡有個凹處，恰好成為鳥巢的洞穴。往右邊幾公尺，有個小相機與紫外線照明器，位於一根長桿子末端——托利亞把幾根柳樹枝剝去樹皮，捆在一起，並以繩索架好。黑色電線以緊密的螺旋狀由上而下在桿子上延伸，在地上蜿蜒，之後消失在附近偽裝的穿窿中：那就是魚鴞觀察隱棚。

托利亞在這裡成了夜行者。他白天睡覺，一整夜就默默窩在隱棚裡觀察鳥巢，記錄活動。

「雌魚鴞在那邊整天坐著，」托利亞說，「文風不動，只是瞪視。」

「你是說，牠在巢裡？」我悄聲說，抬頭仰望。

「當然，」托利亞說，很訝異我現在才明白。「我們說話時，牠就看著我們。」

我舉起雙筒望遠鏡。一會兒之後，我看見牠了：起初只見一團棕色的東西，原來那是牠的背，與周圍的樹皮融為一體。我看不清楚牠身體的其他部分，後來，我把視線聚焦於凹處前緣的縫隙，看到一隻黃色眼睛，嚴肅地直盯著我。這神祕的鳥就在幾步外的樹上，約五、六公尺高的地方。我高興極了。事後回想，魚鴞似乎是森林的一部分，而不只是森林裡的東西：牠的偽裝讓我很難辨認究竟樹木的終點在哪裡，而哪裡開始又是牠。這感覺也很超現實。在花了這麼多力氣，於薩瑪爾加和捷爾涅伊附近的原始森林拚命尋找魚鴞之後，我卻在村子垃圾場邊緣的一條漁夫小徑上，發現一隻魚鴞俯視著我。

我和托利亞待在一起幾天，瑟格伊則到薩多加河（Sadoga River）的小屋住。薩多加河是阿瓦庫莫夫卡河的支流，他到那邊尋找魚鴞。當我在托利亞的帳篷附近準備紮營時，他建議，我當晚就到隱棚觀察。我滿心歡喜接受，而他列出在隱棚的基本生活規矩。

「別發出任何聲音，盡量減少移動，」他嚴肅說道。「可別因為我們，導致親鳥遠離雛鳥。我們是想觀察牠們的自然行為，而不是受人類接近影響時的行為。天亮之前，不要離開帳篷。如果需要

小解，就用瓶子。」

　　說完，他祝我好運。我收拾行囊，穿過森林，來到隱棚。這座隱棚就擠在巢樹下十幾公尺的下層植物中，是個供兩人使用的三季帳篷，上面鋪著托利亞縫上隔音的布料和偽裝網。隱棚裡散落著十二伏特的汽車電池，許多變壓器與纜線，還有個小小的灰階攝影監視器。我打開監視時搭配的點心：裝在保溫瓶的紅茶，還有幾大匙糖及乳酪麵包。接下來，我打開監視器，微光照亮帳篷內部。我刻意放慢動作，悄無聲息。我很怕驚擾母鴞，牠在巢裡，顯然看到我靠近。螢幕聚焦時，我看見牠一派寧靜坐在原地，令我頓時鬆了口氣。接近黃昏時，牠振作起來，好像看見了什麼，於是我聽到有聲音從樹上傳來──或許是雄鳥停在附近。雌鳥緩步離巢，沿著樹枝，消失在我的視線，果然證實我的懷疑。後來，對唱開始了，從上方大聲傳來，深沉迴盪。

　　我坐在原地，出神傾聽上方的魚鴞，只盼耳裡的心跳聲安靜點，也不願吞口水或有一絲絲移動，深怕魚鴞聽見，中斷了這迷人的儀式。即使在近距離，魚鴞的聲音似乎也悶悶的，彷彿朝著枕頭嗚嗚叫。監視器上可清楚看見魚鴞幼鳥，宛如一袋灰色馬鈴薯，在平坦寬闊的樹洞裡來回走動，同時尖叫。牠知道食物就快來了，和我不同的是，牠對嗚嗚叫聲一點耐心都沒有。

　　對唱結束，表示這對魚鴞必須離開去獵食。這漫長的一夜好迷人。在午夜之前，成鳥帶食物回到鳥巢五次，每次回來前，會快速

靠近樹梢，用重重的大翅膀拍打樹冠的樹枝，甚至會有樹枝掉落，打到隱棚的頂部。我得承認，對於任何有兩公尺翼長的東西來說，要在深夜於錯綜複雜的河邊叢林中維持優雅姿態，可沒那麼容易。

從監視器螢幕來看，由於拍攝親鳥送獵物來的角度都不好，畫質又粗糙，因此難以判斷成鳥究竟帶了什麼給雛鳥。我也無法判斷哪隻成鳥是雄鳥，哪隻是雌鳥：兩者看起來相當類似，因此就算父母都會負責餵食，但我無法分辨究竟是哪隻負責較多。幾年後，我會了解雌鳥的尾部比雄鳥有更多白色的部分，這會是分辨性別的可靠方式。但在這一晚，我只能分辨接近這裡的是成鳥，就坐在樹洞的邊緣，提供食物給發出嘎嘎叫聲的雛鳥，而雛鳥就會往前蹭，接受食物。之後，成鳥會飛走，不見蹤影。

在第五次送來食物之後，其中一隻成鳥就留在巢裡將近十分鐘才離開，而要經過四小時之後，才有另一隻成鳥回來。這中間的過程，雛鳥一直尖叫，幾乎不曾中斷。我數過，在光是兩點半到四點半，就發出一百五十七次的刺耳鳴聲；每次雛鳥鳴叫時，我就在日誌裡打個勾。

我在寧靜寒冷的黎明離開隱棚，回到紮營地。這裡的火早已熄滅，代表托利亞還沒醒來。我鑽進自己的帳篷，以睡袋裹住自己，很快進入夢鄉。

才幾個小時，托利亞就把我叫醒，他的緊急語氣馬上引起我注

意。我從帳篷跳出來，發現天空黑壓壓的，大地陷入火海。大約一百公尺外出現了地面火災，並朝著我們襲來，吞沒我們南邊牧場的乾草，而在強風助長之下，火勢繼續蔓延。

「拿水桶！」托利亞大喊，並跑到我們與火之間一公尺寬的回水區。「把所有東西打溼！」

我們站在那裡，兩人在攪動後而顯得泥濘的淺水中，把一勺又一勺的水澆向小溪另一邊的植被，得守住這條線。若火勢衝過這道防線，我們的營地就沒了。在有些地方，火舌高達幾公尺，狂啖乾枯的植物。如果太靠近溪流，火就會毫不停歇，跨過對岸。現在火舌更近了，或許又接近三十公尺。

「你會怕嗎？」托利亞問我，但是無暇與我對視，繼續把水與泥巴盡量往遠處大範圍潑出去。

「快要嚇死了。」我回答。沒多久以前，我還幸福地沉醉夢鄉，現在卻站在泥濘中，穿著內衣和橡膠靴，拎著水桶，設法避免帳篷被野火吞噬。

火舌來到我們的緩衝水線，猶豫地測試著潮溼的草木。火舌認真舔舔植被，但植被沒有燒起來：防線守住了。在距離溪流幾公尺之處，野火奄奄一息，在全面獲勝之前被我們的介入擋下。

我看著滿是灰燼悶燒的原野，問托利亞究竟怎麼回事。他說，他看見有人開車到原野的另一邊，逗留一會兒之後駕車離去。托利亞沒想太多[6]，直到看到煙才赫然明白。村民在春天常會燃燒田

野，認為這樣可以促進新生，殺掉蜱蟲，不會感染牧場上的牲口，也能幫泥土帶來養分。但火勢通常沒人照管，像這一次就延燒到森林，造成嚴重危害。事實上，要是這場火勢在幾個星期後發生——也就是魚鴞的雛鳥在巢中長出羽毛，但還不會飛——就很容易葬身火海。人類放的火在濱海邊疆區的西南部尤其破壞力強大[7]，會緩慢地步步涵蓋濃密的森林——這是瀕危的阿穆爾豹在世上最後的一隅棲地——使之變成廣漠的橡樹莽原。

隔天早上，瑟格伊回來了。我們的計畫是先把托利亞留在這幾天，自己回到捷爾涅伊，之後往北前往安姆古，但會先在阿瓦庫莫夫卡河多搜尋。我們在阿瓦庫莫夫卡的路上，沿途傾聽是否有魚鴞的聲音，就像托利亞、約翰和我在捷爾涅伊豎起耳朵，聆聽魚鴞的叫聲，結果在韋特卡上游二十公里的小支流聽到對唱。我和瑟格伊在森林中尋找巢穴的跡象，在河邊搭帳篷，度過兩夜。每天晚上，鳥會從不同地方鳴叫，而由於魚鴞不會年年繁殖，表示牠們沒有築巢。然而，我們找到了一棵應該是古老的巢樹，以及附近棲木的證據。我們本想在那邊待久一點，但是有天早上醒來時下起滂沱大雨，河流氾濫，水勢蔓延到帳篷。我們前往阿瓦庫莫夫卡，探索另一個更靠近海岸的支流，瑟格伊幾年前曾在那邊發現鳥巢。但現在，巢已經空了，森林靜悄悄。

瑟格伊和我準備北上的早晨，托利亞請我們離開前，送些新鮮補給品過來。附近的韋特卡村實在太小，根本沒有商店，於是瑟格

伊和我開著紫色的「小屋子」貨卡，前往珀姆斯科（Permskoye），這是五公里外稍微大一點的村子，尋找托利亞要的馬鈴薯、蛋和新鮮麵包。我坐在後座，在車上的軟椅子上顛簸，並望出掛著窗簾的染色車窗。像珀姆斯科這種規模的村莊通常都有商店，但不會設店面或招牌宣傳，猜想是因為當地商人認為，需要買東西的當地人都已知道商店在哪裡。我們開著車，在珀姆斯科唯一的路上來來回回，就是看不出哪裡有商店。瑟格伊只好停下車，搖下車窗，詢問兩位坐在長椅上的矮壯中年婦女。她們指出我們可以去哪買雞蛋和馬鈴薯——在鎮上的另一邊，有個女子會在貨櫃上販售商品——但是買麵包就沒那麼簡單。顯然，每天早上，都有熱騰騰的麵包從奧爾加村送來，很快銷售一空：數量剛好符合珀姆斯科的需求。瑟格伊爬上小房車，告訴我這個消息，於是我們討論值不值得花點時間到奧爾加，幫托利亞買麵包，而這時有人敲敲我們小房車的後門。瑟格伊打開門，發現是剛才那兩位女子，她們好奇地看著我們。

「所以，」其中一人不太確定地開口，「你們會怎麼做？我們要先預約，或者你們會挨家挨戶拜訪？」

我們一臉茫然地望著她倆。瑟格伊客氣地詢問是什麼意思。

「你們是醫生吧？」另一名女子插嘴。「大家都說會有一輛紫色的卡車，載著X光設備……醫生會免費幫需要的民眾做X光檢查。」

我皺眉。瑟格伊過去一個星期，在每個可能出現魚鴞的地方開

著這輛車到處跑，而珀姆斯科與韋特卡的居民就順理成章認為，我們是特約X光技師行動團隊？很怪，但更奇怪的是她們聽見事實後的表情：瑟格伊解釋我們並非醫生，而是鳥類學家。對於村民來說，他們把生命和健康奉獻給原野與菜園，只能勉強糊口，但竟然有人會找鳥類，並稱之為工作？這概念之怪異，應該超過醫生隨時載著稀有的X光機到處跑。

我們到貨櫃買了些雞蛋和馬鈴薯，到奧爾加買麵包，把東西全交給托利亞，隨後往北離去。瑟格伊開車時，我在小房車後座的長椅上，舒服躺平睡著。一到達利涅戈爾斯克，小房車就停在瑟格伊的車庫，他改開另一輛豐田海力士，這是強化過馬力的紅色貨卡，很適合在原野中行駛，有厚厚的綠色乙烯基覆蓋著車斗，野外用具都塞到車斗上。這輛車看起來就像軍閥的座駕，適合應付在捷爾涅伊區等待著的崎嶇路況與結冰之河。我們又朝著回歸原野的路前進。

13

路標的盡頭

　　我們在途中緩慢前進，暫停下來傾聽魚鴞的動靜。我曾在捷爾涅伊附近，和托利亞與約翰聽到兩對魚鴞的叫聲，而在不遠處，瑟格伊與我又找到第三對魚鴞的位置——我們循著遙遠的咕咕聲，順著法塔河（Faata River）的伐木小徑往前，之後繼續從博利歐左維隘口（Beryozoviy Pass）[1]，走上唯一一條往北的道路。這裡的山丘仍有數十年前一場森林大火的痕跡，那次火勢延燒兩萬公頃蔥鬱的古老紅松（Korean pine）林地。這場災難的後續影響——起伏的山丘上均屹立著如木炭般的殘幹，宛如鬃毛一般樹立——予人的印象是駛過古老墳場，有樹木站哨，看顧著了無生氣的林地。在萬物枯寂的冬天，這疤痕不那麼明顯，反倒是春天降臨，撒下樂觀的綠色時，這貧瘠的高地卻瀰漫著沉重的喪葬氣息。

　　我們從高處下山到貝林比河（Belimbe River），這條狹窄奔騰的水道，在接近河岸之處會變得更廣更深。幾年前，我曾造訪過河口，發現好幾個鮭魚盜捕者輪流以流刺網擋河流，之後拋下如拳頭

般大小的爪鉤到河裡，千篇一律地猛拉，看得我目瞪口呆。他們要從雌粉紅鮭鼓起的腹部取得高價鮭魚卵，原本這些魚是要在河流較低處不尖銳的卵石間產卵。如何通過由漁網和魚鉤構成的盔甲，我毫無頭緒。

車子順著貝林比河往東，不多久就打低速檔，攀登克馬隘口（Kema Pass）。這條泥濘的道路在頂部出現岔路，從布滿彈孔的路標來看，直走會通往克馬，往左則是安姆古。我們往左轉。在往南的路上，沒有任何路標或里程標示[2]，直到又出現岔路：再繼續往北，迷宮般的伐木道路延伸幾百公里，到伐木港口斯韋特拉亞，這中間沒有任何指標說明哪個岔路會通往孤立的聚落，哪條通往伐木營，或是此路不通。就像在珀姆斯科，大家認為若有人在克馬北邊冒險上路，代表這人一定知道自己要去哪。

瑟格伊到了隘口另一邊時放慢車速，來到特昆札河（Tekunzha River）。他把車子開到路邊，進入我以為是灌木叢的地方，但其實是長著高高雜草的伐木小徑。路上很顛簸，車子好像進入洗車場，鑽進乾燥葉子的樹枝間，表面不停被拍打、按摩與刮擦。現在天快黑了，是傾聽魚鴞的理想時間，但這天晚上風太大，聽不到風以外的聲響。

我們就著手電筒的光芒搭帳篷，速速以露營爐煮水，隨便吃點「商業午餐」，那是乾燥的預製餐點，裡頭有馬鈴薯泥粉，點綴著些許灰色牛肉塊。包裝上的年輕廚師似乎比我們還滿意這餐點的分

量。我們淋上大量的越南辣椒醬，默默吞下。四年前，瑟格伊曾在這裡發現巢樹，或許離這營地只有三百公尺，而明天天一亮，就會前往那邊。如果這對魚鴞仍在此地，會是很適合納入遙測研究的一對，因為牠們的領域離道路很近。

　　隔天早上，我們順著荒煙蔓草間的集材道——伐木者移動木材時使用的暫時性道路——前往河邊，長長的草仍沾著潮溼露水。瑟格伊帶頭。雖然他常記錄該注意的魚鴞位置GPS座標，例如巢樹或狩獵區，但很少再利用GPS去尋找魚鴞。他的理由挺充分的：要了解魚鴞棲地，最好的辦法就是透過感覺來探索——在河邊與森林行走。如果時間很趕，的確要打開GPS，但是盯著靠電池運作的小盒子，視之為日常事物，會導致森林變成次要焦點，很容易錯過重要細節。瑟格伊帶著大家往上游去，暫停在一處寬廣的河灘，這裡的卵石被河水洗得平滑。他探看著森林。

　　「如果仔細看，」他說著，身體往旁一斜，瞇起眼睛：「就能從這邊看到樹洞。」

　　一棵近二十公尺高的榆樹，從距離岸邊約四十公尺的眾柳樹間聳立。這棵榆樹的樹幹大約在一半的高度處分岔；其中一根大樹枝繼續往上生長，形成樹葉茂密的樹冠，而原本該是另一根樹枝生長之處，剩下一個圓槽，形成空間，成為這對特昆札河魚鴞的樹洞。

　　正如我見過的其他魚鴞巢，這是煙囪式樹洞巢，很難判斷有沒

有魚鴞住在裡頭。從雙筒望遠鏡來看，看不出我學過要探查的跡象，例如羽絨掛在靠近鳥巢的樹皮上，或不久之前，成年魚鴞棲在樹洞邊緣時所留下的爪痕。瑟格伊推測，如果這對魚鴞在繁殖，母鴞就會穩穩坐在巢裡，公鴞則會躲在附近某個地方守護；只要把牠哄騙出來現身即可。我們朝著這樹前進，離開河流的隆隆水聲，之後坐在樹林下層倒下的原木上。身邊的莽榛蔓草幾乎讓人窒息。瑟格伊開始模仿起我在韋特卡聽見的雛鳥聲，那是一種懇求的尖叫聲，有時成鳥也會發出這種叫聲。他讓空氣從齒間流出，形成粗啞、下降的哨音。他模仿得太逼真，幾乎馬上收到魚鴞回應。下游傳來這對魚鴞的鳥鳴聲，是混亂與勉強同步的對唱，透露出牠們的慌張。這下子我們知道，這領域依然有魚鴞居住，但住在這邊的那對鳥並沒有繁殖，不然母鴞會坐在我們上方的巢內。

一隻不知名的魚鴞，竟從領域中央的巢樹一帶鳴叫，惹怒了這對魚鴞。上方一株雲杉忽然搖動，因為其樹冠忽然承受魚鴞出現的重量。若從接下來的對唱順序判斷，這隻是雄鳥。雌鳥也來到離我們更近的地方，但依然躲藏著。兩隻鳥都很憤怒，專注於趕跑入侵者。瑟格伊咧嘴一笑，不動如山，依然躲在下層植物之間，沒讓魚鴞發現。他再度發出哨音，對牠們的敵意煽風點火。雄鳥飛到我們對面巢樹的水平樹枝，以黃色的眼睛，如同怒目的龍一樣掃視地面。這隻鳥準備出擊了。牠胸前淡黃棕色的羽衣有較深的條紋點綴，看上去更像是樹木的延伸，是個活生生、有仇必報的矮壯突出

物。牠嗚嗚嗚叫時，喉嚨的白色區塊會鼓起，巨大粗糙的耳羽樹立起來，隨著每個動作搖擺，看起來相當逗趣。

突然間，上方蔚藍的天空有隻東方鵟（Japanese Buzzard）翅膀一收，撲向魚鴞，就快撞上時往旁離去。魚鴞一閃，轉頭觀察這隻飛離的東方鵟，結果也發現並避開接著飛來的小嘴烏鴉（Carrion Crow）。我驚訝不已。我們把魚鴞從藏身處引出[3]，而其鳴聲又招來東方鵟和小嘴烏鴉的接連攻擊。兩種攻擊者在附近一定都有巢，且可能把魚鴞誤認是鵰鴞，也就是會殺害與吃掉烏鴉和東方鵟的猛禽物種。東方鵟和烏鴉本身是宿敵，勉強有志一同，驅趕共同敵人。我從來沒見過這種情況。魚鴞的注意力得分散：是該搜尋下方的地面，看看有沒有入侵的鴞，或是要避免上方的打擊？瑟格伊和我明白，事情已經失控。我們認為，要讓這情況恢復平靜，最好的方法就是離開，所以撤回營地。雖然如此，特昆札河這對魚鴞依然激動，過了好幾個小時才終於放鬆，停止鳴叫。

到了這時，想得知的答案都有了：這領域已被占據、這對鴞沒有築巢，而在潛在的捕捉名單上又增加另一對鳥。現在有六對魚鴞在名單上：兩對在奧爾加附近的阿瓦庫莫夫卡河盆地，三對在捷爾涅伊附近的謝列布良卡河盆地附近，還有在克馬河的這對魚鴞。午餐之後，我們把東西打包好，裝上卡車，回到塵土飛揚的路上，沿著克馬河的軌跡往北行。

那天，我們沒走太遠——不到二十公里——就來到下一個要停

下來的地方。瑟格伊一直想要在某條河探索魚鴞，卻總是找不到時間，而在那條河的另一邊有座小山谷。現在機會來了。我們穿上涉水褲，越過五十公尺寬的水道，在艱難的穿越過程中利用粗重的桿子幫助平衡。就像幾週前和托利亞在謝列布良卡河的經驗，這條河可沒耐性等我猶豫。只要我暫停腳步，洶湧的河水就朝我衝過來，而我的身體旁就產生往下游的漩流。瑟格伊經驗比較豐富，因此打頭陣，指出最淺與最安全的路，並回頭對我嚷出指示。上岸後，我們就脫下涉水裝：我們可不希望在森林裡尋找魚鴞時，還要拖著這身裝扮，且坦白說，如果有人真的度過這水勢兇猛的河，竊取了這裝備，也算是值得嘉許。此外，幾乎整天都不見其他車輛的蹤影——這些路上沒有多少人——就算出現少少幾輛車，通常也是載運木材的卡車。

很快地，我們碰到一條狹窄小路，穿過不算古老的陰暗冷杉與雲杉林。瑟格伊挺失望的——這完全不是魚鴞的棲地。前方有一小塊林間空地，那邊有獵人小木屋，於是我們順著小徑，前往小屋。這屋子看起來已有一段時間無人居住，屋簷有隻家貓跳下來時，嚇了大家一跳。這是隻長毛虎斑貓，毛皮骯髒蓬亂。牠對我們號叫，聽起來絕望悲痛。我猜想這隻貓快餓死了，可惜沒有食物能分給牠——過河時，我們沒帶任何食物。獵人常在小木屋養貓[4]，以嚇阻帶有漢他病毒的老鼠從木牆與多孔的地板中鑽出。但遺憾的是，有時候在狩獵季節結束時，貓就遭到遺棄。我偶爾會在空蕩蕩的小

屋裡發現貓的屍體。我們經過這間小木屋時，可憐兮兮的貓跟在後面，發現山谷變得更窄，而針葉林的行列也變窄，直到沒有下層植物生長，只剩下滿地芬芳的針葉。我們在這裡沒有收穫，遂繞到山谷的另一邊，朝著克馬河回去。那隻貓跟了過來。瑟格伊咒罵把貓遺棄在小木屋的獵人，並朝著貓丟樹枝，把牠趕回小木屋的方向。這隻小動物知道我們在做什麼，可憐的哀泣變成沮喪酸楚。牠繼續跟我們一公里，但保持距離──看不見蹤影，但依然聽得見。最後，我們離河流夠近了，水聲蓋過了牠的懇求哭泣。我們涉水過河，沒再回望。

不久之後，就是這趟北上行程中最絕美的隘口：安姆古隘口。這條路是一連串狹窄的髮夾彎，駕駛需要全神貫注，要是分心，欣賞周圍的山景，恐怕會翻車到柔軟路肩，或是因為轉太多彎，撞到對向突然冒出的伐木卡車。在山隘底下，這條路會來到安姆古河的中段，順著這條河前進，經過綠油油的混合林。我打量這條河，發現怒水滔滔，呈現棕色，令我很苦惱。當初把安姆古的行程延後，就是為了避開這情況：我們想在經過一週之後，找時間開海力士，到河口附近過河，尋找魚鴞。我問瑟格伊，他認為這段路安不安全。

「沒問題，」他說，毫不猶豫地無視我的擔憂。「我認識一個安姆古的居民，他有牽引機。如果水太深，就把貨卡和牽引機相

連，拖車子過河。不會有問題的。」

　　雖然仍想在那一夜抵達安姆古村，但我們還是先在十六公里外停下來。那時接近黃昏，我們來到安姆古河與其支流沙密河（Sha-Mi）的交會處。多年來，瑟格伊曾聽到一對魚鴞鳴叫。他付出無數的日夜尋找巢樹，卻一無所獲，徒留汗水與挫折。他想要做個了結，看看那對魚鴞今晚是否會鳴叫。他讓我下車，那裡是一段泥濘崎嶇的道路，會通往沙密河。那裡曾有一座村子，但已荒廢數十年，幸而道路還在。瑟格伊開上這條路，只要條件允許就繼續往前，之後停下來傾聽再回頭。我會在這條路上走，豎起耳朵，直到與他會合。

　　我在逐漸黯淡的日光中默默前進，覺得這晚舒適自在，聆聽紅尾歌鴝（Rufous-tailed Robin）直線下滑的顫音啼囀，東方角鴞（Oriental Scops Owl）發出一陣活潑的咯咯叫，還聽到一陣褐鷹鴞（Brown Hawk Owl）活力四射的嗚嗚聲。不過，就是沒有魚鴞聲。我走了大約兩公里，瞥見瑟格伊的貨卡就停在前方河岸的另一邊，河水很淺，僅僅蓋過卵石河底。他在那邊默默抽菸，也沒聽到任何魚鴞的呼叫。

　　瑟格伊指著暗色河水，指示我測試一下水溫。我懷疑地伸出手指一沾，發現水很溫暖。河水本來該接近結冰的溫度。瑟格伊說，這是天然氡氣的氣泡從地底滲入河水，讓河水變溫暖。氡氣——或許最廣為人知的，是會致癌的無色氣體，潛藏於各處地層——是輻

射性金屬在分解時自然形成的。氡氣會透過地表上的裂縫滲透到大氣層。以我眼前的例子來說,氡是直接滲透到水中,正因如此,這段河流在冬天也不會結凍,這樣就有不結冰的水域可供魚鴞獵食,生存下來。瑟格伊說,濱海邊疆區這一帶許多河流都因為氡氣而變暖,這表示,之後頗有希望找到魚鴞。

我們登上海力士,回到主要道路,繼續前往安姆古。瑟格伊在那邊有個朋友,名叫沃瓦‧沃科夫(Vova Volkov)。他挪出家裡的一個房間,供我們在這一帶尋找魚鴞時借住。由於沙密河很接近城鎮,因此可住在沃瓦家,開車往返沙密河。很快地,我們來到第一批住家的低矮圍籬,之後下山,來到安姆古的中心。這裡沒有街燈,村子陰陰暗暗。瑟格伊把車停在一間房子前,那是少數從窗戶透出燈光的房子。

雖然時間不早了,沃科夫仍站在屋外門前,上方以泛光燈照明,修理一輛看來是移動販賣車的卡車。瑟格伊和我穿過鐵造圍欄,進入院子,而那矮壯身影對瑟格伊露出笑容,匆匆過來,伸出右臂,手腕彎下——這是俄羅斯手勢,代表他的手髒髒的,不便相握。瑟格伊和我輪流緊抓沃瓦的前臂用力搖。沃瓦的姓氏在俄文中代表「狼的」,大約四十五歲,個性快活,講起髒話彷彿簽了合約般理直氣壯,非啐不可。他領我們到屋裡,在門邊牆上釘著的給水器洗手,這時瑟格伊則和沃瓦的妻子艾拉(Alla)打招呼,並把她介紹給我認識。她約比沃瓦大了十歲,一樣身材渾圓,而且我很快

會發現，她也一樣髒話不離口。艾拉與沃瓦帶領我們到廚房桌邊，打開烹飪火藥庫，對於這場戰爭我完全沒有準備。一盤盤鹿肉排、海菜沙拉及新鮮麵包被推到一邊，讓位給接連而來的水煮馬鈴薯、放在長柄鍋裡六顆剛煎好的蛋，盛得滿滿的鮭魚湯。夫婦倆認真看待食物，一旦開始烹煮大概就不會停下火力。若是抗議自己已經吃太飽，他們根本置之不理，或直接嘲諷，之後再拿一盤新鮮食物對抗。俄羅斯人在餐桌上款待客人的行為很知名，沃科夫夫婦更是箇中翹楚。

沃瓦拿出一瓶伏特加。雖然要建立起社會連結時，往往要喝乾一瓶酒，但在密友之間倒是不必勉強。我們才喝個幾杯，就對彼此更了解。沃瓦原本是專業獵人，隸屬當年蘇聯資助的阿格祖獵人與設陷者。他仍守著謝爾巴托夫卡河（Sherbatovka River）的狩獵地盤，他和父親已在這裡狩獵數十載，我們也計畫之後在這尋找魚鴞，但沃瓦已不再隨心所欲，花那麼多時間待在這森林。他每天泰半的時間是在做生意——鎮上有三、四間商店，其中一間就是他們夫妻倆開設的。艾拉負責商店的生意，而沃瓦澤監督日常維護：從建築物興建，到安姆古頻頻發生電力短缺時的發電機運作都包括在內。不過，他目前最大也最耗時的任務，就是店裡的補給：每六個星期，他就得開卡車南下烏蘇里斯克（Ussuriysk），將近一千兩百公里的路程來回需要四天，路況大部分很不好。

沃瓦問問我們來到這區有何目標，瑟格伊解釋，我們想開始尋

找魚鴞，並花一個星期的研究時間，調查安姆古和謝爾巴托夫卡河的西邊流域，之後往北到賽永（Saiyon）與馬克西莫夫卡河（Maksimovka River）流域。由於得在安姆古河口附近過河，才能前往謝爾巴托夫卡河，於是瑟格伊問了河流的概況如何。我這才明白，原來瑟格伊先前說若河流洶湧到不適合貨卡開過去，那麼有個朋友有牽引機，原來這朋友指的就是沃瓦。

沃瓦皺眉。「河水太湍急了。前幾天有人想開牽引機過河，結果水勢太猛，最後翻車。」

我們決定依照原來的計畫，在城鎮外尋找魚鴞，之後往北到賽永與馬克西莫夫卡一帶，再冒險渡過安姆古河，前往謝爾巴托夫卡河。我們這個星期泰半時間都在探查沙密領域，發現不少魚鴞徵兆，例如和我前臂一樣長的脫落初級飛羽、超乎想像的棲木，周圍還有含魚和蛙類骨骼的數十個食繭散落。但除此之外，就算每夜聽到這對夫妻活力十足的鳴叫，我們還是無法鎖定其領域的中心，也就是巢樹所在地。第一晚，牠們從安姆古河的另一邊、與沙密河會合處的對面鳴叫，於是隔天晚上，我們穿好涉水裝，承受著折騰人的夜間過河，只為了聽見牠們從沙密河遠遠傳來的鳴叫。到了第三夜，當牠們從兩地之間的山坡上鳴叫時，我們實在莫可奈何。顯然，這對鳥今年沒有繁殖，並不打算帶我們到其鳥巢。有一晚，我們再度功敗垂成，回到村裡時，又燃起另一絲希望：另一對魚鴞在安姆古河對岸的庫迪亞河谷（Kudya River）鳴叫。我們沒有時間

去探查，但這項發現表示，明年可能有多達八對魚鴞可供捕捉。五月中，我們把裝備放上紅色海力士，在麵包店前停下來，買幾條剛烤好的麵包。我們撕下溫熱的麵包脆皮，往北邊的賽永與馬克西莫夫卡河出發。

14

荒蕪之路

　　賽永河大約位於安姆古北邊二十公里。我們的海力士開往安姆古，路途寂寥，幾百公里的路程中只有一座加油站，並經過伐木公司總部，那是由幾棟單層建築構成，每棟建築是米色乙烯基建材搭配栗色屋頂，位於高於海嘯帶的山坡上。這些建築相當整齊，然而在多刺野灌木叢間冒出搶眼的人造物，和邊疆城鎮很不搭。這條路沿著安姆古灣北邊的寬闊沙灘邊緣延伸，在這大片平地上，散布著灰色漂流木與飽受風吹雨打的海上廢棄物，偶爾會見到岸邊灌木不敵海風吹拂，往內陸彎曲。經過雲杉與冷杉林立的矮處隘口之後，出現一條岔路。養護得較好的幹道，朝著西北伐木特許區前進，那是舊信徒派的村莊烏斯特・薩伯雷夫卡（Ust-Sobolevka），及伐木城斯韋特拉亞。第二條路則是往東北十八公里，通往馬克西莫夫卡，這一百五十個居民的小村落位於同名的河流河口。到了冬天，當地人會在河冰上開車，或是穿過結冰的沼澤，來到村子裡——這樣比較快——不過整年泰半時間，在這條路上開車都只見一片荒蕪

的景象。我們放慢速度，轉到馬克西莫夫卡村的道路，隨後停在一處氡溫泉前。

這裡和沙密溫泉不同。沙密溫泉只是氡氣滲透到一段冰冷的河流，使水溫變暖，這裡則是在氡氣起源開挖，並鋪上木材，成為一處水深及腰的凹池。有人認為[1]——尤其是來自前蘇聯加盟共和國的人——接觸有放射性的氡、溶於水的氡氣可治百病，從高血壓、糖尿病到不孕都有療效。這裡有個巨大的俄羅斯正教木十字架在溫水池中聳立，幾步之外就有一座小木屋。

駛近之後，我們看到一輛沒有車牌的斑駁白色轎車停在附近。在這麼遙遠的北邊，沒多少車子有合法登記，反正沒有警察執法——最近的警察局在捷爾涅伊——所以大家也懶得登記。有個瘦巴巴的赤裸身影聽見車聲，便從富含氡氣的水中懶洋洋地爬出。瑟格伊停好海力士，我們走上前和這男子打招呼；從那人搖晃的模樣來看，想必是喝醉了。

「你們是何方神聖？」他問，身體滴著水，說話含糊不清。當地人有時候會保護自己的資源，而在這裡，人人都認識彼此。我們是陌生人，而且是有登記車牌、高人一等的人。

「鳥類學家，」瑟格伊回答，打量這個從氡溫泉誕生的生物。「你知道什麼是魚鴞嗎？有沒有見過？聽過？」

這男人不太確定地看著我們；瑟格伊的回答與反問，似乎讓他更站不穩了。隨後，他的眼神瞄向海力士，看到瑟格伊的車牌上有

「AC」二字——代表達利涅戈爾斯克。所有合法的車輛皆有兩個字母的各區域代號，說明這車的登記地點。

「老鄉！」（*Zemlyak!*）他嚷道，認出瑟格伊也來自他的故鄉。之後，或許是按照不成文的規定，與陌生人擁抱時最基本服裝禮儀是要有內衣褲，他急急忙忙套上四角褲，摟住瑟格伊的脖子，額頭與他相碰，咧嘴微笑。這男子滔滔不絕地說著他在達利涅戈爾斯克的童年往事，以及各種失敗與機會，致使他日後出走，來到馬克西莫夫卡當伐木工人。他們交換共同朋友的故事。幾分鐘後，他大概才第一次把朦朧的眼神投向我。

「這個安靜的人是誰？」這位幾乎裸身，渾身仍溼淋淋的先生詢問瑟格伊，他看我穿著迷彩裝，雙臂抱胸，滿臉鬍子，腰間還掛了一把大刀。「是你的保鑣嗎？」

我已經學到，面對陌生人時，沉默乃是上策，尤其當對方喝醉酒。因為他們在遇見外國人時，最常見的反應就是要求對方一起喝伏特加，促成探討文化差異的長篇大論。我可受夠了，不想再自討苦吃。瑟格伊也意識到這項危險，只說我不是他的保鑣，之後又回頭聊起家族的事，誰搬到哪裡，或誰又因為什麼原因去世了。後來，這人穿上褲子與上衣，拜託瑟格伊問候一堆達利涅戈爾斯克人之後，就鑽進自己的汽車，驅車離去。

我們走到賽永河。瑟格伊在遍布卵石的寬廣河岸上，看見一處他常紮營的地方：鄰近河流急轉彎處，那邊有個很適合釣魚的深

洞。那裡大約距離一棵魚鴞的巢樹半公里，也就是他在一九九○年代晚期發現的第一棵魚鴞巢樹。現在要聆聽魚鴞的聲音還太早，所以我們到那邊去尋找那棵樹。賽永河的河谷低處和多數我目前看過的魚鴞棲地很不一樣：這裡的景色大致上開闊潮溼，較像是沼澤，而不是森林，谷地中間主要是落葉松與長草的小丘山丘，還有落葉物種緊密攀附在狹窄的流水邊緣。稀少的植被可稍微提供遮蔽給在這裡棲息的魚鴞——牠們八成三不五時就被烏鴉騷擾。我從瑟格伊得知，賽永在第二次世界大戰期間，曾是政治犯的勞動營地，如今在層層莎草間仍偶爾會發現人骨。

我們很快就來到巢樹，距離河邊僅有幾公尺。鳥巢是空的，最近沒有利用的跡象。在鑽天柳樹上很少看到這麼低的裸露樹洞，距離地面僅僅四公尺，而從殘缺不全的框架來看，這裡比較像個平台，不是洞穴。住在這裡的那對鴞可能搬到其他地方，過更好的日子。我們回到海力士時，瑟格伊說，他認為我現在已能獨當一面，自行去尋找鳥巢。我們已密切合作將近兩個月，一直都待在一起。他認為，若我不必仰賴他的專業，完全憑一己之力探索森林，會是好事一椿。我接下這挑戰。我們的營地在賽永河和瑟斯雷夫卡（Seselevka）這兩座小河谷的交會處。那天，我選擇在賽永河谷徒步搜尋。我帶上足以果腹的點心，保溫瓶裡裝滿熱水，之後就能泡茶。瑟格伊那天自願調查魚鴞的獵物密度。這其實掩蓋不太住他強烈的渴望；他只是委婉道出想釣魚。他祝我好運，之後打開海力士的後

車廂，搜尋釣竿和釣具箱。

他還沒幫魚鉤裝上餌，我就回來了。

「找到了。」

「找到囉！？」瑟格伊很驚訝，但像個父親一樣自豪。

我剛剛往山谷西北走，從營地出發不到六十公尺，經過一株巨大遼楊的殘幹。這棵樹被砍伐的原因，可能是因為要在附近築橋，而我雖然不能確定這棵樹上是否有樹洞，但絕對夠大，可容納魚鴞巢。正當我站在樹的殘墩時，就看見另一株更大的遼楊，於是我舉起雙筒望遠鏡，看到魚鴞的絨毛黏在煙囪樹洞邊緣。我倉促地更靠近搜尋這棵樹，發現也有魚鴞的食繭：不需要更多證據了。我在GPS上記錄這個點，回到營地，離開不到二十分鐘。

我們在賽永河領域住兩晚，卻沒聽到魚鴞叫聲。不久前發現的巢樹與附近所發現的羽毛，意味著這對魚鴞或許嘗試過繁殖，但我們找不到後代的證據。五月二十一日，我們收拾營地，繼續往北邊的目的地馬克西莫夫卡河前進。我們並不打算在那邊長久停留，只是要前往一條支流查看。那條支流稱為洛斯夫卡（Losevka），是瑟格伊在二〇〇一年發現巢樹的地方，之後就南返。魚鴞對我們有不同打算。

賽永營地出發的那條路，是沿著河階前進，順著河流到上游範圍。在那邊，松樹生長的陡坡步步逼近，直到進入馬克西莫夫卡河

流域，壓力才得以紓解，另一邊的山谷豁然開朗。一座長長的單線道木橋映入眼簾，這座橋位於河流上方高處，從一處懸岩延伸到另一邊。馬克西莫夫卡河約莫一百公里長，發源地是陡峭的多岩峽谷，兩邊有針葉林，還有駝鹿、野豬與麝鼠出沒的沼澤。在大部分河段，山谷挺狹窄的，只是這座橋的所在地突然像喇叭花一樣豁然開展，於是河流分裂成多個河道，繼續往東流十六公里，注入日本海。

我們過橋，之後轉個彎，順著一條緊沿馬克西莫夫卡河北岸的伐木道路前進。我們經過一條條集材道，路面寬度只夠樹木採運設備通行，深入森林，宛如羽毛的羽片從羽軸發散開來。這景象讓瑟格伊大感驚訝。他在二〇〇一年來到這裡時，就只有一條主要道路──眼前這伐木造成的壓力是新出現的。

在將近二十公里後，我們來到洛斯夫卡河附近，開始尋找紮營地。我們發現有一條旁路似乎很熱情地開展，才延伸五十公尺，路就斷了，沒入馬克西莫夫卡河裡，之後又從另一邊冒出，看若無事，又毫不相干。位於中間的三十公尺寬的洶湧河水上，有一座橋的斷裂遺跡，從所有證據來看，那座橋不久前仍屹立於此。這條死路成為完美通道，通往河邊，瑟格伊認為，這很接近我們要尋找的巢樹，那就在此紮營吧。

搭好帳篷，趕緊吃了點心之後，我們就去巡查洛斯夫卡那對魚鴞的巢樹。瑟格伊五年沒到過這裡，很想看看魚鴞還在不在這巢樹

上。我們往東行走，經過落葉林，這裡曾受洪水肆虐：草往下游彎，低處樹枝上掛著缺乏生氣的殘骸，彷彿是褪色的聖誕花圈。我們來到一處廣闊、長著草的林間空地，約有六座足球場長，兩座足球場寬。

在空地中央，有一座灰色房子和頹圮小棚位於春天嫩綠青草之間，周圍則是樺樹與山楊林，周圍大約有一半有圍籬的殘跡。後方則有櫻花樹林，綻放著粉紅色的花朵。主建築很大，在斜屋頂底下，木材以馬鞍式接口（saddle-notched，每條原木下方開卡槽）搭蓋，整棟房子隨處有修補痕跡。看來，房子在這裡已有很長一段時間，瑟格伊解釋，確實如此。

這是烏隆加村（Ulun-ga）的最後證據[2]，是舊信徒派的聚落，一九三○年代遭蘇聯政府清算。曾有一度，光是在安姆古北邊就至少有三十五座舊信徒派的聚落，是今天同一區的五倍。舊信徒派來到濱海邊疆區，躲避沙皇的壓迫，信仰虔誠的他們也不願意對諸如史達林（Iosif Stalin）之類的惡魔及其集體化規畫下跪。結果引發暴動，有些舊信徒派遭到處決，還有數以百計的人遭到逮捕、監禁或驅逐出境。

到了一九五○年代，舊信徒派剩下的聚落，都變成像眼前這樣的廣漠空地。後來，這些田野雜草叢生，靠著染血的土壤餵養，也靠著住家焚毀後的碳殘跡而變肥沃。最後這棟房子見證殘暴的過往。瑟格伊說，以前這是舊信徒派的學校，但為什麼能保留下遺跡

則不得而知。到二〇〇六年，這裡變成金科夫斯基（Zinkovskiy）的狩獵小屋，他是一名住在馬克西莫夫卡的獨眼獵人。

我們繞過這塊地的邊緣，來到小小的洛斯夫卡河注入馬克西莫夫卡河之處。這是瑟格伊尋找巢樹時的初始參考點。我們磕磕絆絆，在集材道上走過森林。伐木林道的網絡令瑟格伊困惑，失去方向感。搜尋過程又因為巢樹缺乏GPS座標而更複雜；瑟格伊上次來這裡時，俄羅斯還沒有這樣的科技，他認為憑直覺就能找回這棵樹。由於溼度越來越高，令人更覺得黏膩，這兩個小時的時間，多半在密密層層的森林裡搜尋。在高聳濃密的陰暗樹冠下，我們在及腰高的蕨類之間跌跌撞撞，汗流浹背。有一刻我們驚擾了北雀鷹（Eurasian Sparrowhawk），這修長的掠食者在樹枝間驚飛，之後在洛斯夫卡河上方發現毫無阻礙的隧道，成為一道灰色的水平線後消失。瑟格伊似乎一直帶我到同一塊林地，但這裡沒有類似的魚鴞巢樹。之後，我們看到殘幹。

「Yob tvoyu mat，」瑟格伊罵出粗俗的詛咒，我就姑且不譯，「他們把樹砍掉了。」

我們站在巨大的殘幹前，盯著樹幹遭砍伐的清楚線條上長出的蕨類，彷彿一群人瞠目結舌，看著肇事逃逸的現場。這一帶的伐木公司會定期採收大型、缺乏商業價值的腐朽之木來築橋，例如白楊和榆樹。在興建橋時，把幾株大樹橫放在溪流上，會比幾十株較小的樹容易，而空心的老樹幹也可當作是天然涵洞，讓水流過。我們

來到這裡的途中經過十幾座橋，這株巢樹就可能是某座橋的一部分，甚至可能是我們營地附近剛被沖走的那座橋。在濱海邊疆區海岸附近，河流年年氾濫，洶湧的河水經常沖走橋梁，因此對於大樹的需求持續不變。既然多數道路與所有潛在的魚鴞巢樹都在河流附近，這些森林巨樹會成為伐木者的明顯目標，用來興建便橋。這過程會有計畫地砍伐森林裡魚鴞的巢樹——或潛在巢樹——帶走已很罕見的地景特色，讓魚鴞更難找到地方成家。一棵樹要花數百年的時間才夠大，讓魚鴞築巢；如果這些大樹不見了，魚鴞該怎麼辦？

　　由於沒有巢可以研究，我們失望地回到營地。本來只想要在這度過一夜，但顯然，如果想更了解關於洛斯夫卡河的魚鴞，就得從頭開始。

　　那天較晚的時候，我待在帳篷，戴著耳機，測試自己對於當地鳥類鳴唱的知識，聆聽就讀碩士時，錄製的鳴禽鳴聲錄音帶。突然間，有影子罩在我的布帳篷上方。我關掉隨身聽，發現瑟格伊在我上方大聲嚷嚷。我拉開帳篷拉鍊，往外窺探。

　　「強，我們慘了！你沒聽到嗎？」他看起來萬分絕望，臉因為奔跑而漲紅，涉水裝仍溼淋淋的，滴著馬克西莫夫卡河的水。他整個早上都在河中，殷切評估魚鴞獵物的密度。我傾聽著，分辨出有節奏的重機械轟鳴——那聲音因為我耳裡的鳥類顫音而模糊。

　　「我們得走，馬上就走。」我看著他十萬火急拆帳棚，連桿子

都沒折疊，睡袋和睡墊都留在帳篷裡，就這樣整副塞進皮卡車的後面。我目瞪口呆。

「快點行動，老天哪！」他吼道，「難道你要接下來一個月都卡在這？到時候我們就得花那麼多時間，才能挖條路出去。我們被封鎖了！」

我不明白他在說什麼，但毫無疑問，他緊張的模樣催促我趕緊行動。我們火速拆除營地，五分鐘後已經急駛上路。

在洛斯夫卡河的岔路前半公里，是一條筆直的路，這時我明白為何瑟格伊如此慌張。我看見前方推土機在道路中央，正堆起多到不行的泥土堆，要擋住我們。瑟格伊按下喇叭並閃車燈。後來，瑟格伊告訴我他本來很開心地在河上釣魚，但三不五時，就有柴油引擎的喧囂聲打擾。他知道這附近有伐木營，因此起初對這明顯的聲音不以為意。但後來，他注意到這聲音就來自岔路，遂忽然想起伐木公司一種可貴但不常見的習慣：把沒有使用的伐木道路堵起來，以免盜獵者濫用，在夜裡開車過來，射殺麝鼠、野豬，甚至老虎。他一想到可能是怎麼回事，就火速飛奔回營地。

牽引機駕駛暫停工作，叼著菸盯著我們，看起來很驚訝，還有三個人從一輛白色怠速中的豐田陸地巡洋艦（Land Cruiser）下來，臉上掛著差不多的表情。

「你們在那邊搞什麼？」年紀最大的那個人質問。他個子矮，約六十多歲，有一頭白髮。之後他看見瑟格伊，於是鬆了口氣。

「啊，鳥類學家！好久不見啦，你們的貓頭鷹還好嗎？」

是亞力山卓・蘇利金（Aleksandr Shulikin），當地伐木公司的處長。瑟格伊在二〇〇一年來到馬克西莫夫卡時，認識了這位處長。蘇利金架設起路障，因為他和兒子尼克萊（Nikolay）本身也是獵人，土地就在附近，會留意讓鹿與野豬的數量保持在高檔水準。由於推土機才剛開始填路，來得及清出幾條通道，讓我們開到低矮路障的另一邊，之後看推土機專心完成任務。推土機以兩道呈直角傷口，撕裂泥土路徑，每道傷口有三公尺寬，一公尺深，之後以鬆土和石頭，把中間的空間堆起來。

「我們卡車上甚至連鏟子都沒有，」瑟格伊說，吸了口菸，一邊看著推土機運作。「到時候得花一個星期的時間挖出來。」我注意到，在接下來幾年，瑟格伊總會在車上擺一、兩根鏟子。等到推土機完成工作，一座大約七公尺高的陡峭土山聳立，成為車輛根本無法通行的障礙。要是我們晚一個小時才到，可就束手無策了：屆時推土機離開，我們會受困。

這次千鈞一髮的遭遇讓我印象深刻：封閉道路顯然是擋下盜獵者的有效方式。任何人想要在這裡非法打獵，會很快在這護坡道上被擋下來，只好改去較容易進入的地方。這基本上讓封閉後方的土地，成為野生動物保護區。雖然理論上，每家伐木公司都有法律上的義務，在一個地區完成採收之後封閉道路，但俄羅斯聯邦的森林法規往往有矛盾之處，導致很少人這麼做。

我們突然間沒了營地，又尚未探索完洛斯夫卡河，遂開上洛斯夫卡的伐木道路，在岸邊找到一塊平坦空地紮營。我到河邊取水，準備煮滾泡茶，瑟格伊則開始準備午餐。瑟格伊第一個從卡車上搬下來的就是保冷箱：四十五公升的淺藍色箱子，有鋁框，他認為這個東西有魔力。在稍早的春天，這保冷箱相當盡忠職守，但現在經歷溫暖如夏的氣溫，還有伴隨而來的潮溼，這只保冷箱就不太能防止裡面會腐敗的物質發霉。瑟格伊倒是很固執，深信這個超自然的箱子可讓我們長期存放肉與乳酪，不必冷藏。

　　結果我們紮營的地方離伐木營很近，看守員是之前與蘇利金相遇時認識的，他封閉道路後，步行過來看看。這個魁梧的人名叫巴夏，有一頭棕髮與棕眼，戴著類似工程師帽的東西。他走起路來相當敏捷，膝蓋六十年來得承受體重，難免疲憊。我們邀他過來坐著吃點東西、喝喝茶。巴夏是個非常穩重的人，或許過度穩重了，讓我想起剛醒的笨重大熊。他提起上次去捷爾涅伊的情況，那是許多年前的事情了。他是搭直升機，為慢性病做醫學檢查，在那裡時，他被一個喝醉的值班醫師說服，割掉闌尾。

　　「他起身離開時，護理師低聲告訴我，我瘋了，我應該趁他宰了我之前趕快離開，但我已經在那邊了，你知道吧？所以他割掉我的闌尾，於是我變成這樣。」他掀起法蘭絨襯衫，讓我看一個巨大的闌尾傷疤。「這樣我又少擔心一件事了。」

　　同時間，瑟格伊在檢查食物。他從保冷箱拿出一根長長的香

腸，以兩隻手指捏著，皺著鼻子細看。巴夏也帶著懷疑態度看著。瑟格伊判斷這香腸可供人類使用，以水沖掉一些黴菌時，巴夏發表意見了。

「我不確定那香腸吃起來安不安全，」這位讓喝醉的醫師，沒有基於任何醫療理由就移除闌尾的人說。「可能已經壞掉了。」

瑟格伊不理他。「沒壞啦，」他說，「我們有保冷箱。」他指著那個藍色的寶貝，打開且晾在外面，銀邊在炎熱的午後陽光下閃閃發光。

那天晚上與隔天早上，我們都在洛斯夫卡河谷糾結的下層植物間走動。我一直留意瑟格伊，看看他吃下了我沒吃的香腸，會不會給他惹麻煩，但看不出來任何跡象。昨夜，我聽見一隻魚鴞在下游方向鳴叫，就在馬克西莫夫卡河附近，今天早上，瑟格伊在河口驚擾到一隻棲息的魚鴞。因此隔天，我們決定把洛斯夫卡上游的營地遷移到更接近馬克西莫夫卡的地方，把力氣集中在那邊。

我們在馬克西莫夫卡河岸選了一個開放的地點，搭起帳篷，大約是比之前毀壞的橋旁紮營處，再往下游兩公里。過往營火的焦痕告訴我，這地方常有人使用，或許是來自馬克西莫夫卡村的漁夫。

我們在帳篷旁吃點傍晚的點心，之後出發傾聽魚鴞動靜，這時相當出乎意料，對面的河岸有魚鴞對唱傳來。這次魚鴞現身時實在很奇妙。通常來說，魚鴞夫妻當中有一隻死去時，另一隻會留在原

地呼叫，吸引新配偶，所以我們擔心，最近只察覺到一隻鴞在唱歌，是因為這對夫妻中有一隻已死了。所幸不是如此——牠倆都活得好好的。這條河太深太湍急，無法徒步涉水，因此我們無法更靠近。我們坐在那邊，滿意地聆聽。突然間，瑟格伊豎起一根手指，頭偏向一側，右耳朝向下游。

「你聽見了嗎？」他輕聲說道。

我回答，我聽出河流聲，以及對面的魚鴞嗚嗚叫。

「不是那個。更柔和一點，在下游。另一對的對唱！」

瑟格伊跳起身，立刻上了海力士。雖然我們隔著河道，無法接近馬克西莫夫卡河對岸的魚鴞，但尋找下游的魚鴞倒是有機會。

我們顛簸回到伐木主要道路時，卡車掀起泥水四濺；駛上道路時，又掀起沙塵，壓著卵石。瑟格伊開了四百公尺之後，就將引擎熄火。我有點懷疑他到底有沒有聽見什麼，但他保證，若遠離河流、靠近聲音來源，就會讓我想法不同。

他說的沒錯。正當洛斯夫卡的那對魚鴞在上游停止鳴叫時，在下游的第二對魚鴞開始回應。兩對同時鳴叫！這兩對魚鴞都在領域邊緣，就像兩個敵對國家的邊境衛兵，彼此叫囂，不讓對方越界。瑟格伊發動引擎，更靠近半公里之後又停下來，這條路是順著小山丘的弧線前進。我們等待，但是只聽到來自上游的二重唱，而此刻聽起來已相當模糊。我們又等了一會兒，還是什麼都沒聽見。瑟格伊失去耐心，使出王牌——魚鴞幼鳥的尖叫。樹林突然暴動。這對

鳥就在我們上方濃密的樹冠上。就像這趟旅程中先前在特昆札惹毛的鳥，現在牠們也憤怒得無法控制自己，遂於樹枝間飛行。牠們已經為了和洛斯夫卡那對鳴叫的魚鴞較勁而激動，這下子又來隻狀況外的魚鴞潛入地盤：是可忍，孰不可忍！

我們留在那邊，看著這些長著羽毛的傀儡在上方煩躁，直到天黑。之後我們回到營地，那天發生的意外轉折真令人歡喜。

———————

隔天早上，我們開車回到前一晚打擾魚鴞的地方，花幾個小時在河邊尋找鳥巢，可惜徒勞無功。下午，我們幫瑟格伊的橡皮艇充氣，挺過洶湧河水，來到對岸原本烏隆加村的所在地，接近前一夜魚鴞嗚嗚嗚叫之處。從地圖上來看，牠們鳴叫的島嶼是橢圓形，由西往東蔓延，而馬克西莫夫卡河的主要河道是在其北邊和東邊，西邊和南邊則是另一條較小的支流。這座島嶼大約一點五公里長，半公里寬。我們測試對講機，隨後分頭進行。瑟格伊會往北半邊，之後於黃昏前停在西邊的斜坡，等待魚鴞發出鳥鳴。

島嶼的東半邊則是我的管區。我直走穿越洪泛平原，這裡似乎很原始，美得令人屏息。白楊、榆樹與松的樹幹高聳，形成參天樹冠，基底則藏在綠色的下層植物內，還有冒泡的溪流與水池的痕跡，那些水域中有成群的櫻鱒、白斑紅點鮭，以及細鱗鮭。到處都

二〇〇八年三月拍攝的毛腿魚鴞沙密姊，這時的牠提高警覺，耳羽豎起，隨時因為我的到來而驚飛。（拍攝者：Jonathan C. Slaght）

上圖：濱海邊疆區的捷爾涅伊村，人口約三千人，村莊周圍是山巒、森林、河流與海。攝於二〇一六年三月。（拍攝者：Jonathan C. Slaght）

下圖：二〇〇九年，在賽永溫泉設立基地營。我們住在這輛GAZ-66卡車幾週，想捕捉住在這一區的一對魚鴞。（拍攝者：Jonathan C. Slaght）

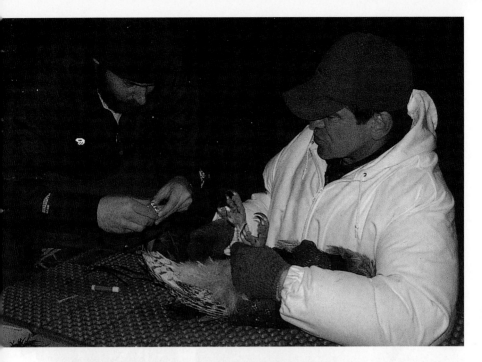

上圖：瑟格伊・阿夫德育克（右）和我把有顏色的腳環，繫到幼鴞腳上；這是二〇〇九年三月，我們在庫迪亞領域一小時內抓到的第三隻魚鴞。幾年後，這隻魚鴞已成年，我們到四十公里外的某山脈另一邊時，仍靠著這腳環辨識出牠。（拍攝者：Andrey Kattov）

下圖：二〇〇九年三月，為了搜尋魚鴞而度過漫長的一天。這時我穿過謝列布良卡河的河道。（拍攝者：Andrey Kattov）

二〇一四年，這隻母鵰正在孵蛋，其羽衣顏色與周圍樹皮的黑、棕與灰色融為一體，還靠著春天森林之火的煙霧，罩上一層薄紗。（拍攝者：Sergey G. Surmach）

左上：二〇一一年，安姆谷的樺樹與冷杉原木，日後會製成木材與薄木片，以船運送到中國、日本、南韓。（拍攝者：Jonathan C. Slaght）

右上：二〇〇九年三月，在剛颳起的暴風雪中的安德烈·卡特科夫，這時我們正要進入森林，尋找魚鴞巢樹。（拍攝者：Jonathan C. Slaght）

下圖：二〇〇八年四月的賽永魚鴞巢，有剛孵出、尚未睜眼的雛鳥。照片下方可看見狹窄的賽永河。第二個蛋沒有孵出來。（拍攝者：Jonathan C. Slaght）

上圖：二〇〇六年的韋特卡姊正在棲樹上放鬆，而和小雞差不多大小的雛鳥在附近的巢裡休息。（拍攝者：Sergey G. Surmach）

下圖：二〇一七年一隻魚鴞在淺河灘暫停下來，剛捉到一隻小櫻鱒，之後整隻吞下。（拍攝者：Sergey Gafitsky）

上圖：蘇里克·帕博夫正在庫迪亞河谷淩亂糾結的樹林中，自由攀登一株鄰近的樹，想確認在一株古老的鑽天柳上有魚鴞巢——那棵樹在照片右邊。（拍攝者：Jonathan C. Slaght）

下圖：二〇〇六年，蘇爾馬奇正在靠近韋特卡雛鳥，感受到威脅的牠豎起翅膀，想嚇退人類。（拍攝者：Sergey G. Surmach）

最上圖：二〇〇八年，隱居山中的安納托里，左手的刺青是любовь（「愛」），把粉紅鮭掛到屋簷下乾燥。在遙測計畫季節，安納托里屢屢讓我們同住。（拍攝者：Jonathan C. Slaght）

中圖：二〇一〇年，瑟格伊（右）和我以魚、豆子、玉米和高濃度私酒，慶祝遙測計畫最後一個田野調查季完成。（拍攝者：Jonathan C. Slaght）

下圖：二〇〇四年拍攝的捷爾涅伊谷附近景色，呈現出恰到好處的魚鴞棲地：有部分不結冰的河流可供獵食，鄰近可築巢的古老落葉樹林，還夾雜著針葉樹可棲息。（拍攝者：Jonathan C. Slaght）

有有蹄類動物的跡象，大部分是野豬。路途中可看見動物的排遺與足跡，而牠們行經流著樹脂的樹幹時，還留下長而分岔的毛髮。我看見麕鹿、紫貂，還有長尾林鴞的屍體，這隻林鴞可能是熊鷹殺害的：我在林鴞的殘骸間發現熊鷹的羽毛[3]，那是令人毛骨悚然的痕跡。熊鷹是很大的猛禽，默默在一九八〇年代從日本拓殖到濱海邊疆區。我順著小小的溪流來到南邊谷地邊緣，看見預期中位於陡坡旁的河道。現在很接近黃昏了，因此我選了個安靜的地點，在原木上坐下來舒服等待，這裡接近小溪匯入河道的地方。那是森林中美好的春天夜晚：我坐下來，呼吸著涼爽芬芳的空氣，傾聽灰夜鷹（Grey Nightjar）從上方傳來的鳴叫，聽起來像是有人快刀剁起小黃瓜。我感覺到有東西從河道上朝我走來，有悶悶的涉水腳步聲，以及岩石移動的碰撞聲。我知道不是瑟格伊；他應該已經在西邊的斜坡上，像我這樣傾聽。我不用好奇太久：不多久，巨大公野豬的黑色身影就晃到我的視線範圍，彎彎的白色獠牙和深色外皮形成對比。我屏住氣息觀察。牠在水中緩步行走，有一刻，距離我不到二十公尺，之後就在往下游的方向消失蹤影。我鬆了口氣。雖然一般來說，野豬不會有攻擊性[4]，但如果激怒到牠，危險就會跟著來。事實上，像這頭剛剛經過的大型雄豬，就曾以獠牙讓老虎受到致命傷。野豬如果遭到射擊時，可能朝著敵人衝過去，而不是逃跑，獵人恐怕還來不及重新將子彈上膛，就被野豬殺害。古德里奇曾告訴我一個超恐怖的例子：有一頭野豬先宰了以槍射牠的獵人，之後再

吃掉獵人的腳。

　　我等到差點睡著時，無線電對講機發出劈啪雜音，讓我畏縮了一下。瑟格伊在大叫。

　　「撐住，他們要來了！」

　　「請重複。」我疑惑地問。

　　「找個庇護，兄弟！風暴要朝著你過去啦！」他吼道。我聽得出來他在笑。

　　不一會兒，我就聽到通過森林的一波聲響，是尖銳的聲音沙沙掃過植物，還有樹枝斷裂。我站起身，轉身躲到樹後掩護，這時野豬海嘯衝過植物界線，尖聲穿過小溪過來，有一半是小豬。瑟格伊後來告訴我，十幾隻野豬的聲音在他坐著的地方不到十公尺處出現，他忍不住像一頭熊一樣朝牠們怒吼。這些動物慌張奔跑，瑟格伊認為，那方向可能剛好是我的所在地。

　　等到野豬通過，我又恢復平靜。隨著夜幕低垂，四下一片寂靜約三十分鐘，之後，瑟格伊又悄悄以無線電傳話過來

　　「強，有事要告訴你。你快點過來好嗎？」

　　我打開頭燈，披荊斬棘約三百公尺，順著支流，知道這樣就能前往瑟格伊的位置。一旦接近之後，我從山丘上的手電筒燈光看出他在哪裡，而靠得夠近、看得到他的臉時，我發現他很疑惑。

　　「我聽見一隻魚鴞在尖叫，」他說，「附近肯定有巢樹，所以趕快聯絡你。我爬上去，看見一隻成年魚鴞的輪廓在上面。」他指

著。「魚鴞從河另一邊飛過來，而我一移動，牠又飛回去。但這裡什麼都沒有。附近沒有夠大、可當成巢樹的東西。我認為牠們只在巢裡會發出那種尖叫聲……」

我們穿過黑暗的溪流，回到營地。

隔天，我們又回島上，花幾個小時尋找巢樹，但運氣不好。魚鴞顯然會大駕光臨此地，但或許只是來獵食，不是築巢。我們必須重新評估那奇特的鳥類鳴聲功能，因為我們原以為正確的事情恐怕錯了——魚鴞的尖叫聲不光是和鳥巢的位置緊密連結。有了經驗之後，我們學到，魚鴞要討食物時就會發出尖叫聲——無論是在巢裡，或離巢很遠。回顧起來，我會猜想瑟格伊看見與聽見的是一隻兩歲的魚鴞幼鳥：這隻鳥夠大，從輪廓看會被誤認為是成鳥，但還無法完全獨立獵食。牠在呼喚雙親。

那一夜在下雨，時間也持續耗盡——幾個星期後，我就得趕飛機返回美國，瑟格伊在家鄉也有事要處理。顯然在洛斯夫卡的這對魚鴞今年不會築巢，而由於沒有使用中的巢，讓牠們常駐在某處，恐怕是沒什麼機會找到牠們。我們已經確認這對魚鴞在那邊，且依然活著，當時來說，這些資訊已夠了。我們把洛斯夫卡這對魚鴞及下游那對不知名的魚鴞，加入明年潛在的捕捉名單，並決定該是回安姆古的時候了。現在只剩下北邊還有一個點要造訪——謝爾巴托夫卡河——之後就要回捷爾涅伊，以及有執法機關與路標等設施的其他地方。這次田調季節差不多結束了。

15

洪水

　　我們平安順利來到安姆古，只是前一夜的雨勢，讓隱藏在路面的坑坑疤疤泥水飛濺，導致貨卡底部沾上一圈棕色泥巴。我們檢視安姆古河的水位，發現在離開一週半的這段時間，水位已下降到可接受的高度。瑟格伊說，他認為開海力士過河沒問題。我們暫停在河邊，看到淺河水寧靜流過河底的平滑岩石，於是規畫起行動方針。我們決定花幾天到另一邊，探索謝爾巴托夫卡河魚鴞夫妻的領域。這對魚鴞剛好離沃科夫的一間狩獵小屋不遠。他有興趣加入，因此我們在過河之前，先繞到他位於小鎮另一頭的家找他。

　　瑟格伊和我從陰暗的門廳進去，來到廚房，怪異的景象旋即映入眼簾，讓我一時間忘了為何而來。廚房桌面幾乎完全被一座剁碎魚肉堆成的小山蓋住，胖胖的艾拉將魚肉捏成團，再以麵團把這魚肉包起來，讓這座山以難以察覺的速度緩慢變小。這就是俄國魚餃（fish pelmeni），和水餃或義大利餃不無類似，之後會以沸水烹煮。魚餃數量之多，讓我大開眼界，我問，她去哪取得這些魚肉。

「沃瓦今天早上在海岸抓了這隻哲羅鮭〔taimen〕，就在河口。」她不帶感情地說，聲音帶著疲憊，圍裙與手臂沾染著麵粉。

我挺佩服的。「他抓了幾隻？」我問。

她疲憊盯著我。「Taimen，」她重複一次，強調俄文的結尾，確保我了解她剛才說的是俄文單數型態，「一條魚。」

我重新評估眼前剁碎的魚肉堆，很懷疑全都來自同一個東西，更何況是同一條魚。艾拉感覺到我的懷疑，於是彎下腰，從地上的塑膠袋中拿出一個我看過最大的魚頭。她把魚頭拿高，再說一遍：「一條魚。」

遠東哲羅魚（Sakhalin Taimen）[1]是世上鮭科當中數一數二大的，長度可達兩公尺，重達五十公斤，保育狀態也處於極危，主要原因是過度捕撈。在沃瓦把這條魚拉到船上時，遠東哲羅魚才剛被列入保育類動物幾個月。科皮河（Koppi River）的自然保護區[2]就位於薩瑪爾加河北邊，一旁的哈巴羅夫斯克邊疆區（Khabarovsk Province）。二〇一〇年保護區成立時，部分原因就是要保護哲羅魚的產卵地。

沃瓦在家，果然等不及加入瑟格伊與我，踏上這段旅程，三兩下就把必備的行李裝進背包。艾拉交給他幾罐玻璃瓶，裡面裝滿已做好的魚餃：這會是我們接下來幾天的主要食物來源。那時，我不知道遠東哲羅魚是保育等級「極危」的野生動物，但如果知道的話，就不會吃了，不然就像吃了魚鴞或阿穆爾虎。我懷疑，其實沃

瓦也不知道這是極危等級的保育動物;他是光明正大的獵人,而某種動物列入瀕危的消息可能要好一段時間,才能從這遼闊國度的一邊傳到另一邊。

沃瓦的父親是個年長紳士,名叫瓦勒里(Valeriy),原本是當地的邊境巡邏駐軍,現已退休,這時也在廚房,默默坐在燃木爐邊的矮凳子,陪艾拉一起忙。當我穿上靴子,心裡還在想哲羅魚時,忽然問他是否曾和沃瓦到海岸邊捕魚。老先生大笑,拍拍膝蓋嘆道:「我再也不去那邊的水域!」我還沒能問個明白,瑟格伊和沃瓦就催我出門。

來到安姆古河的渡河處時,沃瓦解釋這裡通常有座橋,一個月前也曾有,但是洪水滔滔,像春季大掃除,把這座橋沖進日本海。伐木公司開始準備在謝爾巴托夫卡河上游採伐,那是一段淺而多河道的水路,在渡河處往下游幾十公尺處匯入安姆古河,因此沃瓦相信不久之後,另一座橋就會架好。只是在此之前,就得開車過河。

在謝爾巴托夫卡另一頭的道路,開頭的路況相當好。瑟格伊說,這是捷爾涅伊古老道路的末端,只在冬天河口與溼地結冰時可通行,在一九九〇年代以前,是唯一可通往安姆古的陸路。現在整年都可前往安姆古,即使從這麼內陸的地方也到得了,導致海線就不再受到青睞,只有伐木者、盜獵者會使用。沃瓦會前往狩獵小屋時,也會走海線。

在經過小橋另一邊的岔路口之後，我們來到這間小屋。這是典型的俄羅斯狩獵小屋：是八根圓木高的矮房子，角落的木材以鳩尾榫頭接合，還有斜屋頂，下方可打開存放東西。屋子在大雲杉下，周圍是雜草叢生的林間空地。我們停好車，開始把東西卸下來。不久前，瑟格伊總算承認藍色保冷箱沒用，所以把鮮肉、乳酪，在小鎮上買的幾罐啤酒裝進鋁鍋，放到河流淺水裡，再以重石固定，以免東西隨著水流漂走。沃瓦與我則鑽進高度僅到肩膀的矮門，把寢具搬進小屋。

正如許多這一帶的森林小屋一樣，牆上有許多釘子，掛一袋袋的米、鹽與任何可食的東西：掛起來，以免不會腐敗的食物遭到小屋裡的嚙齒類動物覬覦。這裡的天花板很低，被煤煙灰燻黑。瑟格伊一進來，沃瓦就把一瓶魚餃放在桌上，打開來，每人發一根湯匙，然後點個頭。午餐開動。

一離開鎮上，天空就開始下雨，起初只是綿綿細雨，但不久大雨滴穩穩落下。午餐後，我穿上雨褲，大夥兒前往探查魚鴞巢樹，位置大約是往谷地上方一公里，之後再走一小段距離，朝河邊稍微前進。這片森林主要是針葉樹。走了大約三十分鐘後，我膝蓋以下都溼透了：兩個月以來披荊斬棘，通過五加屬（*Eleutherococcus*），這種在這些森林中很常見的難搞有刺植物，在我腿上嵌入刺，致使發炎，而昂貴的雨具也像過濾器一樣漏水。我瞥看俄羅斯人：他們已經溼透，棉與聚酯纖維的迷彩服灰灰的，因為飽含水分

而黏在身上。

　　和我不同的是，瑟格伊和沃瓦不會幻想自己的服裝不會滲水。事實上，俄羅斯合作者常嘲笑我戴著最新、最棒的輕質裝備，每一季都換新，替代前一年在濱海邊疆區的森林磨損的衣服。這些衣物或許適合北美國家公園整理良善的寬闊步道，但是到了這裡很難完好如初。

　　瑟格伊舉起手，示意我們距離巢樹很近，要安靜步行；之後，在冷杉之間，這株巨樹映入眼簾。那是一株白楊，樹洞在距離地面高達十七公尺處——是我那時看過最高的巢。瑟格伊上回來這已是數年前，因此無法確知巢裡是否有鳥居住。瑟格伊通常會靠著徒手攀登，看看巢裡是否有鳥居住，但這棵樹不容易徒手攀登，畢竟最接近的樹枝也距離地面高達十公尺。有時候瑟格伊會使用樹插攀爬[3]，以接近鳥巢——樹插是尖刺，通常是樹木栽培師與電線工人用來攀樹或電線桿之用，但在這裡不適用。這株腐朽的白楊樹樹皮很厚卻很鬆，無法成為安全的立足處。

　　我們後退五十公尺，在雨中徘徊到天黑之後，盼能就近聽到二重唱，或從巢洞聽見尖鳴。但除了周圍雨水打在樹葉上的巨響，什麼都沒聽到。在大雨中，鳥類不太可能會發出鳴聲，就算鳴叫，也可能被背景的聲音掩蓋，還是聽不見。我們回到小屋，吃魚餃晚餐，之後就睡覺，沃瓦和瑟格伊擠一張床，我睡另一張。

隔天早上，我們在雨中醒來，早餐吃著冷魚餃配熱即溶咖啡，同時討論今日計畫。既然已知巢樹在哪裡，因此焦點變成，住在這裡的魚鴞夫妻在哪裡獵食。沃瓦會開海力士往山谷上方前進，把瑟格伊和我留在小屋往上游五、六公里範圍內。我會過河，探索山谷另一邊，之後往下游走，直到大約到沃瓦小屋的對面，我已以GPS標示出這邊的位置。之後，我會直接穿過河谷回來。瑟格伊會順著主要河道照辦。沃瓦想要登山到他位於山谷高處的第二間小木屋，那已經是在路的盡頭外。他要到那間小木屋修繕一下。

　　下車後，我走下陡坡，朝著底下的河流前進，並穿越淺水處，來到對面山谷。謝爾巴托夫卡河的主要河道水深看起來從未過腰，我沒花多久時間，就找到穿著涉水裝即可過河的區段。倒不是河水滲到靴子裡會很嚴重──我早就預期雨天會溼透。來到對面的河谷，我順著沼澤般的河道前進，這裡大部分都野草叢生，倒下的樹木也阻礙河水流動。我振作起來：有流水，又有成群的大魚，這樣就是魚鴞潛在的狩獵地點。

　　我沿著河岸前進，掃視樹上是否有羽毛，地上是否有食繭。這座森林是很有趣的組合，主要是落葉樹種，不時又會出現濃密針葉樹叢。我剛經過這種樹林時，注意到幾團羽毛，之後有些骨頭，還有一顆顱骨。這是麕鹿的遺骸，有些部分沒入水中，但大部分沿著

山谷斜坡的河岸散落。我更靠近一點，就看到不少白色鳥糞，立刻想到的是白尾海鵰（White-tailed Sea Eagle）的鳥糞，這種猛禽最可能在濱海邊疆區的北部吃鹿的屍體。在冬天，這裡也有虎頭海鵰，但不那麼常見。當我抬起頭，判斷海鵰怎能穿透這麼濃密的樹冠時，發現一根長滿苔蘚的垂直樹枝，上頭黏著魚鴞的絨毛。麈鹿的屍體就在正下方。我走過去探查地面，就看到魚鴞的羽毛和骨頭混合在一起。我不會懷抱魚鴞宰了麈鹿的錯覺[4]——這幾乎是不可能——但是這隻鳥顯然善用停在自家樓下的鹿肉快餐車。我拍攝這個畫面，收集幾個食繭，在GPS上記錄地點，之後繼續往前，畢竟雨勢越來越大。

回到小木屋，已接近傍晚。我渾身溼透，幸好沃瓦已回來，小屋很溫暖，門也開著，讓燃木爐的熱氣能逸散出去。在爐子旁，一塊平板的石頭上擺著焦黑的煮水壺，隨時可以泡茶。沃瓦沒多少資訊可分享，只看見了野豬。瑟格伊還沒回來，但桌子已經擺好，可準備吃晚餐；桌上有三根叉子、僅存的一瓶魚餃，還有一瓶美乃滋。我把衣服掛在掛鉤上，與沃瓦的擺在一起晾乾，兩人都在等。外頭雨勢滂沱。沃瓦在桌上點根蠟燭，這時瑟格伊如落湯雞般進門。他擔心地說，謝爾巴托夫卡河顯然水位上升：我們裝在鍋子裡的肉、乳酪和啤酒已被沖走。我們把最後一點魚餃從瓶子裡刮乾淨。吃哲羅鮭讓我想起沃瓦父親瓦勒里在談到出海時，為何會出現奇怪的回應。於是，我問起沃瓦是怎麼回事。

「說來話長。」沃瓦開口道，隨即往後依靠，眼睛盯著天花板；人在談到遙遠的重要往事時，就會是這模樣。小木屋很溫暖，靠著一根蠟燭的柔和光線映出光影。雨水均勻打在上方的屋頂上，有時候則是會更強勢地嘩啦啦落下，因為附近的雲杉在風中搖擺，甩下枝頭累積的水。屋內正晾乾的衣服上，水滴會落在滾燙的燃木爐，發出嘶聲。瑟格伊微笑，靠在床上，顯然已聽過這故事，但不介意再聽一遍。

一九七〇年代初期，瓦勒里開著漁船，帶朋友來到馬克西莫夫卡村，即使到今天，要從陸路前來這裡也不容易，但如果從安姆古的海岸北上，則僅約三十公里而已，對汽艇來說根本不算什麼。就在瓦勒里快回到家、村子已近在眼前時，汽艇馬達壞了。他試著重新啟動，卻屢屢失敗；水流讓他越來越遠離海岸。他慌忙抓起唯一的槳，使勁划回陸地，然而水流太過強勁。這可憐的男子無助地看著海岸越來越遠，漸漸回到波浪起起伏伏的遼闊大海中，內心有一股沉默的恐懼。瓦勒里在這趟路中剩下一點食物、一把來福槍和幾枚子彈，以及一點點飲用水。但是，到了第二天，他的存糧不見了。他朝著幾隻飛過的海鷗開槍，子彈也用盡了。他宰了一隻海鷗，但是水流讓他無法取得漂流的海鷗屍體。在海上漂流的第三天，瓦勒里看見一艘船。他扯開嗓子吼叫，揮動船槳。船員看見他，就改變航道；瓦勒里認為自己獲救了。這艘大船開過來的時候，一名好奇的俄羅斯水手低下頭，看著這個被太陽曬黑的瘋子，

在日本海中一艘破爛的划艇上，於是他問：「你在這裡幹嘛？」

沃瓦的父親脫水，聲音沙啞地回答：「海流把我帶走了。」

「那就讓海流把你帶回去。」那位嬉皮笑臉的水手回嘴，說完船就繼續前進，拋下這個嚇呆的漂流者，不管他的死活。

第四天，瓦勒里醒來，船停在安姆古碼頭，妻子在岸邊呼喊著他。過了一會兒，他發現自己半個身子已在船外，仍在海洋中央，與幻覺互動，差點溺斃。他花了不知道多久的時間，對抗譫妄。從岸邊漂離了五天之後，瓦勒里在拉彼魯茲海峽（La Pérouse Strait，譯註：又稱「宗谷海峽」）[5]被一艘俄羅斯船救起。

「拉彼魯茲海峽？」我差點從凳子上跳起。這海峽大約在安姆古東邊三百五十公里處。

沃瓦繼續說，不理會我突如其來的激烈反應。這艘船帶瓦勒里到納霍德卡（Nakhodka），亦即濱海邊疆區南邊、靠近海參崴的港口，而當初救他的人也從他的描述中，在此指認出拋棄他的船。沃瓦不知道，那個在海上拋棄蘇聯公民的船員會受到什麼懲罰，但肯定是很嚴重。他一上岸，當局就很同情地聆聽瓦勒里的故事，之後客氣地要他交出護照，確認他的身分。

「護照？」他不可置信地回應，「我上船，帶朋友到馬克西莫夫卡，這樣為什麼需要護照呢？」

「因為你在納霍德卡，」當局的人回答，「而你要我們帶你回安姆古，那裡是敏感的邊境巡邏軍隊所在地。你當然需要證明身分

才能回去。」

以當時的聯絡方式得耗上兩個星期，才確認瓦勒里的身分，讓他回家。到那時，他已離家將近一個月。家人幫他舉辦過葬禮了，哀悼他離世，也開始療傷。等到瓦勒里回到邊境巡邏軍隊工作時，上司生氣地告訴他，他乾脆消失在海上算了，因為他的金屬船在日本海漂流五天，卻沒被偵查到，正好顯示軍隊無能，畢竟他們的工作就是偵測與攔截海上未登記的船隻——可能是間諜。海參崴的中央辦公室因為這次尷尬的錯誤，嚴重教訓邊境巡邏隊。

沃瓦暫停，嘆了口氣，然後做結論。

「我爸出門，打算下午從海岸北上一趟，結果接下來一個月都在地獄。所以，不囉嗦，他不想再到海上了。」

———————

大雨整整下了一夜。瑟格伊早上從茅房回來時，甩甩外套上的雨水，說我們很可能被困在這裡。一夜間，河水暴漲，兩天前，我們才走過小木屋旁的小溪橋梁，此時已被沖走。他點了菸，站在門邊，煙才能飄出去。

「我們本來有逃走的機會，但這扇門已經關閉。但我認為應該試試看，不然得在這裡等水位下降，這樣可能又要花一個星期。」他暫停一下。「我們現在得走了。」

我已學到，當瑟格伊說「我們現在得走了」，就表示真的得走。我們把行囊搬上海力士，出發返回鎮上。河流水勢洶湧，漫到岸邊，湧到路面上至少一公里，才回歸正常的河道。沿途中有三座橋被沖走：其中兩座還不算太麻煩，但有一座讓我們三個都到水深及腰之處，漲紅著臉又拖又推，把擋路的原木推開，因為這根木頭讓水位高漲，致使貨卡無法安全通過。

　　在經過重重障礙、總算抵達安姆古河渡口時，果不其然，才區區幾天，眼前的景象我已認不出來。在當時，海力士輕鬆駛過深僅及脛的清澈淺水，現在水勢澎湃，深度可能過腰，而且洶湧到令人感到緊急。無疑地，我們太遲出發，已經受困。瑟格伊不能把貨卡開進這翻騰的鍋釜中。但他和沃瓦仍在商量，手臂彎來指去，彷彿行動計畫正在成形。然後，沃瓦莫名其妙掀開引擎蓋，瑟格伊翻找前座置物箱，搜出一捲寬膠帶。他們把空氣濾網的進氣導管拆下來，貼到打開的引擎蓋上方。之後，他們就這樣橫渡，不希望柴油引擎進水，半路熄火。還穿著涉水裝的沃瓦，在河岸邊往上游前進四十公尺，之後進入河水的水流，慢慢從旁邊進入，讓水斜斜地把他往前推五十公尺，之後在對岸上岸，那裡又有路可以通行。他成功過河讓我鬆了口氣，還對瑟格伊與我豎起雙手大拇指。我依然摸不著頭緒。這水流湍急，很容易就有一點五公尺深——幾乎要讓沃瓦滅頂了——而我們還要嘗試穿越？似乎比薩瑪爾加河的積冰還扯。

我們上了貨卡，幾乎什麼都看不到——引擎蓋依然開著，讓進氣管保持乾燥——於是瑟格伊搖下車窗，身體盡量探出去，同時握著方向盤。他執行三點調頭（three-point turn），讓汽車倒回岸上，依循沃瓦的路徑，直到對面的人向我們揮手，示意停下來。之後，沃瓦重複揮動雙臂，像是海軍信號兵，指引我們該採取什麼角度。我們進入了水中。

　　這荒謬的場景就慢動作展開：河流哄騙我們，河水透過車門縫滲入。瑟格伊依然有半個人探出駕駛座的車窗，了解我們往哪裡去；他來回轉動方向盤，徒勞地嘗試伸張控制權，一邊咒罵，一邊想要引導車子。海力士在河底跳動——表示我們大部分是漂浮的——那時方向盤就像破裂的方向舵一樣沒用。我緊抓著車窗搖把，指節發白。水沖過我腳邊。之後，輪子固定，得到牽引力：總之，我們繞過河流最深的部分。海力士在水中流動，宛如在船難中被高舉起來，最後被拉上岸的地點就是沃瓦的目標。瑟格伊露出笑容，彷彿早知如此，而沃瓦的笑容彷彿在說他覺得很驚奇。我從貨卡躍下，很驚訝這次渡河並未以災難作收，而且移動時與河流保持安全距離，以免河又改變心意，不讓我們通過。

　　二〇〇六年的田野調查季結束了。我要往南前往海參崴，聽取瑟格伊、蘇爾馬奇的說法，六月中要登上飛機，經過首爾，飛越太平洋到西雅圖，再回到明尼蘇達州的家鄉。夏天會很忙：我和一位名叫凱倫的女子交往四年——當年是在濱海邊疆區擔任和平工作團

的志工時相識——預計八月結婚。之後，我會在明尼蘇達大學上課，培養所需能力，擬定魚鴞保育策略。我也需要搜查任何能找得到的猛禽類捕捉文獻，諮詢任何相關的專家，為下一個田調季準備。這五年的計畫才剛展開三個月，卻已是一趟精彩旅程，在人類文明邊緣的地方展開，而如謎般的貓頭鷹，也有了相關的新發現。在過去幾個月，瑟格伊和我找到十三個魚鴞領域，能聚焦於此，捕捉魚鴞。我們在這些地區的絕大部分都聽到魚鴞夫妻的鳴聲，但重要的是，還在其中四個地點找到了巢樹。在下個冬季，初雪飄落、河水結冰之時，我會回來濱海邊疆區，與瑟格伊一同思考能從這裡抓到多少隻魚鴞。

第三部　捕捉

16

準備設陷阱

二〇〇七年一月底，我在海參崴的生物與土壤科學研究所（Institute of Biology and Soil Science）和瑟格伊見面，蘇爾馬奇就在這裡任職。瑟格伊展現出自信，還得意秀出新髮型，鞋子擦得晶亮，臉上的鬍子刮得乾乾淨淨。我們進入磚塊褪色的四層樓建築，在蘇維埃時期，能進來這裡是光榮的事。我們在等電梯。一位在昏暗的中庭販售烘焙食物的女子瞥了我們一眼，問我們是不是水管工人。瑟格伊說不是，順手買了份糕點。電梯仿木門打開，露出擁擠狹小的空間，這過時的裝置利用被關在裡面的使用者，沿著安全性堪憂的纜線向上呻吟，來乞求修繕。我們朝著沒有裝飾的灰色大廳前進，腳步聲在四周迴盪，然後打開一扇門，擠進蘇爾馬奇的小辦公室。

來到這，是為了即將到來的田野調查季節規畫最後的細節：這是我們第一次嘗試捕捉魚鴞，是這項多年計畫具有關鍵重要性的階段。我們已大略規畫接下來幾年要鎖定哪裡的魚鴞──捷爾涅伊和

安姆古一帶──也要辨識幾十個潛在的捕捉地。我們想盡量多捕些魚鴞，在牠們身上裝發報器，這過程稱為「標記」（tagging），監測其行動。這不會是一次性的活動。田野調查經常會重複有難度或不討喜的活動，某個問題會持續造成壓力，直到答案終於浮現。一旦一隻鴞戴上發報器，在接下來幾年，我們就得重複造訪其領域，收集資料，而在計畫結束時重新捕捉這隻個體，移除其標記。在資料收集的頭一、兩年，得到些許魚鴞移動的最初資訊之後，也得調查其棲地，探索魚鴞築巢或獵食之處是否有任何特殊點。還不知道這些活動的確切位置也無妨──假以時日，持之以恆，答案就會出現。

我們喝茶、吃巧克力，討論這一季的規畫。今年的步調會和二〇〇六年很不同，工作速度會比較緩慢，也更講究方法，因為目標不是尋找魚鴞的領域，而是在某個區域鍛鍊捕捉能力：這地區就是捷爾涅伊。去年，我們在這一帶找到的魚鴞密度最高，因此從這裡開始是合理之舉。我們也需要熟悉在謝列布良卡、圖因夏與法塔等領域的鳥類，找到每一對鳥的至少一個獵食點，這樣才能找到地點設陷阱。捷爾涅伊也是個方便我們展開第一步努力的地點，因為在野生生物保護學會的錫霍特阿蘭研究中心（Sikhote-Alin）有乾爽的屋頂，還有溫暖的床，所有目標位置都在二十公里內。

蘇爾馬奇這次仍有其他任務在身，不克加入我們，但仍興致高昂，愛聊在捕捉不同鳥種時的經驗，以及在嘗試捕捉魚鴞時會面臨

的困難。他有個挺可愛的習慣，就是說髒話時會把聲音變得很小，而不是使用一般音量。雖然他並不常說髒話，但情緒激昂時，句子語氣也會往下掉，之後又像紅隼那樣，以地方話忽地抬升起來。

在非田調季，我曾諮詢過加州猛禽捕捉專家彼特・布隆姆（Pete Bloom），也翻閱過科學文獻，鎖定幾種可能有效捕捉魚鴞的陷阱。看起來選項多達數十種[1]。人類捕捉猛禽已有數百年的歷史，甚至已有數千年。我讀到歷經時間考驗的方法，例如套索陷阱（bal-chatri），這種做法最早是在印度使用，看起來像捕龍蝦籠，外頭會安裝細膩的圈套，裡頭則以活鳥或嚙齒類當作誘餌。猛禽如果撲向籠子，想抓誘餌時，就會被圈套綁住。另一種做法稱為坑洞陷阱（pit trap），見證有些人為了親手捉鳥，幾乎什麼都願意忍耐。這種陷阱是用來捕捉兀鷲（Vulture）或神鷲（Condor）之類的食腐鳥類，首先要挖個洞，大小要能容納人，然後把一頭牛（或其他動物）的屍體拖到洞旁邊。之後，研究者躲在洞裡，距離那臭烘烘的屍體約一、兩步之遙，有時候得等上幾個小時，目標動物才會來覓食。他們從黑暗中伸出手[2]，出其不意地抓住鳥的腳。

捕捉猛禽時牽涉幾種要素，在捕捉魚鴞時皆需考量。部分猛禽比其他種更容易誘捕[3]，但也會隨著性別、季節、年齡與身體狀況而出現個體差異。舉例來說，較年輕的鷹比較天真，不會懷疑有陷阱，而吃飽的鷹比飢餓的難抓。關於捕捉魚鴞的科學文獻不好找，在這為數不多的紀錄中，俄羅斯捕捉到的魚鴞通常是會被殺掉，例

如烏德蓋人有獵捕魚鴞來吃[4]的歷史紀錄，還有科學家獵殺魚鴞[5]，供博物館展示。只有一項例外。幾年前，瑟格伊曾經在阿穆爾州（Amur Province）待過，那在捷爾涅伊西北邊一千公里，據信是在毛腿魚鴞的分布範圍之外。他曾在那邊發現魚鴞的足跡，卻自知沒人會信，就自己製作掉落式陷阱，設在見到足跡的地方。瑟格伊的陷阱是很粗糙的圓頂結構，以彎曲的新鮮小柳樹構成，並以漁網覆蓋，由一根枝條撐開大口，而這枝條會觸發坍塌。這就像在卡通上出現的陽春陷阱，但魚鴞就這樣落入其中。幾天後，瑟格伊抓到魚鴞了[6]。他拍下幾張照片存證，就放了這隻鳥。

關於捕捉與釋放魚鴞的細節，我找到的資料多來自日本。日本科學家曾以網子捕捉到未成年的魚鴞[7]，但我找不到任何關於捕捉成鳥的敘述。我的計畫是不捕捉幼鳥──幼鳥的行為捉摸不定，也沒有成鳥的領域行為，我們需要成鳥在領域中移動的情況，才能擬定保育計畫。因此，我寄電子郵件給日本魚鴞生物學家，詢問他們對於捕捉成鳥有沒有任何建議，可惜未曾收到回覆。日本的研究者不願意分享這些高度瀕危魚鴞的相關資訊，尤其是如何尋找或捕捉的細節。這可能是因為在日本歷史上[8]，總有過度熱心的觀鳥者與野生動物攝影師，不小心摧毀魚鴞巢，或為了更好的視角而打擾鳥類。我不過是沒沒無聞的研究生，在魚鴞學界尚未建立起名聲，因此從電郵收件人的視角來看，我只是個意外拜訪的陌生人，就這樣想得知他們最嚴密保護的祕密。由於關於捕捉魚鴞的資訊相當匱

乏，無人理解魚鴞對不同陷阱的警戒程度，瑟格伊和我得從試誤法過程學習。我們任意決定以四隻魚鴞當作合理目標，判斷第一年的捕捉是否成功。

我帶來的六組發報器，對這項研究來說很關鍵。這小小的裝置看起來像二號電池，上面加上三十公分長的伸縮天線。發報器就像個背包裝到魚鴞身上[9]，兩邊翅膀各有一圈環帶，還有一條跨過中央的帶子把所有東西固定起來。裝置每秒會發射無聲的無線電訊號，可透過特殊的接收器聽見。之後再利用三角測量，約略估計魚鴞的位置[10]；我去年就是利用這個原理，記錄在羅盤上的魚鴞鳴叫方位，只是之前尋找的是魚鴞聲音方位，這次則是靠無線電信號的強度來引導。幾年下來，把魚鴞數量的地點數據累積起來，我們就能知道魚鴞喜歡何種棲地、會避免何種區域。這過程稱為「資源選擇」（resource selection）[11]，讓生物學家將不同棲地的重要性，或是其他自然特色排列順序，例如獵物的豐富程度（整體稱為「資源」），這樣能更了解某物種的生態需求。舉例而言，我們知道魚鴞需要仰賴河川，才能覓食，但牠們能在任何河川捕食魚類嗎？牠們獵捕魚類的水道（或甚至特定河段）有沒有獨特的要素，例如水道寬度、深度或底層？牠們在哪裡築巢？除了大樹之外，還有沒有其他築巢地點，或周遭森林有沒有其他特徵，例如針葉樹的比例，或是距離村子要有某段距離，魚鴞才會在此築巢？透過標記夠多魚鴞，觀察其行為模式，就能更了解其資源選擇。這項評估是許多保

育計畫的基本元素，也是本計畫的基石。

　　我們會在田野調查季節中，辨認幾項限制因素。第一項是天氣。我們知道，冬天是一年中最適合捕捉的季節，因為這時最容易找到魚鴞，也是牠們獵食地區最受到限制的時間。但在薩瑪爾加河的經驗顯示，冬季的不可預測性太高，暴風雪可能阻礙我們移動與設陷阱的能力，而春季始終存在著威脅，尤其是三月前。另一項議題則比較個人。除了瑟格伊之外，蘇爾馬奇的團隊沒有人能一次花兩個月的時間待在森林中：他們有其他工作，或是家中還有家人在等待。我們預期每年會有一、兩位田野助理固定輪班，每個人都有自己的強項與弱點。最後一項考量會影響所有決策——預算。這項計畫的經費受限於我能獲得多少贊助，而我們使用的技術頗昂貴。這表示，我們無法將所見到的每隻魚鴞都標記，得運用策略才行。舉例來說，根據擁有的發報器數量，當捕捉到一隻鳥之後，較有意義的做法是拔營，前往另一個領域，而不是留在原地，設法捕捉那隻鳥的配偶。從我們對魚鴞移動的理解來看，不同領域兩隻標記的魚鴞，會優於同一領域的兩隻魚鴞。我們在二〇〇七年的田野調查季展開時懷抱著策略，但也知道，就像所有的田野工作，這些計畫很可能生變，需要時時保持彈性，準備在過程中做出重大決定。

　　瑟格伊和我在上午離開海參崴，幾個小時的路程中罕見人跡，只有黑暗、山脈與森林，終於在同一天的午夜抵達捷爾涅伊區。謝

爾開紅色海力士，拖著曾在薩瑪爾加河使用的黑色山葉雪地摩托車。很高興看到他趁著淡季改造這輛海力士，現在有彈性的通氣管，彷彿浮潛用的呼吸管。有這番改造就不需要在未來穿越深水區時動用膠帶、打開引擎蓋。

捷爾涅伊的錫霍特阿蘭山研究中心是一座三層樓的木造建築，坐落於山上，有全方位的視野，可將村落、日本海與錫霍特阿蘭山盡收眼底。這座中心是由野生生物保護學會的戴爾·米凱爾（Dale Miquelle）主持，他從一九九二年就來到濱海邊疆區，是我認識的美國人當中在這裡待最久的。戴爾曾大方邀請瑟格伊和我在需要時入住這間中心。

度過舒適的一晚之後，瑟格伊和我在隔天清晨就離開捷爾涅伊，想早點展開行動。當時是攝氏零下二十五度左右，我們在這陡峭結冰的顛簸之路上小心前行，進入城鎮，這時我看著剛從日本海升起的太陽，照亮途中磚造煙囪升起的白煙。我們往西邊開了十公里，離開城鎮，沿著謝列布良卡河，來到去年春天聽到魚鴞發出鳴聲的地方。我們把車停在路邊，走到橡樹和樺樹光禿的樹冠下，來到一條堅硬的冰帶，那就是謝列布良卡河。在這結冰的高速公路上移動時，我注意到這裡幾乎已經完全結凍，只有幾段河沒有結冰，有些區段非常小，長寬僅有幾公尺。我頓時明白，住在這裡的魚鴞夫妻沒多少獵食處可選。我們清楚知道哪裡可以設陷阱。在探索這領域之後，我們回到貨卡上，瑟格伊生火，煮河水泡茶，同時聊到

前景，並等待黃昏。魚鴞以對唱來回報我們。這次會很輕鬆。

回到捷爾涅伊，我們開始打造陷阱。瑟格伊和我想嘗試的第一個方法[12]，稱為「圈套踏網（noose carpet）」。這是簡單有效的陷阱，可誘騙多種猛禽。圈套踏網是個長方形的堅固不鏽鋼網，上面覆蓋許多以釣魚線製成的寬圈套，這些圈套樹立在網子上，彷彿花瓣寬大的花朵。準備好之後，圈套踏網就放到預期鳥類會降落或行走之處，只要腳一碰到近乎隱形的釣線，鳥直覺上就會往後拉，這麼一來，圈套就會被拉緊，鳥反而會落入陷阱。圈套踏網會以裝著彈簧的重物，與繩子鬆鬆相連，在鳥嘗試飛走時予以阻力。圈套打結的方式是，如果鳥用力拉，確實可以掙脫——這是避免鳥因為繞圈圈時受到限制，傷到腳趾。但這也表示，捕捉到的魚鴞不能留在圈套踏網太久，否則終會逃脫。

雖然我們急著想設陷阱，但是暴風雪侵襲捷爾涅伊，就像去年冬天等直升機帶我飛往阿格祖時所遇到的情況。最後，雪堆積了將近七十公分。我們躲在山脊上的研究中心，積雪已比腰還高。這種天氣是不可能捕捉魚鴞的——雪會蓋住陷阱——所以瑟格伊和我蹲下來，製作圈套踏網、喝啤酒、做俄羅斯桑拿浴，看著雪落下。

待天氣轉佳，我們回到謝列布良卡河，卻覺得洩氣，因為河岸變得好荒涼原始。自從暴風雪襲擊之後，就沒有證據顯示魚鴞在我們原以為的獵食地點出沒。或許剛累積的深雪，對魚鴞而言並不方便降落，於是牠們遷移到領域的另一邊。我知道日本有一對魚鴞夫

妻[13]會在距離巢三公里的地方獵食，或許我們眼前也是這情況。瑟格伊建議，就仿效烏德格人：設立樹墩陷阱。阿格祖的當地人曾說過，烏德蓋人如何砍下樹木殘幹，放在淺水中，上面放金屬夾陷阱來捕捉魚鴞。這個新的狩獵棲處，會讓魚鴞被吸引到這個新狩獵棲木的有利位置，降落在致命的地點。我們當然沒興趣吃魚鴞，只是想找到魚鴞，因此在瑟格伊拿出鋸子，鋸下五個殘墩，放到河中淺水處之後，我在每根殘幹表面上撒雪。任何降落在此的鳥都會留下足跡。兩天後回來檢查時，很高興見到五個樹墩裡四個都有魚鴞的足跡。我們準備好設陷阱了。

17

擦身而過

事情進展順利：來到捷爾涅伊的第一週，就發現一對魚鴞的獵食地點、準備好陷阱，現在正開車前往謝列布良卡河捕捉魚鴞。我們做好的圈套踏網，整齊排列在海力士的後座，車斗裝滿紮營設備。我們帶著陷阱行經森林，來到未結冰的河邊與捕捉現場途中，尼龍圈套彷彿好奇心大發，發現柳樹樹枝就要拉扯一下。河中的樹墩擺放著較小的圈套踏網，而大約一公尺長、較大的踏網則鋪在河岸，我們曾見過魚鴞會降落在那樣的地方。每個陷阱都經過調整[1]，裝進陷阱發報器，要有東西撞上圈套踏墊，發報器會傳送無線電訊號到接收器。這時，我們就會盡快從營地滑雪到那個位置。

把陷阱隱藏起來很重要。不知魚鴞飛到最喜歡的魚洞，發現有人擾亂周圍的情況時，會做何反應？以郊狼或狐狸來說[2]，設陷者必須以沸水燙過陷阱元件、使用手套，小心別在這一帶留下任何人的氣味，否則動物不會接近陷阱。我們很心虛，擔心計畫被魚鴞識破，因此前往每個設陷地點時是從河中走過去，以免在雪上留下任

何腳印。我們也擔心，如果營地在陷阱的視覺或聽覺範圍內，魚鴞就不願在此獵食。有鑑於此，帳篷是設在距離河邊很遠的地方，約有兩百五十公尺，前往陷阱時還得滑雪穿越洪泛平原，必要時就移除原木、清理樹枝，才不會在需要快速移動的時候還被擋路。

設陷阱的第一天即將日落，我們收集木材，開始生火。營地明顯瀰漫著緊張情緒：計畫已進入新局面。目前為止所做的每件事、尋找鳥巢與獵食地點，都在瑟格伊的掌管範圍。他在這方面已有十年經驗，也一直是個好老師。不過，我們兩人都來到新領域：捕捉魚鴞是個未知數。魚鴞會對我們的把戲信以為真嗎？魚鴞被抓到時，會有何反應？猛禽的鳥喙很尖銳，可能三兩下就切斷釣魚線。魚鴞會不會明白這一點，馬上讓自己恢復自由，或在慌張之下導致糾纏得更嚴重？

看不見的無線電波在冬夜環繞，接收器發出的靜電干擾聲讓人緊張。干擾會突然出現，發出爆破與嘶聲，瑟格伊和我還不習慣這種聲音，總會嚇一跳。我們預期信號器可能隨時響起，因此時時做好準備。結果信號靜悄悄的。後來實在太冷，遂躲到帳篷裡的羽絨睡袋中保暖，瑟格伊和我每三小時換班，徹夜監視接收器。我先監視，靜靜躺著，把裝置摟在胸口，以免電池在寒冷中快速耗電，同時也設法欣賞無線電發出的奇怪樂音。輪我休息時，我反而無法輕鬆入睡。氣溫降到接近攝氏零下三十度，但我們與室外的空氣之間，只隔著一層薄薄的聚脂纖維。在帳篷裡輕輕翻個身時，呼出的

氣都會變成細細的冰，如雨落下。

　　這情況持續了四個晚上，沒有東西造訪捕捉區。每天早上，我們會去檢查圈套踏網，東弄弄西碰碰，調整一下位置。每天夜裡都聽得到魚鴞嗚嗚，但為什麼牠們不來陷阱？雖然明明知道捕捉魚鴞不容易，但沒料到持續寒冷與睡眠不規則會造成額外的壓力。白天，我們無法做些有助於捕捉的措施，也不想打擾目標魚鴞，到牠們的森林周圍大搖大擺。為了要覺得有點成果，瑟格伊和我白天會在附近的領域尋找魚鴞的跡象，晚上再回到謝列布良卡。在圖因夏與法塔河之間，有塊草木萋萋的河岸帶三角州，而匯聚地點就在我們設陷地點的東北邊約十公里。去年春天，瑟格伊和我在伐木營附近聽到一對魚鴞鳴叫。我們經過明亮、多樣的森林，沿著法塔河探視開放水域尋找足跡，能帶來一點成就感：設陷阱的努力或許沒什麼成果，但至少可探索未來捕捉的地點。我尋找魚鴞的經驗夠多了，能與瑟格伊分頭進行，約好在某個時間（通常是更接近黃昏）在貨卡會合。我們回到營地，在寒冷的帳篷裡打哆嗦，默默等待魚鴞，就像在追求別人時，守候在電話旁，但電話從來不曾響起。

　　第二天沿著法塔河搜尋時，我看到一小段流動的水域。這段河頂多四公尺寬，水深不超過二十公分。我就在這裡發現魚鴞足跡，著實興奮不已：河流邊有平坦的冰架，上頭的雪有K的印子，那是魚鴞最有特色的足跡，有的已不清楚，但有的顯然是剛留下。這裡肯定是魚鴞的重要獵場。我鬆口氣笑了，把這場景拍下，以GPS記

錄位置。終於有進展了！這會是未來設陷的地點。

過了幾小時，我和瑟格伊會合，告訴他這項消息時，也比對一下兩人的紀錄。他遇見一個名叫安納托里（Anatoliy）的人，獨自住在一間小木屋，距離我找到魚鴞足跡的地方僅僅半公里。

「他似乎是個好人，」瑟格伊說，但之後吞吞吐吐。「有一點……奇怪。他的眼神看起來很瘋狂，但應該不會害人。他說，如果願意，可以住他那裡。」

有暖爐的小木屋當然勝過冬天的露營地，但我的戒心卻油然而生。俄羅斯遠東區的森林有隱居遁世的人出沒，其中有些是出於令人不敢恭維的理由：躲避法律制裁的罪犯、躲避罪犯的人，還有躲避其他罪犯的罪犯。在森林裡遇到人往往不是好事。早在一百年前，阿爾謝尼耶夫就觀察道，在森林裡，「最惱人的……就是遇見人類。」[3]

二月二十四日，瑟格伊在凌晨一點輪班時，陷阱受到撞擊，發出嗶聲搏動，讓帳篷彷彿受到電擊。有發報器被啟動了——是往下游方向，離營地最遠的圈套踏網。我們衝出帳篷，在黑暗裡奮力套上在冰天雪地中硬梆梆的涉水裝，踩著滑雪板衝進森林，只能靠著頭燈照亮周圍。瑟格伊在我前面消失蹤影。雖然已事先講好路徑，但依然是在樹、原木之間蜿蜒，還得穿過小溪，而我又不像瑟格伊一樣，在滑溜的木板上還能保持敏捷身段。森林裡悄無聲響，只有

沉重的呼吸聲，以及滑雪板的摩擦聲。我以慢得惱人的速度，在頭燈照亮的樹幹間移動。這整段路只花了幾分鐘，卻好像過了很久很久。等我來到河邊，看見瑟格伊在水中望向河岸上的掙扎痕跡。我看到魚鴞的足跡，還有被破壞的圈套踏網，上頭的圈套出現破損。我們遲了一步。

　　我更仔細看看這情況，先前是以小型原木當作重物，還以雪覆蓋，把它藏起來，不讓魚鴞看到，但這可能就是導致陷阱失靈的瑕疵。原木周圍的雪變硬了，就像雪錨一樣，因此魚鴞試圖飛走時，這個重物就在原地不動如山，而不是在地面上拖行，阻礙魚鴞飛走。這個阻力讓魚鴞把圈套拉緊，直到打結處鬆開。這隻鴞不可能被困太久，在我們來到這裡之前就飛走了，但不知道短暫受困的壓力會有何影響。光是要讓一隻魚鴞現身，就等了將近一個星期——現在牠知道有危險，不知道又要花多久才會回來？我們決定暫停在此活動，把焦點重新放在法塔河。至少在那邊，魚鴞不知道會有陷阱，而且那邊可能是夠溫暖、好成眠的地方。我們收拾陷阱與營地，把雪地摩托車履帶和海力士相連，前往安納托里的小木屋，只盼他仍願意邀請我們。

18

隱士

　　我們回到主要道路，沿著圖因夏河谷平坦的冰面，來到安納托里的小木屋。雖然結冰，但這條路在冬天的路況比一年中的泰半時間好得多，雪填滿了路上的坑坑疤疤，路面反倒平整。大約過了十分鐘，我們轉到伐木道路，穿過洪泛平原及一塊老松林地，林地上也有大型白楊、榆木及鑽天柳，這些跡象透露出此地是魚鴞的好棲地。過了幾分鐘，我們行經圖因夏與法塔河的交會處，之後林相逐漸稀疏，露出一塊林間空地，那裡有間小屋、燻製所，還有一處破敗且無法使用的亭閣，可眺望圖因夏。

　　安納托里確實是個怪人。五十七歲的他在森林獨居十年，居住的小木屋原本是圖因夏河水力發電廠一部分，在二次大戰期間曾經供電給捷爾涅伊。顯然，這處基地曾經是蘇聯青年營，直到一九八〇年代為止。有幾個破裂的混凝土橋塔從河邊冒出來，像是歷經風吹雨打的巨石，還有些生鏽的機械，以及有兩個房間的看管者小屋，安納托里現在就住在這裡，把這裡當成家。我認為他是賴在這

裡不走，偷偷占據此地。

　　安納托里的身形中等，童山濯濯，但鬢角濃密，長到臉頰中央，長髮則綁成細細的馬尾。他有一種像是精靈或地精的氣質，戴著尖尖的冬帽時尤其如此。安納托里時時掛著笑容，還有溫暖的笑聲，立刻讓我認為他是個溫和討喜的人。握手時，我注意到他有根小指缺了大半截。

　　從外觀來看，這間小木屋近幾年缺乏照顧，但從幾個和周圍環境隔開的部分來看，這些木板曾漆成綠色。煙囪破舊不堪，最上方的磚塊已鬆脫或消失。門位於緩衝寒氣的中庭後，打開會通往廚房，這裡的灰泥牆面有黃色污漬，彷彿是被尼古丁沾染，而天花板則卡著煤煙污垢。大型磚造燃木爐的角落已有缺損裂痕，卻是房間的主角；柴火溫暖了房間，瀰漫著芳香。一張小桌子就在暖爐對面，位於窗戶下，桌布上有花朵圖案，上面堆著盤子、煤氣燈、幾盒糖和茶包。窗戶有厚厚的塑膠布遮擋寒氣。桌子後方的遠處角落，有個短短的墊子放在金屬彈簧床上，而床鋪旁就是第二扇類似的窗戶。在床和燃木爐的對面，中間的空間是個門框，通往第二個房間。安納托里冬天多待在第一個房間，並在門框上掛了毯子，讓這房間保持溫暖。但是安納托里期待我們到來，遂把簾子拉起。簾子後方有兩張床，房間的兩邊各擺一張，中間有張桌子，堆滿食品罐頭。

　　很難說孤獨的重量對安納托里的心靈有何影響，不知當初他帶

著多少情感包袱，來到這座森林。不過，這位仁兄顯然有些怪癖。舉例來說，我來到這邊的第一個早晨，他問，地精有沒有半夜搔我的腳，因為地精有時候會搔他的腳。我回答說沒有。早餐時，我得知更多關於他的事，但對於為何在廢棄的森林水力發電廠廢墟獨居，他依然含糊其辭。對於像他這樣的人來說，他似乎很無法適應在冬天生存。從小木屋出發的路徑，只有積著雪的兩條：其中之一通往茅房，另一條則是通往河邊，他會去河邊汲水，有時候也會在厚冰上敲個洞來釣魚。他以木板打造出一雙滑雪板，但相當笨重，不怎麼實用。秋天那幾個月，他會在河邊捕捉粉紅鮭，煙燻後賣給偶爾從捷爾涅伊來找他的友人。在較暖的時間，他有時會加入收集木柴的行列，冬天就有夠多木柴可用，也能多賺點錢購買食物。有幾年，他曾嘗試在菜園種點菜，可惜擋不住野豬來掠食作物。安納托里說，我們住在這裡的期間，只要我們能提供食物，他就會幫我們煮好。

雖不知當初安納托里為何要遺世獨立，但他坦承，他會在圖因夏河谷逗留，是因為一間八世紀的渤海國廟宇[1]，當初他是在探索離他最近的山巒時，發現這座廟的。在夜裡，他有時會看見那座廟散發光芒，而他說，要是你站在這座廟，朋友站在旁邊那座山的頂峰，你們會清楚聽見彼此，甚至讓小東西瞬間移動。安納托里不知道山靈要他做什麼，但他知道和這間廟多少有關。所以，他留在下方的山谷，等待他此生的目的顯現。

新地方新氣象，瑟格伊與我馬上開始搜索新的設陷處。我們回到自然環境，在結冰的圖因夏河踩著滑雪板，往上游前進三百公尺，來到與法塔河的交會處，之後就順著穿過森林，河流本身很淺，且水在流動。正如在安姆古，這附近可能有氡氣湧現，讓水溫剛好維持在冰點以上，不會結凍。再前進三百公尺後有一處彎道，我上週就在這裡發現魚鴞足跡。這裡又出現更多新足跡，於是我們喜孜孜地設立更多陷阱樹墩，也在往下游的方向多設幾個，因為這邊看起來對魚鴞而言很方便。我覺得，雖然在謝列布良卡遇到阻礙，但在這裡恢復了動能。

　　然而，過了三天，魚鴞還是沒碰陷阱。我們在夜裡會監視陷阱發報器──安納托里也加入輪班行列，讓我們多點時間睡覺──在白天，我們會搜尋更多狩獵區，不僅限於法塔河魚鴞，還有圖因夏河的那一對；後者的領域緊鄰法塔河魚鴞的南邊，位於安納托里小木屋往下游的方向。去年古德里奇聽見的鳥鳴就是法塔河的那對發出的。

　　圖因夏河河岸帶下層植被是我見過最濃密的一處；我得應付難以穿越、纏繞的低垂植物，也瞇起眼，以免被任性的樹枝亂戳。後來，我發現與其穿著滑雪板，腳底不時被卡住，還不如步行比較快。雖然登山行很耗體力，但步行也是一種宣洩。自我懷疑開始拉扯我的心，就像密集糾纏的樹枝勾住我的衣服；因此這寂靜、新鮮

空氣、體能發揮，以及尋找和找到魚鴞跡象的興奮，提醒我即使沒有捕捉到，這份工作依然有進展。經過幾天，我們辨識出圖因夏那對魚鴞的獵食區域，其中一處很適合捕捉：是兩個水潭的遼闊彎道，淺淺的河水流過布滿卵石的底層。

某天早上，剛過七點三十分，前一晚過得並不輕鬆，無線電波的靜電不斷嬉笑與質問。我關掉了接收器，翻個身，準備睡覺。不多久，我聽到安納托里向隔壁房間的瑟格伊宣布，他打算做布利齊基（blinchiki）當早餐，也就是小布利尼（blini，俄羅斯鬆餅）。安納托里有個怪癖，會不時重複一個字，沒完沒了。接下來的那個小時，安納托里打蛋、混合麵粉、熱鍋，而我在隔壁房間聽到的，就是單一的咒語，「布利齊基……布利齊基……布利齊基……」，大約每分鐘重複一次。後來我起床，速速到桌邊，倒一杯沸水，加入即溶咖啡攪拌。

「你在做什麼，安納托里？」瑟格伊說，面無表情看著我。

「布利齊基。」清楚且快樂的回答傳來。

我喝完咖啡，胃裡裝滿溫暖的小布利尼之後，穿滑雪板，速往法塔河視察陷阱，看看是否有魚鴞可能在附近降落。沿著圖因夏河往北的路程美景不凡：河邊有崎嶇的岩架，有深潭，也有淺淺的急流。這裡的美讓我轉移注意力，不再對捕捉失敗耿耿於懷。晚上不能好好睡覺的日子已經過了兩週，但什麼都沒有，只有在謝列布良卡讓一隻魚鴞落跑。我低頭看看自己：我的身體承受勞動與壓力，

體重減輕了些；而鬆垮垮的褲子沒有皮帶，以長繩子替代。我的鬍子好亂，衣服髒兮兮，裸露的皮膚黝黑，因為長時間在河邊行走，吸收雪所反射的陽光。

當我在法塔河轉最後一個彎，即將來到設陷地點時，瞥見有個棕色的東西從河面升起。是魚鴞低低飛過，從我面前離去。我快速來到捕捉地點，又赫然發現掙扎的場景，以及破損的圈套。我是七點三十分關閉接受器的——大約是日出時分——這表示，這隻魚鴞是那之後才被抓到的，也就是過去一個半小時內的事。那時我試著入睡，聽著安納托里複誦「布利齊基」，並捫心自問究竟哪裡做錯時，有隻魚鴞正在陷阱中掙扎。最後，牠逃脫了，恢復自由。

我們在小木屋裡默默吃午餐，同時自我反省。安納托里想提振我們的精神，說魚鴞可以感覺到我們的焦慮：只要我們改變態度，放寬心，魚鴞就會願意踏入陷阱，問題就會迎刃而解。我們喝茶。沉默更久。

瑟格伊開始懷疑圈套踏網到底管不管用。雖然我沒責怪他，認為這陷阱是很好的，目前來看也值得堅持：問題都來自不熟練。每發生一次錯誤就調整做法，以免重蹈覆轍。雖然如此，瑟格伊決定除了圈套踏網之外[2]，還要再設一對掉落式陷阱，並放在兩個位置：一個設在法塔河，另一個在圖因夏河。他在阿穆爾州就是利用這種陷阱成功捕捉過魚鴞。反正一天比一天失望，於是我同意。瑟格伊從河岸砍些柳樹，一旦穹窿架構準備好之後，他就在上面覆蓋

一些安納托里放在儲藏室的漁網。他拿出從商店購買的冷凍海魚，放到布滿卵石的河底，這樣魚會在腳踝深的水裡擺動，看起來像活的。之後，他在穹窿架上放根棍子。他會使用釣魚線，把魚繫在棍子上，如果有東西移動了誘餌，那這根棍子就會倒下，穹窿也會跟著塌下，把魚鴞困在下方的淺水處。瑟格伊提出這點子時，我不信像魚鴞這麼有警戒心的鳥，會敗給這麼明顯的把戲。

有些儲備糧不夠了，例如麵粉與番茄醬。所以在三月初，在安納托里家待了快兩個星期之後，我們以此為藉口，準備休息一下。瑟格伊和我開二十多公里的車到捷爾涅伊，幫食物補貨。去了幾家商店採買之後，我們開車上山，到古德里奇家，加熱俄羅斯桑拿屋；他說過，即使他不在家，我們也可以自由使用。我們在洗桑拿浴時，雪開始穩穩飄落，默默集結，彷彿要和導致我們二月停工的那場暴風雪較勁。我們擦乾身子，回到貨卡上。離開這座城鎮的主要道路時已經有深深積雪，但是幾輛伐木卡車已經開在我們前方，闢出可行駛的車痕。然而，當我們駛離主要道路，開上較小的那條，前往圖因夏河與安納托里的小屋時，我們把海力士推進及膝的積雪、黑暗的四周，以及一片白茫茫的暴風雪。

19

圖因夏河受困記

俄羅斯流傳著一種說法，我心有戚戚焉：「越強化你的卡車，卡住時，就得往更遠的地方找拖車。」瑟格伊的海力士很有力，我們以為，就算在暴風雪中，開回圖因夏河也不成問題。實則非也！我們離開主要道路兩公里之後，尚在前往安納托里小屋的半途中，卡車已無法動彈。雪太深、太重，車已無法繼續往前犁雪。我們已幫海力士鏟雪幾次，汗水與大雪導致我們渾身溼透。車上有些東西得送到小木屋才行。瑟格伊在風中大嚷，要我先往前走，牽雪地摩托車回來，而他留在後方，設法讓海力士再往前一點。

三月降下幾場超大暴風雪，林中積雪已達半個人高。我順著這條路前進——在貨卡及溫暖乾爽的小屋之間，僅能勉強看見一條通道。如果我能順著今天稍早開車到捷爾涅伊時所壓出的車痕，就不會在雪中陷得太深，也能更有效移動。但由於太匆忙，加上暴風雪讓我糊塗，因此在前往小木屋的一公里半路程，我幾乎跌跌撞撞，兜帽拉緊，對抗不停肆虐的暴風雪，腿深深陷入剛堆積的雪中，頭

燈也沒能發揮多少效用，就像車燈在濃霧中派不太上用場。終於，我氣喘吁吁來到小木屋。安納托里穿著大衣、戴帽子待在外頭。他看見我的頭燈越來越近，而且最後還是回來這時，覺得十分訝異。

「你們怎麼不留在捷爾涅伊？那邊比較溫暖，何況你們不能在這種天氣設陷阱呀！」

在捷爾涅伊時，我相信得回來陷阱這——但安納托里說得沒錯：應該留在那邊。我駕著雪地摩托車，一到森林就得大費力氣，才能讓它保持在路面上。這底下的雪凹凸不平，我似乎無法讓這輛重機器保持在正軌。如果放慢速度，它就會陷入雪中卡住，因此我得盡量保持速度，一下往這邊傾斜，一下往另一邊，不斷奮力避免撞上路邊的樹。我一路上都像被釣起的旗魚，一路扭動掙扎。等終於回到瑟格伊身邊時，已全身是汗，氣自己無法好好駕馭雪地摩托車這麼簡單的機器。瑟格伊很疑惑。

「你在幹嘛？」他是真的不明白，於是盯著我問。「我看見雪地摩托車的頭燈忽隱忽現，你是打閃燈嗎？」

瑟格伊聽我解釋後捧腹大笑，訝異原來我這麼沒經驗，並說在這種雪上，需要以騎馬姿勢駕駛。我聳聳肩，聽不懂他說的俄文，但怒火中燒的我根本不想問清楚。

我們把補給品搬到山葉車上，而我問瑟格伊，他擔不擔心把海力士留在路中央，可能有人發現之後就把車搶走。他不擔心。主要道路和車子之間有兩公里的路上積雪，根本無法通行——沒有人會

發現這輛車。雖然我們本來應該留在捷爾涅伊，但也慶幸幫小屋帶來新的補給品。顯然，在可預見的未來，我們會被困在安納托里的小木屋。瑟格伊控制起雪地摩托車，三兩下就穿過暴風雪。他看見我方才蛇行的痕跡，搖搖頭笑出聲。大雪下個不停，那車痕很快會消失在雪中。

掉落式陷阱的進展並不順利。居於此地的魚鴞對用來當餌的結凍魚興趣缺缺吧，或者不願意走到可疑的有網穹窿下探查。在暴風雪結束後幾天，某天凌晨兩點，瑟格伊和我速速駕著雪地摩托車到三公里外，回應發出嗶聲的陷阱發報器，卻只發現那是假警報：冰導致網子下垂，拉動會啟動信號的繩索。瑟格伊覺得疲憊洩氣，渾身發冷，遂往框架一踹，把穹窿踢爛，之後將殘骸扔進森林。掉落式陷阱的實驗就這樣結束。

捕捉的學習曲線很陡。每個陷阱與捕捉地點，都有許多特定的細微差異。自從二月底以來，我們好幾次差一點點就捉到魚鴞。當初這一季展開時，我們以為捕捉四隻魚鴞似乎是很合理的目標，但我已準備把目標放低，因為我發現，光學會如何安全有效捕捉這些鳥，今年就算夠成功了。今年季節結束時，如果犯下這麼多錯還能捕到一、兩隻，我也心滿意足。今年田野季節已過了一半；如果天氣依然如此，捕捉季可能剩下三、四個星期就會結束。之後，春天會帶來不穩定的冰、水位上升，那樣的條件不適合捕捉魚鴞。

沒有魚鴞、缺乏睡眠、事後諸葛及整體停滯等情況，已延續超過一週。我覺得受困，而發現我們真的受困時，感覺就更加真實。就算想要兩手一攤，拍拍屁股離去，像離開謝列布良卡時那樣重新開始，恐怕也做不到：我們的貨卡還卡在距離一公里半的雪地裡。我試著改變期望。我們今年依然有進展，即使尚未捕捉到任何魚鴞。我還真是自大，自以為能從容接近東北亞研究最少的鳥類，還以為牠們會把祕密告訴我們。

就在我開始認命妥協，接受失敗之際，捕捉到第一隻魚鴞。安納托里往我肩上一拍，說他早就知道會這樣——我要做的就只是改變態度。但事實上，我們也改善了陷阱。直到這次捕捉之前，我們把圈套踏網沿著河岸，放置在希望魚鴞降落的地方，這樣做根本沒效。調整做法可新穎了[1]，之後能在科學期刊發表說明：哄騙魚鴞降落到我們想要的地方。我們打造誘捕漁場（prey enclosure）：是個上方敞開的網箱，約一公尺長，十三公分高，以圈套踏網的剩餘材料製成。我們把箱子放在深度不到十公分的淺水處，底下鋪著卵石，這樣從上面來看就和河段的其他部分一樣，之後能抓到多少魚，就全都放進去——通常是十五或二十隻幼鮭。之後，我們在離河岸最近的地方設立一個圈套踏網。魚鴞會看見魚，想靠近看個仔細，這樣就能捕捉到了。

每年此時，這些河流中最常見的魚是櫻鱒，在所有鮭魚中算是

體型很小的。成熟的個體大約半公尺長，兩公斤重，或說比成年魚鴞體重的一半略多。櫻鱒是太平洋鮭魚中分布範圍最局限[2]的一種，大多在日本海的庫頁島附近，以及堪察加半島西邊。和許多鮭魚一樣，櫻鱒的幼魚會花幾年的時間待在淡水中，之後才遷徙到海洋，於是濱海邊疆區海岸邊的河域充滿這些和鉛筆一樣長的魚。這種豐富的物種對魚鴞來說，是冬季很關鍵的資源。櫻鱒對於當地村民來說，也是很重要的食物來源，在閒暇的日子冰釣時，可以釣個幾十隻。當地人誤以為，冬天發現的小櫻鱒（他們稱為pestrush-ka），和較大的、夏天會來產卵的那種是不同物種（稱為sima）。這讓物種管理更加困難，因為認識夏季櫻鱒商業與生態重要性的人，可能以為冬季櫻鱒是可濫捕的普通物種。

我們安排了陷阱配置的第二晚，法塔河那對魚鴞的雄鳥接近誘捕漁場，吃掉裡頭的半條鮭魚，之後撞到圈套踏網，碰到陷阱發報器。那時水力發電廠已經不再發電，所以我們在煤氣燈旁邊吃晚餐。這時發報器發出聲響。雖然目前我們只碰過假警報，但每次警報觸動時，我們依然嚴肅看待。瑟格伊和我看了一眼接收器，以及它有規律、有信心的嗶嗶聲。我們對看一眼，火速衝出門外，混亂中穿上了羽絨夾克和涉水裝，以及毫不掩飾的緊迫感。

我們踩著滑雪板，前進到幾百公尺外的陷阱。我看見前方瑟格伊的聚光燈打在坐在岸邊的魚鴞身上，牠就這樣看著我們。就像吉姆·韓森（Jim Henson，譯註：1936～1990，美國知名操偶師語

配音員，知名作品繁多，包括《芝麻街》）更陰暗的創造物，這是個精靈鳥，斑駁的棕色羽毛鼓起，背部弓起，耳羽聳立，看起來散發出威脅感。我看過其他種鴞以這種姿勢面對侵略者，讓自己看起來更大、更有威脅感，這樣也有用：這是隻準備好戰鬥的生物。我退縮了，每見到這種鳥類時都會這樣，因為魚鴞實在很巨大。我們腳步加快時，瑟格伊的燈更不平均地照亮這魚鴞，這隻野獸動也不動地站著，在黑暗的冬夜以黃眼怒視著我們。萬籟俱寂，只有滑雪板在雪上發出有節奏的摩擦聲，以及我們的喘氣聲。得趕緊來到這隻鳥身邊，以免牠逃脫，那股迫切之感好具體明顯。

當魚鴞轉過身，往後一退，準備起飛時，我心跳漏了半拍。不過，圈套踏墊的重量牽制了這隻鳥，把牠輕輕拉回地面。這巨大的魚鴞沿著廣大、積雪的河岸笨拙蹦跳，在我們眼前移動，拖著踏網，直到距離我們僅僅幾公尺時，這隻猛禽仰倒在河流邊緣。牠就躺在那邊面對我們，爪子伸長張開，準備在出擊範圍扯下敵方的皮肉。

在非田野調查季時，我在明尼蘇達大學的猛禽中心，學習掌控猛禽，並得知在面對有防禦心的猛禽時，猶豫對誰都沒幫助。我在接觸範圍內，以流體動作揮動手臂，抓住猛禽伸展的腳，撈起這隻鳥。由於身體顛倒又疑惑，這隻魚鴞放鬆翅膀，於是我以空出的手臂先把牠的翅膀拉往身體，之後再把鳥的身體摟過來，好像抱著強褓中的新生兒。這隻魚鴞是我們的了。

20

魚鴞成擒

我們站在緊鄰岸邊的淺流區，穿著氯丁橡膠涉水裝，讓腳與冰冷的水隔離起來。瑟格伊從背包中取出一把剪刀，雖然還喘著氣，仍剪斷圈套，讓魚鴞爪子自由。天空沒有雲，沒有月光。在河水呢喃淙淙流過時，我靠著頭燈照亮，盯著這隻漂亮大鳥的黃眼。魚鴞到手上之後，牠會做何反應？有些猛禽很溫順，但有些猛禽，例如隼，在受到局限時便會一直扭動與對抗[1]。兀鷲會把長脖子拉長，以可怕的鳥喙攻擊捕捉者的頸動脈，彷彿理解到只要命中目標，就能讓綁匪血流如注，好不嚇人。我沒看過如何控制野生魚鴞成鳥的相關書面紀錄，就連蘇爾馬奇也不曾抱過一隻成年魚鴞。

外頭實在寒冷無比，因此我們小心把這隻抓來的魚鴞帶回溫暖的小木屋，安納托里幫我們清理後面房間的桌子。我們可以在這裡收集需要的測量數據，抽血，為這隻魚鴞繫上識別腳環，以免在寒冷的外頭失去手指的靈活度。我們發現，魚鴞在人的手中非常平靜。當我們戳弄牠的時候，牠就驚嚇得靜靜躺著，幾乎不抵抗。像

這麼大的鳥在自然界沒有多少天敵，我懷疑這個經驗不只對我們而言是新的，對牠來說也是。為了安全起見[2]，我們把這隻魚鴞包在簡單的約束衣中，那是猛禽中心的志工為魚鴞特製的。這隻魚鴞重二點七五公斤——幾乎是雄性大鵰鴞的三倍——單邊翅膀的長度為五十一點二公分，尾長三十點五公分。雌魚鴞比雄魚鴞大[3]，這模式在多數的猛禽中都存在，但關於魚鴞體重的紀錄很少，因此我們很難確定自己抓到的是什麼。事實上，這是俄羅斯大陸的第一筆魚鴞體重紀錄[4]，而從這島嶼的亞種當中，也只有四筆雄鳥（體重範圍是三點二到三點五公斤）和五筆雌鳥（三點七到四點六公斤）的紀錄。我們不知道某亞種是不是天生比另一種亞種大。由於我們捕捉到的這隻比已發表的紀錄要輕，又已經有成年鳥的羽衣，因此知道這不是幼鳥，並推測是住在這邊的留鳥。當時我們還不知道，從尾部的白色比例，就能輕鬆分辨魚鴞的性別。

接下來就是發報器。我們依照大型猛禽已確立的標記附加規範[5]，在左右翅膀套上環帶，口紅大小的發報器位於鳥背中央，像背包一樣，還有一條側帶跨過背部，把所有部分固定起來，長天線沿著身體的輪廓，對著尾巴。我首先是鬆鬆地固定這些零件，從腳部把鳥抬高，釋放牠翅膀的壓力，讓牠能拍動翅膀。這個過程讓發報器與固定器能自然安置在魚鴞濃密的羽毛間。之後，我測試這裝備，重複過程，直到發報器和背帶能穩穩固定。如果太鬆的話，發報器就會笨拙地到處動，妨礙飛行或獵食；如果太緊，背帶又會擠

壓到這隻鳥，好像增加體重時穿著馬甲。冬季已經接近尾聲，當然是動物精瘦的時節，而這隻魚鴞可能來到一年中最輕的時刻。牠會在春、夏、秋增加體重，屆時河川會融冰，能讓牠找到更多食物。在安裝背帶時，需要考慮到魚鴞會增加體重。

　　我們得決定怎麼稱呼這隻魚鴞，這項計畫捕捉的其他魚鴞也需要命名。我們只顧著捕捉，完全沒思考過取名。關於如何稱呼研究對象，在整個學術界已引起爭議，有些科學家主張，取名會促進熟悉感，導致結果出現偏誤。舉例來說，研究者可能不太認為，一隻名叫勇者心（Braveheart）的獅子可能會殺害幼崽。然而，命名採用區域名稱已有先例可循[6]：附近森林就有戴著特高頻（VHF）項圈的老虎，名叫奧爾加（Olga）、沃洛迪亞（Volodya）和戈雅（Galya）。最後，我們採取較傳統的做法。既然我們捕捉到的魚鴞是住在穩定的領域，我們就會以領域名稱和性別來稱呼這隻鳥。於是，這隻魚鴞就稱為「法塔哥」（Faata male）。

　　我們再三確認其無線電頻率、妥善記錄腳環辨識物，然後帶牠沙沙地穿過雪地，去安納托里家後面的空地。瑟格伊把這隻安靜的魚鴞放到地上，尾部朝著我們，之後他就走回來。法塔哥疑惑地靜靜坐了一下子，才明白牠自由了，遂快速振翅起飛，朝河邊飛去。我再度打開接收器，確保穩定的清楚節拍都還在。在經過一年多的規畫，以及數個星期的失敗，遙測計畫終於啟動。

　　瑟格伊和我握手，彼此道賀，興高采烈回到溫暖的小木屋。我

們曾為捕捉到魚鴞的慶祝時刻保留了伏特加，這時我拍掉酒瓶上的灰塵，大家分別斟了幾杯。安納托里搓磨雙手，帶著微笑，切點麵包與香腸。主人暈了。瑟格伊和我一掃心頭累積很久的陰霾，安納托里陶醉在這次歡慶氣氛中。他不太會喝酒，但這種喝酒機會可不多，他不會放過此刻。我們享受食物，把酒言歡，品嘗勝利的滋味。那晚我就寢時，是幾週以來頭一次深沉、不受打擾的睡眠。

　　隔天早上，我們重新把焦點放在捕捉下游方向的魚鴞，也就是圖因夏河那一對。在距離安納托里的小木屋兩公里、距離圖因夏河陷阱七百公尺處，有座小小的狩獵小木屋，以落葉松原木搭建而成。我們駕著雪地摩托車，轉移陣地到那裡幾晚。前幾天，我們在更下游的地方發現圖因夏河這對鳥的巢，那是在八公尺高、頂部被破壞的白楊樹上，那棵樹沒有樹枝，筆直聳立，像是一座高塔，屹立在糾結的堡壘之間。巢裡有正在孵蛋的雌魚鴞冰冷地看著我們。這表示，只有雄鳥可以捕捉：只要雌鳥必須幫蛋保暖，就不會飛太遠，至少天氣如此寒冷時是不會。在河邊找到一些魚鴞足跡後的第一晚，我們設好誘捕漁場，裡面滿是幼鮭魚，以及幾隻花羔紅點鮭（Dolly Varden trout），沒有把圈套踏網一起擺上，只想知道「圖哥」（Tunsha male）會不會發現。牠果然幾乎立刻發現，也把所有的魚都帶走。隔天夜裡，我們把圈套踏網放在岸邊，在誘捕漁場裡放更多魚，然後躲到河邊彎道外看不到的地方。沒等太久，圖哥傍

晚就來了，很高興發現更多魚，毫不猶豫就進入陷阱。就像法塔哥一樣，這隻魚鴞在我們速速朝牠前進時，牠為了防衛而翻倒在河邊，爪子在瑟格伊的聚光燈下閃閃發光。牠伸長腿，表示比較容易抓。就這樣，我們抓到了第二隻魚鴞。就行為上來說，圖哥和法塔哥挺像的：溫順，驚嚇到無法動彈。牠的體重是三點一五公斤，比上次抓到的重，若不是方才見到雌鳥坐在巢裡，我們可能以為這隻是雌鳥。我們快速進行，把發報器和腳環裝好，一小時後就繫放。我們決定不要在又小又擠的獵人小屋裡多待一夜，而是帶著得意的心情，在那天晚上就回到安納托里的小木屋。

捕捉到這兩隻相鄰區域的魚鴞之後，我們就以定向天線，記錄第一批研究動物的位置。法塔哥仍在被捕捉之前的棲地出沒，兩對鳥都繼續二重唱。這些是明顯的指標，顯示捕捉經驗對牠們而言並未造成創傷，而牠們也回歸到平日常軌，讓我們鬆了一口氣。我們還是想捕捉「法塔姊」，這隻雌鳥似乎不在巢中。我們在法塔場址的誘捕漁場裡再度放些誘餌，重綁圈套，去附近森林等待日落。再一次，日落後一個小時就抓到鳥了。原來，誘捕漁場就是我們在捕捉過程中，一直沒放上的最後一塊拼圖。這下子，信心與經驗值都提升了。

這隻魚鴞比先前捉到的兩隻還大，重達三點三五公斤，比配偶重百分之二十，雖然翅膀與尾巴量起來差不多長。這隻從頭到尾六

十八公分，稍微比圖哥略大。牠的行為卻明顯和之前捕獲的魚鴞不同。前兩隻捕獲的魚鴞都是雄性，相當溫順，但這隻雌鳥可不願乖乖忍受這麼沒面子的事。瑟格伊來測量鳥喙時，牠就猛力一啄瑟格伊的手指，畫出血跡，而我和瑟格伊在工作時，我緊抓牠，但是牠不停在掙扎。這是性別之間最有特色的差異嗎？牠和老公一樣，繫放後沒有暫停，立刻速速飛走，有目標地朝遠處離去。

　　我們已完成在這個地點能設的所有陷阱，於是在三月二十二日時收拾離去。卡車受困在積雪中，我們已滯留在安納托里的小木屋十七天。我們把大部分的食物留給安納托里，將剩下的裝備固定在雪地摩托車的雪橇上，讓安納托里騎乘雪地摩托車，載我們到仍困在森林道路中央的海力士。車就位於積雪的白色平原上，只有經過的麋鹿和赤狐的足跡打擾。我們花了將近三小時剷雪、推車與咒罵，才讓它移動兩公里，回到主要道路上。我們向安納托里道別，於是他騎著雪地摩托車回小木屋。瑟格伊再過幾個星期，會回來取雪地摩托車與拖車，屆時雪會更穩定，或者完全融化，這樣我們也能開著海力士到小木屋。

　　開車回到捷爾涅伊後，我們休養生息一晚，在約翰家喝啤酒，洗俄羅斯桑拿浴，之後眼光拉回謝列布良卡河。現在的我們比較平靜，也更有信心。誘捕漁場只不過就是一箱魚，但只要在河裡放這麼個漁場，我們就能好好睡一晚，放鬆一下，直到魚鴞找到這獵物。我們每天都在檢查這個地點，看看旁邊河岸有沒有魚鴞來過的

證據、足跡或者魚類血跡，之後在夜裡架設真正的陷阱圈套踏網。我們會躲在附近魚鴞看不到的地方，帶著接收器，如果魚鴞落入陷阱就會發出警報聲，這樣就能抓到這隻鳥，在睡覺時間之前回到家。

接近三月底時，我們在謝列布良卡河設立誘捕漁場，裡頭有將近十二條活魚。到了隔天早上全都不見了，附近的雪上散布著魚鴞足跡。我在河岸上設立圈套踏網時，瑟格伊在冰上鑿個洞，把魚鉤放下去，以補充魚餌。那天晚上，我們就設好陷阱。幾個小時都沒釣到魚，我開始焦慮地看時鐘。我們已經有個隨時可以捕捉的地點，不出幾個小時，八成有隻魚鴞會進入陷阱，但我們卻連一條魚都抓不到。我們憂心如焚，翻找起河裡的岩石，抓十幾隻懶洋洋在冬眠的青蛙。魚鴞幾乎只在春天抓青蛙[7]，所以我們猜想，說不定蛙也能成為可口的誘餌。我們把蛙放到誘捕漁場，牠們都縮在角落，像平滑的深色石頭。我們再度確認圈套踏網已備妥，套索直立，打結處能自由滑動，之後就躲到河彎處，等待天黑。

晚上七點四十五分，陷阱發報器警報大作，我們趕緊前往河岸，朝陷阱前去。是假警報。有魚鴞來過，我們看見足跡了，但牠從另一邊接近獵物圈地，只是撞到發報器並啟動它。魚鴞並未踩到圈套毯上，我們一接近，牠就飛走了。看來要準備度過漫漫長夜。方才沒料到要等待那麼久，因此沒有做足準備，沒帶睡袋或厚外套來防風禦寒，只背著裝捕捉器材的背包，就默默窩在河邊附近。夜

色越來越深，我們在陡峭河畔偽裝。不知道魚鴞對於稍早的驚擾會做何反應……那天晚上還會回來嗎？晚上十點半，在等了差不多三小時之後，發報器再度發出聲音。瑟格伊和我起身奔跑，靠著頭燈引導，穿過黑暗。這隻魚鴞和其他隻一樣，仰躺在河邊緊實的雪上，我們一接近，牠就伸出爪子。瑟格伊速速一撈，魚鴞就在他手中。河岸很窄，很難自在地工作，所以我們把這隻鴞帶到方才等待的地方，在那邊處理。從重量來看——三點一五公斤——我們判斷，這就是住在這裡的雄鳥。我們測量、抽血，裝上發報器背帶。

當我接手抓住這隻魚鴞，讓瑟格伊裝上腳環時，魚鴞胸部的羽毛冒出一隻鹿虻。這種身體扁平的寄生蟲約莫和十美分的硬幣差不多大，有長而肥壯的腿。顧名思義，鹿虻經常寄生在這種哺乳類動物上，落到未來宿主身上時，會穿過厚厚的毛髮（或羽毛），來到皮膚，這樣即使在寒冬，也能在血液與體溫的微宇宙生存下來。這些年我常看到這蟲子，但從沒想過這種蟲也可能寄生在鴞身上。牠肯定是認為這隻鳥變成沉船了，得另謀出路才行。

「嘿，」我對瑟格伊說，好奇地望著這蟲子。「有隻鹿虻。」

瑟格伊只顧處理腳環上捲縮的金屬，心不在焉地回應。這隻鹿虻開始朝我這移動，慢慢靠近，但我無法對抗——我一手抓著魚鴞的腳，另一手則按著牠合起的翅膀。要是放手，這隻魚鴞可能會傷害自己，或一爪抓住瑟格伊的手。

「嘿。」我提高警示聲音說，這時鹿虻從魚鴞爬到我手臂上，

之後來到我肩上，抵達我露出的脖子。這時我用吼的。我感覺到這蟲子鑽我鬍子深處，窩在我下顎。這下子我啥都不能做，只能以能使出的俄文，天花亂墜咒罵與懇求現在哈哈大笑的瑟格伊，要他掌控這隻魚鴞。他抓住魚鴞後，我趕緊把鹿虻從臉上捏出，往雪地上一彈，彈得越遠越好。

21

無線電靜悄悄

　　雖然我們在本季之初吃了不少苦頭，所幸結束時頗到位，我覺得挺驚喜的。四隻魚鴞中，有三隻是在五個夜晚中就捕捉到的，時間點相當幸運，因為白天的溫度通常是在冰點以上。下一次的劇烈天氣是下大雨，不再是降雪，預示今年的捕捉季已到尾聲。除了融冰時會增加行進的困難，河水會因為春天的融冰而混濁，魚鴞無法看到誘捕漁場裡的誘餌在游泳。

　　過去幾個月著實壓力大。過去幾年來，我曾參與許多其他野生動物的捕捉，從檢查為老虎與山貓的圈套線索，到從霧網上拉下幾百隻鳥都經歷過。但在那些環境下，捕捉方案都是確立的，甚至有幾年甚至數十載的過往知識可依循。我也一直擔任田野調查助理或志工，不用負責，一切安好。如果事情出了岔子——比如老虎斷了根牙，或老鷹從霧網上搶走一隻稀有鳴禽——也不會把錯算到我頭上。

　　然而，這項計畫的責任扎扎實實是我該扛起，尤其最重要的，

是保護這些瀕危魚鴞的生命。倉促設立圈套恐怕會導致鴞少根腳趾。陷阱若太接近河邊灌木叢，被陷阱困住的鳥可能在試圖逃脫時翅膀斷裂。一旦捕捉到鳥，一堆事情都可能出問題，而繫放鳥類時一定要完美。在整個田野調查季，這些念頭不斷浮現在我腦海，壓力在身上的展現就是體重減輕，而對心理的影響就是導致睡眠缺乏。

　　然而，知道我們那年已盡量讓捕捉到的鳥飛遠，這階段的工作大功告成，倒是可以鬆口氣。冬末初春，工作重點轉換到監測。我們在捷爾涅伊的舒適環境過夜，在正常時間吃熱騰騰的餐食，三不五時就在約翰的俄羅斯桑拿房享受蒸氣浴。我們會在白天與夜晚，悠閒地在謝列布良卡、圖因夏與法塔河谷的道路上開車，以三角定位，收集每隻標記魚鴞的移動資料。我們不時在與魚鴞領域平行的道路停下車，把接收器調整到那隻魚鴞的頻率，並在空中慢慢揮動鹿角般的大型金屬天線，判斷發報器最強的訊號來自哪個方向。然而我們學到，這種在野生生物研究中屢見不鮮的做法，不僅是科學，也是藝術。比方說，如果一隻鳥坐在山谷邊緣，那麼訊號就可能在附近的山崖反射，隱藏這隻魚鴞真正的位置。這麼一來，定位就不會精準——相差幾百公尺——無助於讓我們理解究竟魚鴞在哪裡。另一個例子是，如果魚鴞在河岸獵食，而不是棲息在樹木高處，訊號可能會比較弱（也會看起來比較遠）。

　　我揮動著像是非主流藝術的玩意兒，覺得有點尷尬，因為伐木

工與漁夫經過時會放慢車速，看看我們。但是捷爾涅伊的居民已習於看科學家以這樣的裝置追蹤老虎，因此在這，我們行動的怪異程度，或許在居民眼中不會比濱海邊疆區的其他地區高。的確，大家都認為這些天線很適合用來追蹤老虎，而那幾個看見我們的人，也會告知親友。接下來幾個星期，我們成為這條路上的奇觀，加上我們的「尋水術」是在尋找魚鴞，而不是水，於是謠言開始在捷爾涅伊流傳，說大量老虎在圖因夏河谷出沒，前往那個方向的漁夫要小心。我們也在森林裡使用天線，於是對鹿與駝鹿都有新的理解：會想到牠們，是因為我拿著像鹿角般的天線，辛辛苦苦通過下層植物，一會兒勾到這，一會兒又卡到那，很佩服那些有蹄類動物頭顱頂著像這樣的東西，竟能在河谷閃躲老虎和獵人。

　　我們才剛開始進行這項工作，期盼這些早期的資料點會透露出對這些魚鴞而言重要的位置。確實如此。最後我們拿到數百個新取得的位置，並輸入GPS裝置，之後才前進魚鴞領域的森林與河川，導向魚鴞似乎會花最長時間停留的地方，也更熟悉這些魚鴞稱為家園的地景。我們沿著河流，尋找狩獵地點，以及白天休息的棲息地。在圖因夏領域，我們用高瘦的柳樹幹打造出一道梯子，並扛著這梯子穿過河谷，前往巢樹。我們在那邊找到一個白色的蛋[1]，大概比雞蛋大百分之二十。像魚鴞這麼稀奇的鳥，蛋看起來其實平凡無奇。

正當森林從冬天的槁木死灰，變成樂觀洋溢的春天綠意時，瑟格伊和我最後一次一起吃飯；之後，我在四月中前往海參崴，蘇爾馬奇到巴士站接我。我和他見面幾天，描述這一季的情況，並開始規畫下一季。我們要在捷爾涅伊找幾位田野助理，在我離開此地時，幫有標記的魚鴞收集移動資料；好幫手可不容易找。我們使用的設備理論上也能追蹤老虎，因此得找能信賴的人。由於這項工作需要開車，但時間無法預測，因此田調助理務必隨時都能有車可開。在捷爾涅伊這麼偏遠的村莊，沒有多少人有車，這些條件讓人選大幅減少，只剩下區區幾人，而且這些人未必願意徹夜未眠，步行穿過陰暗森林。

蘇爾馬奇和我也開始討論起未來計畫，即使回到美國，仍花幾個月與他商量。我打算在二〇〇八年二月回到俄羅斯，屆時除了已在捷爾涅伊抓到的三對魚鴞之外，也會把努力焦點放在安姆古。我在明尼蘇達大學聖保羅校區修習地景生態學、野生動物法規及森林管理。我不僅需要學習魚鴞去哪裡，也得詮釋牠們在那邊做什麼，並把這些資訊變成保育計畫，而對濱海邊疆區的森林與產業來說，要實際可行。

我每個月會收到瑟格伊提供的新消息，田野助理也會盡責收集魚鴞的移動資料。並不是所有的資訊都很正向。在二〇〇七年秋

天，瑟格伊聽聞，捷爾涅伊有個獵人吹噓自己射殺一隻大型貓頭鷹，於是他設法回應，追蹤到那個人。對方是個十幾歲的青少年，雖然年紀輕輕，但在鎮上已是有名氣的盜獵者。事實上，他和瑟格伊見面時，開口就提到他有價格很漂亮的熊膽[2]。瑟格伊把話題轉向魚鴞，不過這男孩拜託他別管這檔事。瑟格伊追問，說服他我們關注的是科學，而不是懲罰：我們只想知道那是不是魚鴞，如果是的話，會不會是我們的魚鴞？這男孩承認宰了鴞，並帶瑟格伊去謝列布良卡河谷看那隻鴞的屍體。那裡距離謝列布良卡和圖因夏領域不遠，且因為時間已久，又有食腐肉動物，因此屍體四分五裂。瑟格伊發現一隻翅膀、一條腿、被子彈打中的頭顱，還有雜色羽毛。是魚鴞。這隻鳥的腳上沒有腳環，而這男孩說，反正現在沒理由隱瞞什麼，要是他當初殺了這隻鳥時，若有腳環應該會有印象。瑟格伊問，為什麼要射殺這隻鴞，盜獵者說就是運氣：他想取得新鮮的肉，當作紫貂陷阱中的誘餌，又剛好遇到這隻鳥。我覺得反胃。這男孩不是在自家後院扭斷雞的脖子，而是射殺瀕危物種，只為了少少的肉。他不知道魚鴞瀕臨滅絕，直到瑟格伊告訴他，但這資訊不會引來任何反應：免費的肉就是免費，每張貂皮可以賣到十美元。

如果這隻魚鴞不是我們辨識過的鳥，那牠是從哪來的？我們知道，在捷爾涅伊區只有兩隻魚鴞沒有腳環：謝列布良卡雌鴞（Serebryanka female，「謝姊」），還有圖因夏雌鴞（Tunsha female，「圖姊」）。這隻死去的魚鴞是其中一隻嗎？這消息實在疑點重重，

令人沮喪，但在世界另一端的我卻束手無策。十二月時，我更苦惱了，那時我還在明尼蘇達州，還得再過幾個月才能出發返回俄羅斯，屆時情況會更加險惡。雖然一再努力尋找魚鴞的位置，但田野助理回報，發報器默不作聲。這種科技很可靠——每個發報器應該能維持好幾年——就算發報器有問題，也不可能全部同時失靈。我內心深處有個合理的解釋徘徊，雖然我設法置之不理：四隻魚鴞都死了。我在二〇〇八年二月抵達俄羅斯時，解開這謎團就是優先任務。

我加入一支團隊，成員包括瑟格伊、田野調查助理蘇里克（二〇〇六年薩瑪爾加河遠征的成員），還有安內托利・楊琴科（Anatoliy Yanchenko，本季新成員），而我們的第一個行動，就是在捷爾涅伊附近的魚鴞領域巡邏道路，確認信號，傾聽魚鴞鳴叫。楊琴科是蘇爾馬奇雇用的人，只在本季的頭幾週會協助捕捉。這個禿頭男子個性憤世嫉俗，是五十六歲的隼訓練者。他人生中有二十四年待在楚科奇（Chukotka）[3] 的煤礦，地點與職業無疑是悲慘的結合，讓他有悲觀和規避風險的傾向。我喜歡楊琴科，聽說他善於捕捉猛禽，但可能會是個冷酷的夥伴。

回到捷爾涅伊外的森林時，去年春天我收到魚鴞強烈信號的地方，這回接收器只吐出空蕩蕩的靜電干擾。我內心往下沉：魚鴞真的不見了。接近傍晚，我在圖因夏領域流連，盼能碰上意外奇蹟，

聽見魚鴞鳴叫，只是沒有真的抱太高期望。我擔憂不已：研究計畫分崩離析，而我可能是造成四隻瀕危鳥類死亡的共犯。

在傍晚暮色下，這些念頭在我心中揮之不去。然而，我站在圖因夏河邊的道路上，聽到住在這邊的魚鴞夫妻開始對唱。那聲音渾然有力，深沉樸實的聲波穿過冬天的森林。我知道，要聽到魚鴞的鳴叫，要有適當的時間、完美的環境——田野調查助理就是忽視這些條件。鳴叫來自河谷對面的山腳下，我知道巢樹就在那邊。我聽了幾分鐘，在逐漸昏暗的冬季夜色中浮現微笑，彷彿魚鴞向願意傾聽的人說，牠們還活著。之後，我想起訊號都靜悄悄了，於是從外套掏出接收器，把它打開。即使魚鴞在嗚嗚叫，但依然只有靜電干擾。魚鴞還活著——至少這兩隻活著——但這計畫依然有風險。我得知道為什麼發報器不管用。

接下來幾天，我們都在巡邏法塔與謝列布良卡領域，探察與傾聽生命的證據。我們聽到謝列布良卡那對魚鴞在其領域鳴叫，但同樣發現，即使距離只有幾百公尺，依然沒有訊號。發報器電力充足，我們應該在幾公里外就聽到訊號。這樣只剩下法塔領域還有疑慮，所以楊琴科和我開車到安納托里位於法塔河與圖因夏河交會處的小木屋，看看他有沒有任何消息。

安納托里歡迎我們。他知道二、三月是魚鴞的季節，因此一直預期我會回來。安納托里的小木屋裡乾乾淨淨，連牆壁和天花板都上了一層新的白色油漆。去年秋天，有些粉紅鮭在圖因夏河逆流而

上，安納托里忙得很：濃郁黏膩的香氣從煙燻房飄出來，好幾十個攤開的鮭魚屍體就紅紅地掛著，在朝向日光的屋簷下乾燥。我注意到，在圖因夏河上方懸崖樹立的破舊涼亭不見了。安納托里說，去年夏天颱風襲擊時，涼亭被吹垮，落入水中被沖走。

喝茶時，安納托里說，他整個秋冬會不時聽到法塔領域的魚鴞鳴叫，有時候就近在小屋對面的河岸岩架上，亦即我去年冬天發現羽毛的地方，甚至有魚鴞就在小木屋的屋頂上鳴叫。安納托里在回憶這件事時還笑了：那隻魚鴞突然爆出如雷的聲響，從四面八方襲擊而來，讓他突然起身警醒，睡意全消。

這些消息讓我放心，魚鴞並未長期消失，沒有任何魚鴞夫妻被替換。我們去年抓到的魚鴞，應該就是現在聽到的這幾隻。那麼，發報器失靈了嗎？還有，瑟格伊在二〇〇七年秋天發現的屍體究竟是哪隻魚鴞的？我們知道的領域似乎都有魚鴞居住。莫非在短短幾個月，四隻有標記的鳥都消失了，被新的鳥取代？但這似乎不太可能，因為魚鴞壽命長，行為上有領域概念，而且幼鳥要三年才會性成熟[4]。如果我們聽到的鳴叫是來自新的魚鴞，這就表示，原來那一對的其中一隻（或兩隻）已經死了或消失，立刻被新的成鳥取代。如果這點為真，那麼這附近會有大量尚未配對的魚鴞族群躍躍欲試，爭取這些釋出的領域。這種情況在日本北海道的部分地區是可能的[5]，那裡積極的保育努力讓魚鴞族群恢復數量，在某些地方，準備繁殖的鳥比可以繁殖的地點還多。然而，在捷爾涅伊區域

的調查卻找不到證據，顯示有等待繁殖的魚鴞族群存在。另一個可能的情況是，所有魚鴞背著的發報器同時失靈，但這也不太可能。唯一確知究竟是怎麼回事的辦法，就是把這些領域裡的魚鴞，重新捕捉回一隻或多隻。法塔領域是合理的著手點，因為法塔哥與法塔姊都有標記，因此抓其中一隻就能略知一二。然而，迫在眉睫的考量是，再次捕捉到魚鴞簡單嗎？有些動物會「避陷阱」（trap shy）——換言之，在最初捕捉到之後，就很難再騙到這隻動物第二次。舉例來說，阿穆爾虎[6]通常會避開之前被捕捉時的整體區域，即使已經事過境遷許多年。魚鴞會不會也閃躲陷阱呢？

22

魚鴞與鴿

　　楊琴科使用多格札霧網（*dho-gaza*）當作陷阱，這是猛禽捕捉界的主力工具[1]，我很樂於親眼瞧瞧這東西如何實際應用。這種網狀陷阱有纖細得幾乎看不見的黑色尼龍網，長寬各兩公尺，會放在某種誘餌及預期捕捉的目標鳥路徑之間。有時候，誘餌是大型掠食者[2]（例如大鵰鴞），目標是引誘領域的猛禽配偶展開防禦性攻擊。在其他情況下[3]，誘餌則是獵物，例如小型囓齒類動物或鴿子，通常是當候鳥型猛禽的陷阱時派上用場，這類猛禽會找能快速抓了就走的獵物。這時，一張網子會懸掛在兩根柱子之間，網子的四角有圈圈，掛在柱子可彎曲的細鐵絲鉤上。在這種不固定的連接方式下，網子會鬆鬆地包住任何快速衝撞而來的東西，例如襲擊獵物的大型猛禽。網子下端的其中一個角落綁著一段長繩，繩子會連結重物，因此鳥一被網子纏住，就無法飛遠。

　　我們需要誘餌，因此楊琴科在捷爾涅伊時，閒逛到一處穀倉，隨手抓了兩隻野鴿帶過來。「牠們不會料到你真的要抓，」他解

釋，「所以還挺容易抓到的。」他拉起遮蓋著海力士車斗的紅色油顫布，露出小小的鐵籠與一包鳥食，看來他是有備而來。這不是他第一次幹綁架鴿子的勾當。

回到安納托里的小木屋後，楊琴科和我一起往上游滑雪，到去年冬天的捕捉地，我也想起去年剛開始嘗試捕捉時吃的苦頭，所幸最後苦盡甘來。楊琴科帶著其中一隻鴿子，自鳴得意地夾在胳臂下。雖然魚鴞善於獵捕水中生物，但楊琴科說，魚鴞不會放過任何容易獵殺的獵物，尤其是在匱乏的寒冬時節。我們發現，去年捕捉季節設下陷阱的水域旁，似乎有隻魚鴞就棲在一株倒塌樹木的裸露樹根上。楊琴科速度往前大約二十公尺，在鴿子腳上綁了可繞圈的皮繩，以木樁將牠固定在地上，然後撒下鳥飼料。這隻鴿子可以到處走，但走不遠。我們停下來，觀察一隻灰伯勞在上方樹冠追逐著一隻看不出種類的鳴鳥，之後，我們就把多格札霧網掛在棲木與鴿子中間。鴿子帶點好奇與懷疑看著我們，隨後到處走，啄食地上的種子。我在網子末端裝上發報器，一行人隨後回到小木屋等待。如果有東西撞上網子，我們會立刻得知。

楊琴科和安納托里喝茶打交道時，放在桌上的接收器以小小的音量，在大家聊天時發出嗡嗡雜音。安納托里就和去年一樣怪里怪氣，宣稱附近那座山是中空的，穿白袍的人住在裡頭。只要挖十二公尺深，就會抵達那個與世隔絕的小地方，白袍人守著洞穴裡的地下水庫；安納托里從半山腰的湧泉汲水時，活水來源就是那座地下

水庫。他說，山腰的寺廟原本曾有階梯通往水庫，但入口已在幾個世紀前堵住。在傾聽時，我細看楊琴科的臉有何反應，但是他又大又深的棕眼展現得冷冷靜靜，宛如一層紗，遮掩內心想法。

「十二公尺沒那麼深。你為何不乾脆就挖到那邊就好？」楊琴科最後以低沉平板的語調詢問，表情仍沒改變，因此我無法判斷他究竟只是想要打破冷場、挪揄安納托里，或是認真提問。

「不深？」安納托里反駁。「挖十二公尺？你在開玩笑嗎？」

就在這時，陷阱發報器響起。那時日落才過十五分鐘。我想，這樣也太輕鬆了吧，可能是假警報，但楊琴科和我還是飛奔到外頭，套上滑雪板，速往上游的方向前去。在那邊，有隻陰暗的身形被雪地上的多格札霧網纏住，牠是在高速衝撞網子之後，像雪茄菸一樣被緊緊包起。是隻魚鴞，而且從腳環來看，是法塔哥。鴿子毫髮無傷，把繩子拉到距離魚鴞最遠的地方，動也不動地看著。我抱起魚鴞，楊琴科則幫牠解開糾結的網子。和去年一樣，法塔哥很乖順，但也重了些，達到三公斤，比去年冬天多出兩百五十公克。起初我以為發報器不見了，不過，手往濃密的羽衣一探，就感覺到發報器還在，貼近鳥的皮膚。我把鳥羽往旁一撥，好看個清楚，遂立刻明白為何收不到訊號：發報器上面滿是鳥喙刮痕，天線早就從發報器底下被扯掉，不知掉落何方。法塔哥花了九個月，發現裝置的弱點。這個發報器對牠、對我們來說都沒用了，所以我們把背帶解開。雖然有備用發報器，不過機型和法塔哥破壞的相同，再裝一個

只會發生同樣的問題。我們心生無奈，又別無他法，只得放走法塔哥，同時計畫下一步。

正如有些鳥類較容易掉入某些陷阱中，不同的鳥物種對發報器也有不同的反應。有些猛禽（例如大鵟鷹）常會啄斷背帶的材料，盡快擺脫裝置，而其他鳥則對於額外的重量似乎不太在乎。一項二○一五年的研究[4]顯示，在西班牙，超過一百隻有標記的黑鳶（Black Kite）當中，只有一隻移除背帶。我們似乎知道魚鴞會如何反應：牠們會攻擊發報器的天線。如果魚鴞破壞裝置，我們該如何監測其移動？眼前情況顯然是一大挫折。

釋放法塔哥之後，我快速測試一下，看看發報器在沒有天線的情況下，能在多遠的距離偵測到。我把魚鴞破壞的發報器，固定到安納托里房子旁的空地樹上，打開接收器，之後慢慢移動，直到嗶嗶聲停止。我大約移動了五十公尺——這就是魚鴞身上的發報器損壞時，我還能收到訊號的最大距離。可惜的是，魚鴞不會讓人靠這麼近，如果我距離魚鴞不到五十公尺，很可能已經看到牠了。我只能假設法塔妹、謝哥與圖哥身上的裝置，都因為相同理由失靈。

幸好我有辦法，多多少少解決這個問題。在得知魚鴞會破壞發報器之前，就知道不能在安姆古區使用這種裝置。發報器需要有人能親自到場，記錄方位，將魚鴞的位置三角定位。對我們團隊來說，安姆古區實在太偏遠，無法經常造訪。我反而是把小筆經費湊在一起，買了三個GPS資料記錄器[5]。這三個裝置可以用和發報器

相同的背帶系統，裝在魚鴞背上，但不會發出無線電波，而是每天收集幾個GPS位置，維持六個月，且可重新充電。不過，這種裝置也有缺點。第一，每個裝置的費用將近兩千美元，大約是無線電波發報器的十倍。第二，這些裝置是資料記錄器，只收集與儲存資料。為了取得收集到的資訊，得重新捕捉這些魚鴞，下載資料。這可能是大問題；如果我們標記的魚鴞死了、消失，或閃避陷阱，則資料就會丟失。

楊琴科無法陪我們太久。他住在海參崴附近，家中還有妻子與蒼鷹要照顧，所以協助解決發報器謎團之後，就留了個多格札霧網給我們，自己開卡車南下離去。我們還規畫了更多偏遠地區的捕捉行動，不能只靠著捷爾涅伊或安納托里小木屋內的溫暖床鋪，所以柯利亞・戈拉赫（Kolya Gorlach）開著GAZ-66來到捷爾涅伊，這是一輛綠色大卡車，看起來像屬於軍事縱隊。接下來的田野調查季，我們就會住在這輛車裡。

柯利亞個子高瘦，在蘇爾馬奇的研究團隊擔任司機與廚師已有十年以上的資歷。這人挺粗魯，卻是不會害人，相當討喜的那一種：容易生氣，滿不在乎基本衛生與個人舒適。柯利亞年輕時偶爾會因為「流氓行為」遭警方監禁，身體又有大量刺青。他在其中一腳紋有「我們地位相同」，另一腳則是「西伯利亞」，藉以肯定他在一九七〇年代，雄心勃勃加入貝加爾・阿穆爾鐵路（Baikal-Amur

Mainline）計畫，整頓起森林的那段歲月。他在一九八〇年代，在戈巴契夫反酒精的活動[6]中，曾短暫擔任啤酒釀造廠的司機，那時啤酒是珍貴的管制商品。他說，他開著卡車離開工廠，送貨到商店或酒館時，感覺像是大型閱兵遊行，後面有一群飢渴的蘇聯人想把握珍稀的機會，用冰涼的拉格啤酒浥潤味蕾。甚至還有車會掉頭來跟隨他；他們不知道他要上哪去，或目的地有多遠，只因為他有啤酒，而那些人想喝點啤酒。他記得曾有一次遇上攔路強盜，把他趕到路邊，對他開槍，想掌控他的啤酒桶。

這輛GAZ-66軍用卡車的前座擁擠，兩個座位中間有汽缸隔開——光是爬上車就像鑽進戰鬥機的駕駛艙。後方則是寬敞的兩房生活空間，其中較小的是飲食區，擺著桌子，還有能讓兩人睡覺的長椅。在較大的房間裡，後門邊有鐵製燃木爐，還有長椅沿著三扇舷窗的下方延伸，舷窗厚實，沾有髒污。這些長椅夠寬，每張都足以供一人睡覺，但需要時也可以在中央的空間鋪設木板，這樣就能創造出更大的睡眠空間，足以讓四人睡覺。雖然這輛車看起來像出自一九六〇年代，但出乎意料的是，從車牌來看，其實是一九九四年出廠的車，折舊得挺嚴重。車內的面板已龜裂發黃，而卡車本身也因為柯利亞臨時修理而傷痕累累，得過且過，變成現在的模樣。在生活空間的前方牆面上有個按鈕，按下去會發出蜂鳴聲，提醒司機後座有人想停車，但是這個按鈕早已失修，不然就是柯利亞把它關掉。如果有急切需求時，最好的辦法就是用力拍打前牆，盼能蓋

過引擎聲，讓司機聽見。

　　一行人乘著GAZ-66，來到附近的謝列布良卡領域，重新捕捉在這裡標記的謝哥，移除故障發報器。這回紮營的地方，就是去年冬天瑟格伊與我停留之處。剛到所有的營地，第一步就是要把全部東西都從卡車後座搬下來，讓車子內部適合生活。柯利亞在外頭安裝丙烷爐煮水時，瑟格伊搬出幾箱食物、補給品，以及裝滿裝備、滑雪板與木柴的背包，交給蘇里克和我，堆到已停車不動的GAZ-66下方，這樣就不會受到風吹雨淋。等室內區域整理好，就會打造成睡眠區。瑟格伊和我使用靠近前座的那間小房間，蘇里克和柯利亞共享後方較大的空間。GAZ-66的保暖功能很好，小燃木爐能很快溫暖這小空間。晚上就寢前，大夥兒常穿短袖坐著，不受外頭氣溫的影響。不過，冬季的凜冽仍會趁著我們睡覺時夜襲。等到爐子冷卻，一絲絲的冰霜會開始測試裂縫，最後滲透進卡車的防禦。到了早上，冰通常就掛在車身內部。我們在類似夏天的環境就寢，而醒來時卻成了隆冬，這就造成詭異的睡眠難題。如果一開始就使用冬天睡袋——那是為了攝氏零下二十六度設計的——可是會窒息的。而三季睡袋——為了攝氏零下六度設計——到清晨降臨時，保暖程度又明顯不足。所以我學會「三明治睡法」，也就是睡在兩者之間，夜裡睡在冬天睡袋上，並蓋著三季睡袋，像蓋著羽絨被。等到清晨時分被寒意驚醒時，我會翻個身，把較暖的睡袋拉到身上。

　　蘇里克睡的地方最靠近燃木爐，可說是有好有壞。這位置無疑

最溫暖，他又是團隊中最矮的一個，即使三更半夜不小心讓身體伸得太遠，也不至於讓睡袋著火。但是，總有人得在早上重新為爐子生火加熱。在這個季節開始時，瑟格伊打好算盤，發給蘇里克保暖效果最差的睡袋，這樣他會最早冷醒。如此一來，蘇里克通常會是被迫冒著清晨寒氣去生火的人。每天揭開序幕的，就是 GAZ-66 劈啪響，軸心輕輕搖晃，因為蘇里克忙著打理火爐。他一邊咒罵，以冰冷的雙手把木柴火種及丁點的樺樹皮放進火爐中，促使火焰速速升起。在縮回相對溫暖的睡袋前，他也會在火爐上放個水壺。之後我們就會等待，有時會聊聊天，有時候一語不發，聲音蒙在睡袋裡。後來，空氣會漸漸溫暖、水壺的水沸騰，表示差不多可以安全出睡袋。我會先把臉探出來，測試一下氣溫，就像兔子從洞穴探出頭，嗅聞有沒有掠食者；如果可以了，我會請蘇里克把水壺遞過來，把它放在身邊的小桌子上，其他人會陸續起身，集中到前車廂泡茶或咖啡，展開新的一天。

蘇里克具備了在這魚鴞領域中，我很看好的技能。確切來說，我想請懂得攀爬技能的人，查看我懷疑可能是巢樹的那幾棵樹。多數我在二〇〇六年找到的候選樹，是已歷經風霜的殘破白楊，沒有可以摸得到的樹枝，有很厚的腐敗樹皮，導致人隨時會滑下來，攀爬起來不夠安全。因此，當我指著最可能是巢樹的那棵樹給蘇里克看，他就走到那棵巨大的目標繞一圈評估，之後選擇一棵鄰近的山

楊，那棵樹很高，又可以爬。他脫掉橡膠靴，只穿著襪子就一步步朝天空爬了十四公尺。蘇里克可以從那邊確認，這確實是謝列布良卡的巢樹，那棵高大的樹木頂端凹陷處在十五公尺高。

幾天內，有隻魚鴞光臨誘捕漁場。我們設下陷阱，隔天夜裡就把魚鴞抓到手。但我們感到不解的是，從體重與換羽來看，這隻鳥是雄性成鳥，卻不是去年在這領域抓到的魚鴞。是雄鳥發生了接替的情況嗎？我們聽過對唱，知道這裡的鳥仍是成對的。從我們對魚鴞的觀察來看，那不太可能是全新的魚鴞夫妻。如果去年的那對鳥消失了，這附近沒有夠多的魚鴞，讓看似主要的領域這麼快又住滿。那麼，去年那隻謝哥去哪了？

隔天，我朝這巢樹前進，盡量在雪地與樹枝間靜靜移動。我靠在一棵樹上，穩穩拿雙筒望遠鏡，探查托利亞和我在二〇〇六年發現的棲木。我能看見魚鴞的身影融合在樹枝與長長的松針之間。這就是築巢的強烈暗示：這一定是我們最近抓到的雄鳥，牠會守護雌鳥，而這隻雌鳥可能躲在附近的樹洞，因此我們看不見。這隻魚鴞看見我來了，知道有威脅，因此耳羽豎立，高度警戒。牠從這棵松樹上驚飛起來，從喉嚨發出低沉的單一鳴聲來警告伴侶，說有個擋不住的危機正在靠近。牠飛走時，透過雙筒望遠鏡，可看到牠的腳環閃爍微光：那絕對是我們剛抓到的雄鳥。一會兒之後，另一隻魚鴞驚飛，這次是從巢樹本身，而我看到黃色腳環。那是我們去年抓到的——我們當時以為是雄鳥謝哥：其實，那是雌鳥謝姊。

我們連魚鴞性別這麼基本的事都會搞錯，恰恰說明對魚鴞的了解多麼淺薄。在當時，我們比任何在俄羅斯的人更有魚鴞的相關經驗，要能承認這件事可不得了。這也對我們的計畫以及鎖定的鳥很有意義。去年抓到這隻魚鴞時，曾懷疑這對魚鴞的雌鳥在孵育。若是如此，就表示我們抓到牠的時候，牠一定是離開鳥巢，趕快吃東西。牠離開鳥巢、我們在測量與裝上發報器的那個小時，是不是讓牠所孵育的蛋結凍？是否因為如此，今年又再度孵蛋？未來捕捉時得更加確定，搞清楚抓到的究竟是哪隻魚鴞——光是體重顯然不足以說明性別。

這隻鳥仍飛離不到一百公尺，但飛得很快，因此我趕快開啟接收器，遂聽到牠發報器的訊號，但挺勉強的。這訊號依然很弱，但即使鳥已經不見蹤影，訊號依然存在，這下子我發現，訊號並不是在他飛過來的方向最強。我怎麼都想不通，於是站起來在巢樹附近繞個大弧線，漸漸理解到無論我在哪裡，這微弱的發報器訊號似乎不偏不倚就是從那棵樹發出。牠或許已經把背帶啄斷移除，發報器就在巢裡，毫無用處。我不希望那隻魚鴞為了我，連續兩年離開孵育的東西太久，所以我回到營地，分享這消息。今年冬天，不該再留在謝列布良卡設陷阱了：這故障的背帶已掉落，我們又沒有足夠的GPS資料記錄器分配給這個領域。我們在安姆古會需要這些記錄器。

接著，一行人前進到附近的圖因夏領域，展開確認行動。瑟格

伊和我接近巢樹，看看之前聽到鳥鳴的那對魚鴞是否在繁殖。這棵巢樹在道路正東方，直線距離不到八百公尺，位於低矮的河階，距離圖因夏的主河道約三十公尺，對面是寬廣碎石坡；百年前，這一代的中國居民把此地視為神聖之地[7]。之前的經驗顯示，直接前往那棵樹並不是好點子，過程彷彿障礙訓練——有難以穿越的灌木叢、原木、有刺植物，還有河道擋在途中。如果從南邊繞過來反而比較快，也不那麼惱人，之後沿著無障礙的主河道冰層前進。距離主要目標幾百公尺時，瑟格伊和我已在雨雪夾雜中相當狼狽，渾身溼透。距離巢樹不到一百公尺時，我瞥見前面出現稍縱即逝的移動物飛起——想必是圖因夏雄鳥「圖哥」。我們鑽到這棵樹的五十公尺內，這時我舉起雙筒望遠鏡，看到從巢樹樹幹的垂直線條上水平突出的尾羽。這景象挺逗趣的：有隻魚鴞在巢裡孵蛋，但是樹洞太小，不足以容納牠龐大的身軀。我們不想進一步靠近牠，以免牠驚飛，讓鳥蛋暴露於凜冽寒冬。我們開始悄悄往回走，對於這發現挺開心的。

但出乎意料，這隻母鴞從巢中抬起身體。我不假思索，拿起相機拍攝五、六張牠龐大的身形，這時牠在河邊樹冠的樹枝間往下游飛。我瞇起眼，從小小的相機螢幕看看我的鏡頭是否對焦：確實對焦了。我的眼睛緊盯著逃走的魚鴞腳步，腦袋跟著顫動。我看到的是法塔姊（Faata female）的腳環。我結結巴巴，告訴朝我過來的瑟格伊。他瞇起眼，之後瞪大眼睛。我們去年在鄰近的法塔領域捉

到的法塔姊，現在在圖因夏領域孵蛋。我們回到營地，陷入沉思。去年在這巢裡的圖姊呢？難道是盜獵者射殺的那隻嗎？這樣就說得通了：那隻鳥的屍體沒有腳環，距離圖因夏領域只有幾公里。但究竟是什麼原因，促使法塔姊要換老公？

為了確認領域放棄理論，我們那天晚上，開著海力士到法塔領域，並在那裡聽到法塔哥獨自鳴叫。雌鳥已離開牠了。這在魚鴞是很正常，或者罕見的現象？我和安納托里談起這件事，他告訴過我，那年冬天稍早曾聽到這對魚鴞在發出鳥鳴聲，但顯然並未分辨出單一魚鴞與對唱之間的差異。事實上，他不承認對唱的可能：聽起來很協調，他不相信有兩隻鳥一起行動。他說，有時候一隻鳥會嗚嗚叫兩次，有時候四次。這意味著當初他說整年常聽到法塔魚鴞鳴叫，而我們也以為法塔和圖因夏領域都還有魚鴞占據時，他其實未必是聽到這兩個地方都有雄鳥與雌鳥。

真希望能多待在捷爾涅伊一段時間，重新捕捉這幾隻魚鴞，但我們今年完全沒有在此工作的計畫。當初是因為發報器出問題，才偏離目標來到這，這問題已經解決了。現在得把焦點放到安姆古地區，我們在安姆古安排幾個地點，希望能捕捉到魚鴞，並部署三個GPS資料記錄器。

在離開捷爾涅伊後大約五小時，GAZ-66與海力士小車隊在午夜過後來到沙密河，距離安姆古大約十六公里。上次來到這裡時，

瑟格伊曾告訴我氡氣是從哪裡冒出，讓河道變暖。短短兩年的時間，環境改變的幅度之大，著實令我訝異：蘇利金是安姆古伐木公司的主管，也是鎮上重要的雇主，藉由發展這些場地，讓地方更加富足。他蓋了三座小木屋，第一座是有單一房間的大型木屋，緊鄰溫泉，裡頭有大型燃木爐、一張桌子、長椅及高起的睡眠平台，可讓三個清醒的人睡在上面，或是讓五個醉漢疊睡成一堆。我們把GAZ-66停在旁邊。另外兩間較小的木屋裡則是容納著溫泉。舒利金曾使用挖土機，挖掘氡氣滲入水中的河床，而這些空間已經以木材鋪設好，並加上屋頂與牆體。

　　我們來到這裡時，其中一間溫泉小屋裡已有人了。我們在旁邊紮營時，方才使用那間小屋的人出現了。安姆古是個小鎮，瑟格伊經常造訪，他認得這人是沃瓦・沃科夫的鄰居。沃瓦曾在二〇〇六年，幫助我們渡過氾濫的安姆古河。這個泡氡溫泉的是當地獵人，狩獵租地在沙密河上游，瑟格伊曾幫他修理過卡車一次。我們走過去打招呼。獵人說，他才剛到上游的狩獵地點；整個下午都在鋪設乾草捆，讓那些住在森林裡的鹿能活下去。有趣的是，雖然他在狩獵季來臨時，會對這些動物大開殺戒，但在此之前，他可不願動物受苦。他問瑟格伊，我們是否需要任何肉，並說如果我們幾天後還在這，他可以把肉送來。在北國冒險時經常是這樣有東西吃：這裡的人會彼此照料。我們會攜帶大包主糧，例如麵粉、糖、麵食、米、乳酪和洋蔥，之後在河邊釣鱒魚，或者靠當地人提供我們肉品。

23

孤注一擲

　　我們設立的陷阱距離營地僅僅一百公尺，剛好在視線範圍外的小河灣。河流轉彎處形成深潭，接下來是淺灘，對魚鴞來說是埋伏的好地點，等待進出深潭的魚出現。確實，這條河的邊緣覆蓋著魚鴞足跡。由於河邊灌木叢太濃密，缺乏足夠空間裝設霧網，因此我們先設幾個誘捕漁場，就回到溫暖的GAZ-66車上吃晚餐。不知道魚鴞要過多久，才會找到陷阱？不過，那天晚上八點半，我們就捕捉到沙密雌鳥（Sha-Mi female，「沙密姊」），簡直喜出望外。瑟格伊和我去年可是困難重重，真不敢相信近來捕捉過程可以這麼順利：抓到訣竅，就能帶來很大的幫助。我們把捕捉到的魚鴞帶進木屋，利用大桌與溫暖寬敞的空間測量魚鴞，幫牠戴上腳環。柯利亞啟動屋外發電機，連接電線，為一個燈泡提供電力，之後他拖著燈的電線進到屋裡，掛在桌子旁的牆上。這是瑟格伊和我抓到的第三隻雌鴞，知道雌鴞比雄鴞好鬥。有一會兒，蘇里克記錄這隻雌鳥初級飛羽的雜色，鬆開原本緊抓的鳥身體。我才要提醒他要好好壓住

這隻魚鴞時，牠即已掙脫，馬上以有力的翅膀打碎燈泡，在黑暗的房間中衝撞。我就和三個人以及一隻掙脫的魚鴞，在一個烏漆抹黑的房間裡。所幸突然失去光線，讓牠和我們一樣失去方向，因此我趕緊再把牠抓回，限制其行動，之後瑟格伊和蘇里克打開頭燈。這是牠第一次設法掙脫；等到這次捕捉行動結束時，沙密姊已讓瑟格伊和蘇里克濺血。

　　外頭逼近攝氏零下三十度，可憐的沙密姊在捕捉過程中渾身溼透。我們靠近圈套時，牠往淺水處飛，而不是往岸上逃。稍加討論之後，決定將牠放到紙箱中，在屋裡過夜。明天早上再為牠繫上GPS資料記錄器，也給牠吃些魚，免得這天飢腸轆轆。我們以幾杯伏特加慶祝，準備過個寧靜的夜晚；這時GAZ-66金屬車門傳來拍打聲。我們沒有看到其他車子或手電筒燈光，這裡又離安姆古很遠。瑟格伊打開車門，看見兩個大約二十歲的年輕人站在雪中，車內的燈光令他倆瞇起眼睛。他們是從安姆古來的，要前往溫泉區，但還差一公里時，車子故障了。他們仰賴步行走剩下的這段路，雖覺得寒風刺骨，但知道可在小木屋過夜。他們看到這輛GAZ-66時，忍不住過來探查。這兩人似乎很友善，因此詢問是否能進來時，瑟格伊就同意了。他們爬上車，把一瓶兩公升、濃度百分之九十五的酒精放到桌上。

　　「你們要喝嗎？」第一位男子臉上掛著笑容問，說兩人在前來溫泉的路上就是靠著狂飲這瓶酒，抵擋寒冷與黑暗。我們在這瓶酒

精摻了點水，喝了好大一部分。我發現蘇里克在喝了一兩小杯之後就不喝了，覺得挺奇怪，從未見過他拒絕酒精。但我當時帶著慶祝的心情，因為成功抓到魚鴞而分神。這兩名男子問，我們為什麼在沙密河旁邊停下卡車。他們和大部分的人一樣，以為我們是盜獵者。瑟格伊向來對我們的確切目的含糊帶過，於是他說，我們是來自海參崴的鳥類學家，來尋找罕見的鳥類。之後，瑟格伊問他們是否見過魚鴞，或者「要毛皮大衣的貓頭鷹」。我從沒聽過這種說法，但這順口溜倒也有其道理：魚鴞四個音的對唱，俄文的諧音是「*SHU-bu HA-chuu*」，意思是「我想要毛皮大衣。」兩個年輕人笑了，不明白瑟格伊在說什麼。我們沒提到在沙密河捕捉魚鴞，也沒透露車上有個紙箱裡就有魚鴞。

我們在天亮醒來、釋放沙密姊時，已不見昨夜訪客的身影。他們大概泡過氡溫泉了，隨後就繼續行程。我們小心地把GPS資料記錄器裝到魚鴞身上，這個裝置在電池的三個月使用期限內，每天會記錄四個位置，收集四個位置資料。瑟格伊會在夏天回來，設法再抓到這隻魚鴞，幫資料記錄器重新充電。我們餵這隻清醒的鳥四條魚，之後釋放。牠起初不肯飛，或許是在箱子裡待了一夜，感到創傷，但終究還是飛向空中，消失無蹤。

釋放魚鴞總讓人些許不安。那所費不貲的硬體就讓一隻野鳥背著，往下游飛去，這筆錢足以聘僱田野助理兩個月，或購買今年遠征時需要的所有食物。我們預算微薄，因此使用起測試程度相對較

低的科技還挺冒險的。原本的發報器至少使用時還算安心：可隨時查看，確認裝置是否有用。但是這回得信賴這個打火機大小的東西能發揮效用、程式設定妥當，和高空兩萬公里的衛星通訊。之後，我們得相信資料能安全儲存在小小的塑膠盒一年，而攜帶著這裝置的魚鶚在這段期間好好活著，待來日再次捕捉。實在一廂情願。

我不明白，為什麼那天早上頭痛欲裂。我注意到瑟格伊也是如此。

「我們沒有喝很多，」他呻吟道，心不在焉以手指轉著未點燃的香菸。「但為什麼頭痛得這麼嚴重？」

「那個酒精不是用來喝的，」蘇里克透露，「你們喝不出來嗎？那是等級很低的東西——是清潔用的。」

「你知道那不好，還讓我們喝？」瑟格伊老大不高興地說。我肯定沒有注意到；那種東西喝起來都像毒藥。

蘇里克聳聳肩。「我以為你們都知道，只是不在乎。」

我們泡了一下氡溫泉——總覺得泡太久並不是好主意——就收拾行囊，往東邊的庫迪亞河前進，這是安姆古河的小支流，距離海岸更近些。我們二〇〇六年春天穿越安姆古時苦不堪言，但這時，路面已和混凝土一樣堅硬穩固，可輕鬆通過。之後，大夥兒穿過狹窄的河岸帶森林，前往大約一公里長、一百五十公尺寬的空地：這個空間主要是雪底下的草，偶爾還有顯眼的灌木叢或樺樹。在這長方形田野的北邊，有一塊遼闊的落葉松林地，南邊則是一條古老河

岸帶森林的林線，像溼答答的襯衫緊貼著庫迪亞河。瑟格伊和我在
二〇〇六年，就在這一帶聽見魚鴞發出鳴聲，但當時沒時間探索這
個區域。這一回不知會發現什麼。

　　我們在庫迪亞河附近，選擇適合的平坦地點，柯利亞留在車子
這裡紮營，瑟格伊、蘇里克和我則穿上滑雪板，往不同方向探索。
我們才因為剛抓到一隻魚鴞而士氣大振——沙密姊可是俄羅斯第一
隻配戴GPS資料記錄器的鴞——因此躍躍欲試，探索新地區。一隻
烏鴉飛過，這裡距離沙密河僅僅六公里，但地景截然不同。庫迪亞
河與其說是河川，更像是一條溪，是彼此交織的淺河道，兩邊的柳
樹林夾緊著河道，樹枝枝幹甚至只和滑雪杖差不多粗。我不知道像
魚鴞這麼大的動物，怎能在如此封閉雜亂的環境中獵食。要通過下
層植物太難了，穿著氯丁橡膠涉水裝的我乾脆扛起滑雪板，從淺淺
的河水走過。幾小時後，大夥兒回到營地會合，這時柯利亞已生好
火、煮好泡茶用的沸水，開始準備午餐。大家在分享記錄到的資
訊，旋即看出這次探索成果豐碩：瑟格伊和我都在河邊找到魚鴞獵
食地點，而更重要的是，蘇里克找到巢樹。那是一株古老的鑽天
柳，就在營地往下游方向幾百公尺處，與我們在庫迪亞河岸同側。
他看見在樹洞邊緣的羽絨已歷經風吹日曬，認為今年魚鴞大概不會
在這築巢。這天真是收穫滿滿。
　　我們準備好設陷阱了，但由於河道堵塞，設立圈套踏網或多格

札霧網都不簡單；這些陷阱需要沒有障礙的空間，讓魚鴞能夠掙扎，否則網子若在某個地方纏住，會對魚鴞造成危險。所以，我們把霧網掛在河道上方，魚鴞八成會把這條河道當成通往狩獵處的通道，一般霧網看起來表面上和多格札霧網很像，皆是以薄薄的黑色尼龍打造而成，懸掛在桿子間，但差異在於霧網不會分開，也不使用誘餌，就垂直掛在鳥類的移動路線上。霧網是標準的捕鳥工具[1]，鳥會撞上看不見的細網之牆，落入「囊袋」中，這些囊袋原本是鬆鬆的，會因為掛在網上的鳥體重而收攏閉合。和之前一樣，陷阱有裝設發報器，這樣受到撞擊時我們會知道。

霧網大小通吃的特質，意味著我們在接下來二十四小時可能抓到與釋放很多鳥，但都不是魚鴞：包括幾隻河烏；一身燦爛羽衣、正處於繁殖期的雄鴛鴦；蒼鷹（Northern Goshawk），以及領角鴞——這種小鳥類似北美鳴角鴞（Screech Owl），有棕灰色羽毛，還有亮眼的血橙色雙眼。正當我們準備進入夜行性動物的例行公事時，陷阱發報器又被觸動了。蘇里克和我從溫暖的卡車跳下來，匆忙穿過黑暗，朝著網子前去，大老遠就看出捉到的是鴨子，牠聽起來沮喪得呱呱叫。這回捕捉到的是隻綠頭鴨，光線照到牠時，牠就安靜下來，從霧網的囊袋上下顛倒盯著我們。又一則假警報。蘇里克朝鴨子過去，我快速將手電筒光線畫過霧網的其他部分，光束停在網子另一邊的上方囊袋，裡頭有個棕色的形體。原來，也抓到魚鴞了。我推測，雌綠頭鴨大聲叫囂，卻成了誘餌，吸引庫迪亞魚鴞

夫妻的其中一隻。蘇里克從未見過落入陷阱的魚鴞，一方面欣喜，一方面惶恐，矛盾的情緒難以控制。他只看過已經捕捉到手的魚鴞，也就是瑟格伊或我把已抓好的鳥帶回營地。這會兒他得幫忙從霧網上，把魚鴞抓下來。

　　魚鴞一直撞擊的地方，剛好是我們希望牠別碰的地方，也就是河水深度及腰的水潭正上方。這地方沒辦法繞路；為了取下這隻鳥，得涉入冰冷的河水，水位會高出涉水裝。我請蘇里克把綠頭鴨從網上解下來並予以釋放，而我則是朝著魚鴞前進，河水令人喘不過氣，灌滿靴子，深及腰帶。後來，那隻綠頭鴨速速往下游前去時，蘇里克就加入我的行列。我試著辨識這隻魚鴞是雄鳥或雌鳥——以免重蹈在謝列布良卡的覆轍——而依據行為，我想這隻鳥應該是雌鳥。牠很兇，就像其他雌鳥一樣兇，會在我們的碰觸下退縮，並以鳥喙與如針一樣尖刺的爪子抓我們。後來，我們把牠從網上卸下，拆掉網子，這一夜不會再有其他鳥類被抓到。我們把這隻魚鴞帶回GAZ-66。

　　蘇里克和我離開營地挺久的，瑟格伊料到我們可能會帶隻魚鴞回來，因此先在後車廂清出空間讓我們使用。蘇里克和我換下溼透的褲子，瑟格伊把鳥固定好，帶到車裡。蘇里克對捕捉到的鳥有相當豐富的經驗，而和我當初猜測不同，他認為這隻鳥是雄鳥，因為他操弄了這隻鳥的泄殖腔，鳥就是透過這個孔洞來排遺與交配。我知道有些鳥類（例如鴨和鵝）可以這樣分辨性別，但不知道這技巧

也能應用在魚鴞上。事實上，除了體重（我們已確知情況並不一致）之外，我知道在缺乏性別專屬的羽衣時，唯一可明確分辨猛禽性別的辦法就是性刺激。如果這隻鳥射精，就是雄性[2]；不會射精就是雌性。我們共有三個GPS資料記錄器，第二個就裝在這隻魚鴞上，並幫牠記錄幾個測量數字，之後抽取血液樣本。在記錄時，可聽見牠的配偶在我們上方樹上嗚嗚叫。牠跟著我們回到營地，知道我們抓了牠的伴侶。

這隻抓來的鳥挺大的，重達三點八公斤，讓我開始猶豫起這隻魚鴞的性別。我們抓到的雄魚鴞都比島嶼亞種的平均體重（三點二到三點五公斤）輕，然而這隻魚鴞卻超過，且位於雌鳥的體重範圍（三點七到四點六公斤）。我們對魚鴞的完整體重範圍依然所知不多，尤其是大陸亞種。不過，蘇里克很堅持這隻是雄魚鴞，動搖了我的認知。我們在庫迪亞河多待一天，確定這對鳥能正常發出鳴聲，之後收拾行囊，前往賽永（Saiyon）。再過一個月，我們會回來重新捕捉這隻魚鴞，下載其移動資料。

大夥兒在朝著賽永的魚鴞領域北上時，先在安姆古加油站停下來，當初我就是在這裡發現第一棵魚鴞巢樹。這是捷爾涅伊與斯韋特拉亞兩地之間唯一可加油的地方，距離近五百公里。正如許多日常任務，光是補滿油箱這麼簡單的事，在俄羅斯遠東地區也會變成挑戰。有時候，加油站沒有油，其他時候（就像現在）是根本不提

供服務。櫃檯後的女子對著瑟格伊咆哮，要加油的話，去跟伐木公司的蘇利金講。瑟格伊的高明之處就是懂得未雨綢繆，早就在車上準備了額外一百公升的油，所以我們動用自己的補給，繼續前往賽永，沒有延遲。

　　沒有多少外來者會來到北邊的賽永。有時候，人們聽到氡溫泉的療效，會遠從捷爾涅伊、達利涅戈爾斯克或甚至卡瓦列羅沃（Kavalerovo）來朝聖。他們會在這裡度過幾天，甚至一個星期，泡在水裡，於大自然好好放鬆。這些度假者通常在夏日前來，和我的時程恰好相反，所以我幾乎沒在這裡見過什麼人。不過，他們會留下痕跡。我上次來到賽永是將近兩年前的事，那時正教會的十字就在挖出的水池上方，幾步之外就有個小木屋屹立。如今十字仍在，但小木屋的屋頂與兩面牆不見了。賽永沼澤附近能撿的木柴不多，旅客急著生火，乾脆鯨吞蠶食這棟房子。木屋的兩堵牆面傾斜得很不自然，交會處有雪堆占據著原本燃木爐的空間。我們紮營時，柯利亞好像沒發現這小屋毀損似地就走進去，在原本是門的地方擺張折疊桌，靠在僅存的牆體旁，之後在桌上擺煤氣爐，我們待在這裡的時候，他就在這裡準備伙食。姑且不論其他用處，這座小木屋的外殼確實可當作巨大的擋風玻璃。

　　我們穿好滑雪板，準備出發探索。瑟格伊和蘇里克往南到河邊，尋找魚鴞捉魚的地方，而我則往北邊，進入柳林，查看賽永魚鴞夫妻的巢樹。應該就在附近才對，只是我認不出方向。在來到河

岸帶的灌木叢時，有東西不見了——樹呢？當我取下滑雪板，穿越覆蓋著雪的大型原木時，忽然明白已找到了。我順著原木，來到裂開的殘墩；這棵樹在暴風雪中倒了。這些頹敗的森林巨樹對魚鴞來說很稀有，且已來到生命最終階段，無法撐過陣陣強風與冰雪，不像年輕時那樣有彈性。一棵樹要經過幾百年的時間[3]，才會長得夠高大，足以讓魚鴞生活，而一個巢洞可能只能撐個幾季就不再合用。

蘇里克發現珍貴的跡象：河邊有很可靠的魚鴞狩獵點。這是一塊不大不小的淺水區，水流會沖向低矮的卵石坡，上方有大樹枝，很適合當作魚鴞的棲息地。蘇里克說，河岸上散布著鴞的足跡，新舊皆有。我想碰碰運氣，或許能看到魚鴞，於是穿上一件羽絨衣，再罩上柔軟素樸的白色刷毛外套。雖然我靜靜坐著，躲在樹枝很多的下層植物間，等待黃昏和魚鴞。這時的我好似巨型棉花糖，但很溫暖，也幾乎隱形。

在天黑之後，一隻魚鴞悄聲無息往上游飛，降落在可捕捉魚的洞口上方樹枝棲息，距離我頂多二十到二十五公尺。我坐在那邊快睡著了。這隻鳥只停留在那兒幾分鐘，和四周夜色一樣毫無動靜，隨後噗通一聲，輕輕投入水中。牠抓到東西了。附近另一隻魚鴞的尖叫聲嚇了我一跳；我沒注意到那隻鳥來了。水中的那隻鴞以嘶聲回應，之後往陸地移動，拱起背部，宛如長羽毛的山怪，鳥喙銜著一條魚。第二隻魚鴞在十幾公尺外降落，朝著另一隻魚鴞步行前進，一邊叫，翅膀也抬高，用力拍動，似乎要吸引這個朝著岸邊來

的東西，同時也顯得擔憂。兩個影子越拉越近，就在快要碰到時停止了。第一隻魚鴞伸出鳥喙，把魚交出來，第二隻魚鴞接受了，吞食整條魚之後就飛到附近的樹上。

尖鳴、拍動翅膀與餵食，是求偶行為的儀式：雄鳥餵食雌鳥，向牠保證自己獵食技巧高超。在母鴞得坐在巢裡孵蛋或是為雛鳥保暖，得仰賴公鴞覓食時，牠會有能力給予母鳥食物。我已研究這些鳥類三年了，這是頭一次直接觀察到成鳥之間的覓食或互動。能一睹魚鴞的生活，全仰賴這些年的經驗：我知道該坐在哪，於是穿得像是棉花糖寶寶（Stay Puft Marshmallow Man，譯註：電影《魔鬼剋星》的角色，是由白色柔軟的棉花糖構成），在寒冷中坐著。

在賽永河，捕捉似乎是簡單的事情：這裡有寬闊河岸，能輕鬆放置圈套踏網或多格札，而這對魚鴞夫婦顯然都會來到這裡。GPS資料記錄器只剩一個，究竟要捕捉這對夫妻的雄鳥或雌鳥，似乎都可以。然而不久之後，選擇剩下一個：瑟格伊視察不遠處一株老巢樹時，看到雌鳥穩穩坐在裡面。我前幾晚看到牠飛出鳥巢，一定是最後幾次了。我們第一次嘗試就抓到賽永雄鳥（Saiyon male，「賽永哥」），把最後一個資料記錄器裝到牠身上。既然在此已盡人事，我們整理好GAZ-66，花幾個星期在安姆古附近，探索其他潛在的魚鴞領域，看看未來可能捕捉魚鴞的地點，反正現在沒有多的資料記錄器。一行人曾試著前往謝爾巴托夫卡河領域，二〇〇六

年，瑟格伊和我曾在那邊住在沃瓦‧沃科夫的小木屋，但是伐木公司已堆起好些巨大土堤，擋住通往那邊的路。雖然此舉是為了擋下盜獵者，卻也阻礙魚鴞研究者。

我們在某個地方發現公虎的新腳印，那裡距離過夜的營地邊緣外僅僅幾公尺。大貓現蹤，令柯利亞憂心忡忡，整個田調季都不敢在夜裡喝茶，以免半夜得冒著生命危險如廁。在另一個地方，我們以霧網捕捉到鬼鴞。這和北美的鬼鴞是同屬，個頭小，會獵捕小型哺乳類、鳥類與昆蟲，有巧克力棕色的羽衣，還有巨大而扁平的頭，上頭有銀色斑點，令人聯想起看起來嚴肅的杯子蛋糕。但我們沒找到新的魚鴞。

在回到庫迪亞，重新捕捉戴著GPS標記的鳥並下載資料之前，我們還有點時間，因此繞回賽永，驚飛坐在巢中的母鴞，檢查一下鳥巢。牠飛了一小段距離，約莫七十五公尺，坐到一棵樹的樹冠上怒視我們。瑟格伊和蘇里克曾製作細柳梯，藏在附近，而這對魚鴞的巢洞很低，很容易以這梯子靠近。在巢裡有一顆蛋及剛孵出的幼雛。這隻鳥只有幾天大，目前仍是盲鳥，身體是白色羽絨。母鴞匆匆離開後，雛鳥感覺到我的存在，於是輕輕嘶叫，誤以為我能滿足牠所需要的溫暖與食物需求。我拍了幾張照片，從梯子下來，可別讓這隻雛鳥獨處太久，畢竟這一帶烏鴉與鷹的數量不少。瑟格伊和蘇里克先朝GAZ-66回去，我在距離五十公尺的地方逗留，確保在母鴞回巢之前，鳥巢不會受到襲擊。我躲在樹叢下的原木旁等待，

保持注意，如果有好奇的烏鴉停在鳥巢附近，我就會衝出去。我還是可以看到雌魚鴞在遠處，個子巨大，不動如山。過了大約二十分鐘，我們都沒有動。為什麼牠還不回去雛鳥身邊呢？牠一定已忘記我了。我慢慢把雙筒望遠鏡舉到眼前，赫然發現在十倍率的鏡頭中，牠直盯著我。牠不肯回去，是因為我還沒離開。於是我起身，默默離去。

　　我們回到庫迪亞河，這回的目標是捕捉標記的魚鴞，下載一個月來的移動資料，之後幫資料記錄器充電，再開車南下捷爾涅伊。我們這一季曾在同個地方紮營，這裡離水很近，也接近蘇里克在二月發現的巢樹。我們探查這棵樹時，發現樹洞是空的，但沒有新魚鴞進駐。魚鴞有時會在不同年，輪流待在各巢樹——牠們一定知道巢樹可能會無預警倒塌，所以懂得防患未然——於是我們出發，尋找另一棵巢樹。幸運的是，沒花太多時間就找到了。蘇里克和我發現，在河對岸就有一棵備用巢樹，距離營地不到五百公尺。蘇里克爬上一棵可彎曲的樹，與一隻雌魚鴞對視，那隻鳥就坐在一棵大榆樹頂部的破裂樹洞中，距離地面十二公尺高。這是好消息，表示魚鴞夫妻在築巢，而對我們短期需求來說，更重要的是，目標魚鴞（裝有資料記錄器的庫迪亞雄鳥〔Kudya male，「庫哥」〕）是唯一能捕捉的一隻。

　　陷阱設好的第二夜就捕捉到魚鴞，但這隻鴞並未停留夠久，讓我們來得及抓。牠留下些許絨羽及誘捕漁場的魚。我們在庫迪亞待

了一週，卻只有這麼一次，與魚鴞擦肩而過。冬季吐出最後的幾口氣息，積冰及相繼而來的冰壩（我在薩瑪爾加河的宿敵），導致誘捕漁場失去功用。化作雪泥的冰使水位一夜高漲，淹沒誘捕漁場，裡頭的魚都溜走了。初春的森林蛙鳴開始傳來，我們懷疑住在這裡的魚鴞已經轉移陣地，到新的獵捕場，甚至不再到河邊找魚。由於無法使用誘捕漁場，我們只能策略性設置霧網，而現在看起來什麼都找上門，就是抓不到魚鴞。某個晚上，霧網就抓到四隻河烏、三隻雄鴛鴦，一隻孤田鷸（Solitary Snipe），還有唐秋沙（Scaly-sided Merganser）雄鳥。

唐秋沙是很有趣的鳥[4]。這種會吃魚的鳥看起來亂糟糟的，世上族群主要是在濱海邊疆區繁殖，且就像魚鴞，牠們仰賴魚類繁多的河流，以取得食物來源，也會在河岸帶樹木的樹洞上築巢。蘇爾馬奇還曾發現，某棵樹上[5]的一個樹洞是魚鴞巢，另一個樹洞則是唐秋沙的巢。由於兩者重疊，因此在春天剛降臨、河冰溶化之時，我們常看到唐秋沙在魚鴞出現的地點出沒，牠們剛從南中國過冬返回。

我們在庫迪亞待的時間比預期還長，瑟格伊與蘇里克的香菸沒了。沒能捕捉到魚鴞已導致氣氛緊張，這下子菸癮發作，緊繃的氣氛火上添油。蘇里克搜了搜口袋、抽屜及汽車座椅下方，看看有沒有被遺忘的珍貴香菸，卻遍尋不著，搞得大半個上午都在咒罵。瑟格伊處理菸癮則稍微有尊嚴一點，不停咬碎硬糖果。其實，只要花

短短的時間開車到安姆古，就能解決這次危機，但這樣就是屈服於瑟格伊不想承認的癮頭，宣布菸癮獲勝。然而到了晚上，他改變心意與計畫。

「蘇里克想要去安姆古河，確認岸邊碎石灘的位置。」瑟格伊信誓旦旦地說，雖然不無道理。「我們可以比較這些地方的長期樣貌，看看河流如何變化。我會載他到河邊，既然到了那邊，也會去商店。需要什麼嗎？」

這是相當複雜的計畫。一方面把使用汽車合理化，還可以順便取得香菸。厲害了。

由於無法捕捉原本鎖定的魚鴞，我們決定苦中作樂，設法提振士氣：驚飛在巢裡的庫迪亞雌鳥（Kudya female，「庫姊」），看看牠在孵幾個蛋。現在天氣溫暖多了，牠暫時離巢不會對這窩蛋造成危險。在悄悄靠近時，我看見附近棲地有食繭，於是分心觀察。食繭主要是魚和蛙骨構成，七個食繭中，只有一個包含哺乳類的殘骸。等我抬起頭，蘇里克已爬上樹幹，前往鳥巢的半途，魚鴞驚飛離巢。我剛好來得及舉起相機，拍了幾張照片。蘇里克朝下嚷，說巢裡有兩個蛋。

魚鴞的繁殖率令我萬分好奇，蘇爾馬奇也是。有證據顯示，以前魚鴞從一窩蛋孵出的幼雛數量較多。一九六〇年代，自然學家波里斯·席布涅夫（Boris Shibnev）[6]曾指出，在比金河沿岸有兩隻

或三隻雛鳥[7]，過了十年，尤里・普金斯基說這裡的鳥巢通常有兩隻雛鳥。但是蘇爾馬奇與我知道的多數鳥巢裡，都只有一隻雛鳥。庫迪亞的鳥巢有兩顆蛋很有意思，真好奇明年回來時，會見到多少隻幼鳥。

正當我檢視雌鳥飛離鳥巢的照片時，赫然發現牠腳上有環。這就是我們一直要再度捕捉的那隻，但我們以為牠是雄鳥。原來，牠根本是母魚鴞，就躲在我們眼前。我目瞪口呆，不知道分辨魚鴞性別的紀錄犯了多少錯。在這一季之後，我會比較所捉到的魚鴞尾部照片，顯然雌鳥尾部的白色部分遠比雄鳥多。以這個例子來說，在判斷性別時，是依據蘇里克檢查鳥類的泄殖腔，雖然我認為這隻魚鴞有攻擊性，行為上比較像是雌性。

這次情況令人疑惑，在經過八天嘗試捕捉卻沒有成果之後，我們決定認輸，撤離庫迪亞領域。我們最不希望的，就是重新捕捉在孵蛋的雌鳥，給牠過度壓力，導致窩裡孵不出雛鳥。我唯一後悔的是，並未在四月初來到這裡時，就讓牠驚飛離巢。這樣能省下不少時間，也不會洩氣。牠背上的GPS裝置會收集位置的資料，至少直到五月底。瑟格伊已準備在那個月底回安姆古，那時我已離開俄羅斯，而他會重新捕捉沙密與賽永的魚鴞，並把庫迪亞列入名單。還有個格外引人注意的謎團是，庫哥究竟在哪過夜。我們知道牠的存在，是因為聽過牠和配偶一起鳴叫，卻不知道牠在哪裡打獵。就我們所知，那並不在庫迪亞河沿岸。

24

靠魚行動

　　我們手邊已沒有資料記錄器，沒必要再捕捉魚鴞，於是這一季的工作結束了。團隊往南邊解散。我和他們前往捷爾涅伊，在那裡停留一下，把尚未完成的事收個尾，並探索魚鴞領域，之後繼續前往海參崴、機場，最後回到明尼蘇達。回到家鄉後，我在大學修習更多課程，包括森林規畫與管理，我在這門課學到不同種類的伐木實務，以及如何調整採收做法，減少對野生生物的衝擊。我在校方的貝爾博物館（Bell Museum）擔任館藏管理者，為淡水二枚貝類編目，重新組織大型魚類館藏，這工作可以支援學費，支應生活開銷。理論上，要在博物館工作，我得在春季那學期待在學校，但我那時總會在俄羅斯。幸而魚類館藏的策展人安德魯‧西門斯（Andrew Simons）很能理解我的計畫，准許我改成暑假時再來，屆時我的田野調查季也結束了。我在七、八月會待在學校地下室，其中一項任務是以乙醇替代甲醛，保存標本。有些魚標本已將近百年，且尺寸很大，例如湖紅點鮭（lake trout）。我自認是鳥類學家，但

就算在明尼蘇達，我還是得靠著魚來通行。只不過，我不是穿著羽絨夾克與氯丁橡膠涉水裝，捕捉動作敏捷的櫻鱒幼鮭去餵食魚鴞，我在這裡帶著安全蛙鏡和呼吸管，去甲醛桶裡撈上百歲的鱒魚。

　　到了秋天，我收到蘇爾馬奇的消息。瑟格伊已按計畫回到沙密、庫迪亞與賽永，重新捕捉所有魚鴞，下載資料、幫裝置充電，再度釋放魚鴞，讓牠們去收集更多資料。在庫迪亞，雖然他很快就重新捕捉回「庫姊」，卻碰上洪水，困在安姆古河的另一側好幾個星期。這不是他頭一回碰到春季洪水；瑟格伊早已習慣不便。他搭好帳篷，留意水位，把突如其來的自由時間，多多用來評估魚鴞的獵物密度。由於朋友受困，沃瓦會不時划船通過暴漲的河流，從村子裡帶香菸與其他補給品給瑟格伊。等到水位消退，他把資料以電郵寄給我時，我馬上明白努力全都值得了。來自魚鴞背部的資料顯示，在距離巢樹幾公里處有重要的獵食點，就在安姆古河上。或許正因如此，我們那一季沒能捕捉到雄鳥：牠捉魚的地方，和我們設的陷阱是完全不同區域。若不是有這項GPS資料，我們永遠不會想到要找另一個距離巢樹那麼遠的狩獵地點。這項知識拓展了我對魚鴞重要棲地的觀點。我原以為，築巢和捕捉魚類的地點應該密切相連，但如果其他魚鴞也有這種模式，那麼光是尋找與保護築巢地點，並不足以保護這物種。

　　其他魚鴞的資料也帶來珍貴的見解。從GPS位置來看，其精準度可達到數十公尺內，這些鳥似乎都和各自的河相繫，彷彿有條看

不見的繩索，讓牠們不會飛太遠。比方說，沙密河的「沙密姊」不會快速穿過較低的山脊，從狹窄的沙密河谷飛到安姆古河谷，而是寧願繞個圈。而賽永哥居住的山谷有些地方只有一公里寬、緊貼著河邊。就算我只取得牠的GPS點，也能以合理的精準度，畫出這條河的河道。以這項訊息與庫姊的狩獵資訊來看，我更了解魚鴞的棲息地需求。保育策略開始成形。

越來越多民眾開始注意到我們的魚鴞計畫。二〇〇八年春天，捷爾涅伊的當地報紙[1]刊載一篇關於這項計畫的報導，而在聖誕夜，我獨自關在密爾瓦基市郊姊夫家的臥室，和《紐約時報》（*New York Times*）的記者暢談魚鴞[2]。我將一根手指塞進耳中，抵擋背景中孩子們的興奮喧鬧聲，我和記者聊起魚鴞足跡、田野環境及鳴聲。那時我只是研究生，這些人的注意讓我好開心，但更重要的是，媒體關注對這計畫能收宣傳之效，有助於申請經費。我獲得足夠經費，在下一個季節能使用五個新的GPS資料記錄器。這些裝置每一個都比舊型的要貴好幾百塊美元，電池更大，可收集長達一年的資料，幾乎是二〇〇八年設備的四倍，能更有效率收集資料，也不必那麼頻繁地重複捕捉魚鴞。

過去幾個季節，我一直設法改善一個問題：捕捉法。前兩季主要是和俄羅斯同事穿著迷彩裝，於黑暗中蹲伏在河岸，在冰裂與樹枝嘎吱聲中打哆嗦，忍受天寒地凍，埋伏等待可能出現或不會出現

在陷阱中的魚鴞。所以在二○○八與二○○九年的季節之間，我們提出幾個辦法，讓捕捉過程不那麼不舒適。我買了堅固的冬季帳篷，可當作隱棚，而蓄著大鬍子的攝影師托利亞還為它縫製厚厚的毛氈防寒罩。我們測試過無線紅外線攝影技術——商店會用以當作保全監視器——所以在等待魚鴞來到陷阱時，不必暴露於外在環境。

想著下一季田野調查時，我不禁微笑：我們會坐在相對溫暖的保暖帳篷裡，像木乃伊一樣，裹在蓬蓬的羽絨睡袋，手上抓著馬克杯喝熱茶，在閃爍的單色螢幕中，即時觀察設陷地點。要是有魚鴞飛來探視誘餌，我們會立刻得知，準備出動。再也不必猜測黑暗中的怪聲究竟是什麼，也不必懷疑到底肢體末端在凍傷前還能忍受多久。我完全不知道，這些看似方便的做法會造成多大的不便。

二○○九年一月中，我回到濱海邊疆區，幾個星期前，一場嚴重的暴風雪才在短短兩天中傾倒了兩公尺的雪。降雪量後來變成大雨，宛如砲彈猛轟地面，砲火密集猛烈。在風暴減弱、深層結冰之前，雨滴又穿透地面上的雪。村子完全沒有為了這次劇烈天氣做準備，街上尚未犁好，沒有人去工作，而身手矯健的鄰居試著挖出受困的老人家。幾天後，普拉斯通的伐木公司自動派出卡車車隊，往北六十公里來到捷爾涅伊，沒有人請求他們來，車隊也沒通知，就這樣一路上清理所有街道，不等人道謝就南返。十天後，我來到捷

爾涅伊，小鎮讓我想起第一次世界大戰的西方戰線：道路是由壕溝相連所構成的網，兩旁是高聳的雪牆。

暴風雨雪不僅在捷爾涅伊造成不便；更重要的是，對當地的有蹄類動物族群簡直是場災難。鹿與野豬無法自由移動，導致精疲力盡，大量飢荒。雪上加霜的是，捷爾涅伊斯有些居民暴露於黑暗中。許多鹿被迫來到犁出的道路，那是唯一可通行的通道，很容易招來攻擊。即使平常不打獵的人也開始巡邏這些幹道，彷彿醉心於這種容易獵殺的情況。他們追逐這些疲憊的動物，以各種東西來宰殺，包括刀槍與鏟子。這場屠殺並不是運動，也不是什麼光榮的事。這區的野生動物督察（County Wildlife Inspector）羅曼・柯茲契夫（Roman Kozhichev）在當地報紙嚴正表示，民眾應該冷靜，要求大家擦掉眉上的血，回歸到乾淨的狀態，別讓森林的生命消耗殆盡。

我來到捷爾涅伊後一個星期，團隊開始評估今年捕捉地點的地景。我首先搜查領域：先走一趟法塔河，想去拜訪安納托里——不知道他是否仍在那裡——打好基礎，在他的小木屋附近設陷阱。我搭車十六公里，往那方向前進，穿上滑雪板，進入森林。離開幾個月，再度回到森林感覺很愉快。獨自在樹林間呼吸著沁冷空氣，行經熟悉的地標，內心自在無比。啄木鳥與鴉暫停下來看我經過，我掃視雪地，看看什麼哺乳類動物曾走過這裡。我冬季待在森林的經驗挺足夠，能辨識出足跡的新舊：前夜或清晨的足跡會有尖銳的細

膩之處，然而太陽從山脊升起，陽光湧入山谷、軟化白雪之後，細節就會消失。從地理上與心靈上來說，這裡和明尼蘇達州的街燈、柏油路與千篇一律大不相同。在美國時，我感覺到自己就在家，不過，這裡也是我的家。

我穿過間隔拉得很長的白楊樹、榆樹與松樹，跨越山谷，大約經過一公里，來到安納托里小木屋北邊的法塔河。我看見下游有個身影，在岩架上站得高高的我拿起雙筒望遠鏡。看到安納托里透過自己的小雙筒望遠鏡回看著我。他帶著微笑，空著的那隻手朝我揮。我走在結冰的河道朝他前進，進入小木屋的門，門上有磨損的魚鴞羽毛和蛇褪下的皮裝飾。他說，他就料到我會來。

我和安納托里一起喝幾杯茶，問他有沒有關於法塔魚鴞的消息。他不時就會看見與聽見魚鴞，但進一步追問，又不確定是聽見單獨鳴叫或對唱。我請他准許我在小木屋附近設陷阱，並問他需要什麼補給品。他很高興我們能相伴，沒有要求多少東西：幾個蛋、新鮮麵包和麵粉就好。完成後，我聽他說埃及人飄起來興建金字塔。他還滔滔不絕說著亞特蘭提斯、能量與特定震動之類的事。等到該回到路上，與要接我回捷爾涅伊的人相見時，我穿上滑雪板，安納托里給我一大片鹿肉和粉紅鮭。我順著古老的伐木小徑前進大約一點五公里，回到主要道路，這過程會在森林裡迂迴，並看到種種動物辛苦前進的足跡彼此交會，有紅鹿、梅花鹿（sika deer）、麋鹿與赤狐。在某個地方，我看到一條溝，是一頭野豬在深雪中犁

出的。我在路上遇見贊亞‧金茲科（Zhenya Gizhko），他是我到薩瑪爾加河之後在碼頭認識的人。他問，我是不是去找安納托里。

「你認識他。」我好奇問道。

「我不認識這人，但聽聞過。他曾在捷爾涅伊住了一陣子，和海參崴一些可怕的人做生意。後來交易失敗，就躲到森林裡，大概十年了吧。」

這會兒我知道安納托里為什麼會待在圖因夏了。

接下來幾個晚上，我都試著聆聽魚鴞的聲音。我在謝列布良卡領域聽見對唱，在圖因夏河岸發現魚鴞足跡，巢附近也有羽毛。這表示，至少有一隻魚鴞在那邊活著。在快速評估目標領域之後，我自認應該處於有利狀態，可重新捕捉謝列布良卡與法塔領域的魚鴞，幫牠們裝上GPS資料記錄器。我比較不確定圖因夏魚鴞的情況，因為在整個捷爾涅伊地區，這是最難前往的地方，因此在我的優先順序列表上總是敬陪末座。

我回到捷爾涅伊，等安德烈‧卡特科夫（Andrey Katkov）；去年春天離開俄羅斯之後，他就加入魚鴞的田野調查，協助瑟格伊重新捕捉幾隻以GPS標記的魚鴞。安德烈已利用誘捕漁場，發展出新的魚鴞陷阱，並渴望嘗試。新的捕捉行動近在眼前。

25

卡特科夫登場

安德烈・卡特科夫五十多歲，蓄著鬍子，身材矮胖，有著羅馬享樂主義派的啤酒肚。他來到捷爾涅伊時，比預定時間遲了十二個小時；他開著「小房子」貨卡停在鯨肋隘口（Whale Rib Pass）路邊，在寒冷中以不舒服的角度度過一夜。後來，他招呼一輛裝著絞盤的卡車，要這輛車停下來。我知道卡特科夫曾是警察，也是老練的跳傘員——這些經驗代表紀律與穩定——因此認為他這樣一波三折是例外。

然而後來得知，卡特科夫認為車子在結冰的路上打滑，偏離車道，是開車時不可免俗的不便。他這樣處變不驚，次數頻繁，成為田野活動時的隱憂。我們在工作時要應付大自然的重重障礙，例如暴風雪與洪水，可別再為自己添麻煩。卡特科夫也有難以相處的個性：他喜歡講話的情況近乎病態，加上田調期間彼此距離很近，因此在他身邊很難覺得心平氣和。

或許最慘的是，卡特科夫鼾聲震天，無人能比。田調團隊的每

個人都會打鼾，但他可是傲視群倫。一般人打呼時吸氣吐氣的節奏，室友可能後來就習慣了，但是卡特科夫則以各種爆破、呼嘯、尖聲與哀鳴，讓那些在聽覺範圍內的人處於煩躁狀態。我們這一行，睡眠已很珍稀，而靠近這個人的話，想休息打盹都成了奢望。林林總總的特徵加起來之後，卡特科夫變成很難在田野共處的人。我即將忍受與他共度七週的苦日子。

第一天早上，卡特科夫就在錫霍特阿蘭山脈研究中心的廚房狼吞虎嚥，伸伸懶腰，背部貼著一面溫暖的牆壁。那面牆是與暖爐房共用的牆面，他就像隻貓，善用散發出的溫暖。我們檢查他帶來的錄影設備，包括四組無線紅外線自動相機、接收器、小型視訊監視器。他不忘攜帶每項器材都需要的十二伏特汽車電池來供電，還帶了小型發電機及二十公升的汽油，幫十二伏特的電池充電。他帶著手持攝影機，記錄捕捉過程。這下子，我們的裝備比過去幾季更多，多數都重得誇張：光是發電機與汽車電池就超過一百五十公斤。

起初重量並未讓我太傷腦筋，尤其這次捕捉季節的計畫，是從安納托里的小木屋外出發，以前車子都能開到那邊。但最近勘查後發現，由於雪深及腰，加上沒有犁出道路，因此沒這麼方便。我們把小房子貨卡停在捷爾涅伊，之後安排一趟沿著主要道路前進的車程，到距離安納托里的小木屋僅八百公尺的山谷對面。這樣看起來

不是太遠，此時的我也能踩著狩獵滑雪板，移動時相當有效率。到時候就和卡特科夫多跑幾趟，穿過山谷，把器材搬過去就是了。因此當我們把卡車上的東西搬下來時，就先全部搬進森林，放在路上看不到的地方。我套上滑雪板，能扛多少就扛多少，開始走路。我吸入冰冷空氣。起初由於我們扛著重物，滑雪板深陷雪中，但後來就能在壓實的路痕上滑行。

　　最初的興奮感在接下來三個小時消退，因為得跑個八趟，才能把所有東西搬到山谷的另一邊。卡特科夫和我終於找到自己的速度，分開步行，只偶爾交會，並趁機休息一下，抹去脖子上的汗水、咒罵，懊惱為何當初沒想到要帶雪橇。汽車電池與汽油桶是最重的東西，當初的設計就不適合長距離拖拉。我的手指勾著細細的把手，結果沉重的裝備讓我的手指沒辦法伸直，還磨破皮。天黑之後，終於大功告成，這下子我們癱在安納托里溫暖地等待我們的小木屋。他已經做好布利齊基，慶祝我們到來。

　　隔天，在懶洋洋喝完即溶咖啡，吃了剩下的布利尼小煎餅之後，安納托里帶我們去看他的冰釣洞。那是在結冰河面上的一處圓形開口，約有一個籃球那麼大，位於水力發電廠水壩鋼筋混凝土之間的廢墟中。他三不五時就會以短柄斧鑿冰，避免洞口結冰。卡特科夫很想釣魚，遂備妥裝備，把裝著結冰鮭魚卵當作誘餌的釣線投入洞裡，而我則回到小木屋，思索如何安排相機裝設地點。下午過了一半，他已抓了幾十條魚，我們小心帶到上游七百公尺，放進兩

處誘捕漁場；以前法塔哥都會在那一帶出沒。我們隔天花了很多時間在這些地點搬運、安裝，確認所有的相機與電池。接下來就開始偵查，想找個地方能讓每個陷阱和隱棚等距，我們要在隱棚安置接收器與監視器。這個地方會夠接近每一台無線相機，可接收訊號。終於，一切就緒，無線訊號夠強。那一夜，我們躲進隱棚，進行最後的設備測試，相信會萬事順利。大家裹著睡袋，戴上厚厚的羊毛帽，抓著馬克杯，將保溫瓶裡加了糖的茶倒進杯子裡，心情雀躍。我已經有夠多實地經驗，明白現在還是田野調查季與人際關係的蜜月期；大家才剛來到零下的帳篷，度過漫漫長夜，感覺挺新奇的，尚未感到疲憊不堪；個人怪癖日後會在這狹窄冰冷的空間被放大檢視，而在現階段則很容易被忽略。

　　不出預料，設備測試失敗了。若以為娛樂等級的技術在攝氏零下三十度還能運作，恐怕太過天真。瑟格伊和團隊起初是在較短的秋季月份測試設備，那時無論是白天或黑夜，監視器都會出現清楚的畫面。這裡入冬之後，監視器畫質在白天很不錯，但是黃昏後由於極度寒冷，設備完全失靈。螢幕隨著夜間下滑的溫度，變得一片黑暗。整個系統無法使用。更糟的是，發電機點火圈燒壞。這表示，即使視訊監視系統如當初規畫時一樣運作良好，我們也無法為十二伏特的電池充電。雪上加霜的是，過一個星期，我們結束在法塔的工作之後，還得把這些沒用的東西拖回道路上。

　　幸好我們還有攝影機，使用起來更得心應手。事實上，我們在

田野調查季的剩餘時間，都得靠這台攝影機：我們把它連上一條二十公尺長的視訊連結線，以現在派不上用場的十二伏特電池提供電力。這樣即可在隱棚看到獵捕場址的現場畫面。

為了不要一直掛念這些挫折，我開始好奇安納托里的過往。某天夜裡在吃晚餐時，卡特科夫提到安納托里曾說起在國外的某件事，並重複訴說這段我沒聽過的往事。顯然，在一九七〇年代初期的某段時間，安納托里曾擔任國家安全委員會（KGB）的線民，在蘇聯商船隊當水手。蘇聯公民被要求當線民，監視同儕的情況並不少見，那些出國的人尤其如此。事實上，有一項估計指出[1]，在一九九一年蘇聯垮台時，線民約有五百萬人。我不確定安納托里的角色是不是僅止於此，或在間諜體系中有更正式的角色。我隔天問他這件事時，他僅以笑容輕輕帶過，說：「那都是過去的事情了。」而我問他，左手的小指怎麼不見時，他也給了我相同的答案，並心不在焉地揉揉殘指。

在法塔河的第四夜，經過兩個傍晚獨自鳴叫之後，法塔哥終於發現誘捕漁場，吃掉約一半的魚。我們立刻搭起陷阱，那是卡特科夫和瑟格伊善用誘捕漁場所設計出的巧妙架構。簡言之，這陷阱有個圈套，是一條釣魚線，放在誘捕漁場邊緣，當魚鴞潛入誘捕漁場時，就有絆索會釋放圈套。隔天晚上七點二十分，法塔哥三年來第三次落入我們手中，我們幫牠裝上第一個新的GPS資料記錄器——共有五個——每十一個小時會記錄一次位置，共記錄一年。我有信

心，這款新記錄器會很有用；去年我們曾以較小型的款式實地測試，效果相當亮眼。現在這款的電池較大，下個冬天來臨前就不必再驚擾這隻鳥，如此一來，對各方來說壓力也較小。當然，法塔哥得活到下個冬天，才能再找到牠。

就目前來說，在法塔河上的工作完成了，但也不算太快。我沒辦法習慣卡特科夫的鼾聲。好不容易在夜裡習慣某種節奏，他又會翻個身，變成不同的刺耳聲響，因此我好想回捷爾涅伊，好好休息睡覺。在釋放法塔哥之後，安納托里的小木屋氣氛就五味雜陳。卡特科夫和我依然為了捕捉到魚鴞而歡欣鼓舞，但是安納托里悶悶不樂。或許是因為，他顯然知道客人即將離開，唯一會留下陪伴他的，又會是搔他腳的地精，還有寂靜的山脈。我發現，安納托里感覺到我們要離開時，就會更加瘋狂。他會滔滔不絕地說話，聲音很大，還會急切地說著各種話題，但都圍繞著某個主題打轉：古人擁有某種神祕知識，已失傳好幾個世紀，但如果能適當解釋特定物體的真正意義，就能解開這祕密，例如玩卡片、俄羅斯圖像，以及三角形。我自知對安納托里的思維如何回應，端視於工作進展。過去捕捉季若諸事不順，他說是因為我們的光環太過負面，或是他要我們幫忙挖白袍男子居住的洞穴時，我聽了都老大不高興。但在這次很成功地捕捉與釋放之後，我會事事順著他。他的信仰堅定深刻，但和別人分享想法的機會少之又少。我很抱歉，把他單獨留在森林。隔天，我們使用衛星電話，安排一輛車在主要道路接我們，於

是卡特科夫和我再度穿上滑雪板，幾次花好幾個小時穿過圖因夏河，拖著故障的發電機、沒派上用場的汽車電池等林林總總的東西到對面。我們要到捷爾涅伊外工作，試著在謝列布良卡地區捕捉。

26

謝列布良卡捕捉記

在所有的捕捉地點中，謝列布良卡河是我最自在的地方。由於這裡接近捷爾涅伊，這些年來，我會在河上划船，沿著河邊走到海岸，也曾在能俯瞰河谷的山坡，追蹤虎與熊[1]。所以，我們在法塔領域捕捉魚鴞很順利，但是到謝列布良卡河連抓點魚當誘餌似乎都行不通時，不禁覺得遭到背叛。我花了三天在結冰的河上遊走，穿著鮮紅色夾克與氯丁橡膠涉水裝，肩上扛著鑿冰器，手中拿著魚竿時，心中不免洩氣。鑿了許多冰洞、浪費好幾個小時，依然沒有魚來啃咬魚餌；我承認自己是功力不足的釣客，但顯然還有別的原因，導致魚都不上鉤。我開始在捷爾涅伊到處問[2]，為什麼魚兒不上鉤，大家大概都說，每年此時這條河就像鬼城，魚類可能是遷徙到不遠之處。卡特科夫與我同意，回到安納托里家那裡才是上策，在圖因夏河冰釣可靠多了。我們會離開主要道路，沿著許多人走過的路徑，空手滑八百公尺，不久回來時會有滿滿一桶水和活魚，之後快速開車到謝列布良卡的設陷地點，釋放誘餌到誘捕漁場。

果然，每一趟可以捕捉到多達四十條魚。安納托里很高興看見我們突然回來，與他相伴，坐在那邊幾小時晃動著魚線。只是，此舉需要在幾個捕捉地點之間花好幾個小時，路途中卡特科夫會把音樂開到很大聲，轟炸我的耳朵。他尤其喜歡一份錄音帶合輯，裡頭的俄文歌曲主題與狼有關，第一個星期，就只聽這張專輯。後來我聽膩了，開始在副駕駛座的置物箱翻找，看看有沒有其他選擇，但看起來選擇不多。後來發現，那些聽起來冗長的狼嚎，以及「你可能以為我是狗，但其實我是狼」之類的歌詞還算可容忍，因為其他選擇只剩下木匠兄妹樂團（Carpenter）情歌的舞曲混音版。

　　除了搭車時的緊繃氣氛外，我的時間大半像在日常冥想，以及例行體能鍛鍊。由於每天都得花幾個小時在河谷滑雪，提幾桶水和魚，身體也出現回應，身材達到數年來的最佳狀態，精神也很好。過去的田野考察季節讓我深感壓力，但現在，我已熟悉田野現場的環境，更了解魚鶚，設起陷阱也熟能生巧。這過程中會有一股平靜油然而生，我需要的只是耐心和魚，其他的事就順其自然。這過程很有使命感：魚鶚是一種需要發聲的物種，而藉由梳理牠們的祕密，就能賦予牠們聲音。

　　後來，在謝列布良卡連兩天都沒有魚鶚的跡象之後，有足跡顯示，有隻魚鶚在距離誘捕漁場不到一公尺處狩獵。不過，牠沒在這裡捉魚，因為一夜之間氣溫驟降，河面結冰，導致誘捕漁場封在冰下，魚鶚看得到這些扭動的誘餌，卻碰不到。我們預期，明晚這隻

魚鴞會再回來，因此架好攝影機，並以厚厚的棉墊包裹，還包上搖一搖就發熱的拋棄式暖暖包，希望調整之後，機器就不會凍壞。我們從攝影機拉了一條二十公尺的線，連接到隱棚的視訊監視器。我們有陽春的遙控器，可以拉近鏡頭，但無法水平運鏡；但這樣已可滿足目標。我們能夠觀察到魚鴞接近，之後把鏡頭拉到其腳環，辨識未來要捕捉的目標。

對我們兩人來說，在帳篷裡等待實在挺難受的。卡特科夫總想要悄悄對話，而我則不斷拜託他保持安靜。幸好我們很快便進入全神貫注的無聲狀態。才過了一會兒，監視器角落出現黑影，在河岸高處的雪地降落。牠出現時挺笨拙的，好似羞於上台的演員被看不見的手推向聚光燈下。魚鴞動也不動，坐了一會兒，評估周圍場景，鎮定下來，之後穿過如波浪起伏的雪堆，來到平坦的結冰邊緣與誘捕漁場。我把鏡頭拉近：從腳環可看出這隻就是謝列布良卡雄鳥（Serebryanka male，「謝哥」）。在經過又一段時間的靜默沉思之後，牠拉長脖子，專注盯著魚，姿勢像是老虎準備撲向獵物那樣。隨後，牠腳伸長往前跳，翅膀伸展到頭上，彷彿魚鷹俯衝，跳進一步之遙的水裡，水深剛好蓋過腳。這傳送過程挺逗趣的，就像看高臺跳水者在預跳暖身，最後踏進兒童池子。我以為世上最大的鴞會更能展現肢體力量。去年在賽永見過魚鴞獵捕，那時賽永哥抓了一條魚餵賽永姊，但那次觀察不那麼清楚，魚鴞多待在陰影中。這就像是從黑白螢幕變成高解析電視。魚鴞就在清晰的焦點中，靠

紅外線攝影機照亮。

　　牠在誘捕漁場裡，翅膀依然高舉，緩慢拍動一會兒之後收回身上。看得出來為何卡特科夫的捕鴞陷阱這麼有用：在魚鴞完全投入抓魚之前，陷阱不會啟動，這樣魚鴞雙腳就會完全陷入圈套中。魚鴞會站在漁場一會兒，雙腳藏在淺水中，之後環顧四周，確定沒有誰在觀察牠。之後牠會抬起一隻腳，露出爪子，抓住扭動的鮭魚。牠會低下頭，鳥喙銜起這條魚，在魚頭啄個幾下對付，讓魚一命嗚呼。之後，牠會慢慢吞下這條魚，身體抽動，頭朝天仰。魚鴞會好奇瞥看從腳邊流動的水，以和剛剛相同的姿態撲向魚。這一次，牠會帶著新的戰利品走向岸邊，背對著我們吃掉這條魚，之後頭往回轉，面向這條河。

　　我們痴迷地望著這條魚，這時謝哥已花了將近六個小時的時間，在誘捕漁場徘徊。我們舒舒服服待在帳篷，卡特科夫帶了一大保溫瓶的熱茶，而河水的流動聲能避免魚鴞聽到我們更動姿勢，或悄悄對眼前景象發表意見時的話語聲。我想到，這般情境時時刻刻都在東北亞重演。從濱海邊疆區到馬加丹（Magadan）——北邊兩千公里——甚至日本，都有零星而稀少的魚鴞分布，在結冰的河邊弓著身子。這些羽毛與爪子構成的龐大物體，就這樣抵擋著寒冷，並把焦點放在水上，等待閃亮或漣漪洩漏出魚的存在。我覺得自己好像在與牠們分享祕密。凌晨兩點，所有的魚都不見了。即使已吃光漁場裡的魚，這隻魚鴞依然在岸邊多待了一個多小時，盯著由鋼

網與木頭構成的長方形，彷彿在想，這神奇魚箱何時會再冒出點心。我們明晚會設陷阱。

為了準備捕捉場地，我們得先在圖因夏河冰釣，取得更多魚，也要打開十二伏特的電池，啟動螢幕看新畫面，並在天黑之前回到謝列布良卡，設好陷阱，在隱棚等待魚鴞回來。紙上談兵容易，現實情況可真折騰人。

我們做的第一件事情，就是從捷爾涅伊前往圖因夏河谷，穿著滑雪板經到安納托里的小木屋抓些魚，把魚帶回謝列布良卡的捕捉地。這時才剛進入下午，我們還在時間表上。然而從謝列布良卡回到捷爾涅伊，「小房子」越跑越慢，最後停下來，在距離村落六公里處汽油耗盡。我知道瑟格伊正開著GAZ-66前往捷爾涅伊，要來接卡特科夫和我，畢竟我們還得前往安姆古，展開更急迫的捕捉行動。今晚對我們來說很重要：一旦機會錯過，恐怕不會再有。

卡特科夫留在貨卡上，希望能揮手示意哪個有漏斗、軟管與足夠油量的人能停下來，分點油箱的油給我們，而我則朝著捷爾涅伊徒步，盼能搭便車。路上車子不多，沒有一台經過我時停下來，有點出乎意料。我已習慣在這裡搭便車，在較溫暖的月份，我的穿著會假裝是捷爾涅伊漁夫，伐木卡車會特別渴望有可能是本地人的陪伴，告訴他們哪裡有魚可釣。聽到我找的是有羽毛的，而不是有魚鰭的，多數人還真失望。

我帶著供應攝影機電力的汽車電池，重得要命，就這樣一路走向捷爾涅伊，之後爬上山，前往錫霍特阿蘭研究中心。雖然花了好幾個小時，但是到了那邊，才想到早該把這老舊電池放在車上，到時候再從捷爾涅伊的補給品中拿個新的就行；沒道理拎著汽車電池走六公里。我以為會有便車可搭，根本沒想清楚。

　　時間不多，或許再過一個小時就要天黑了。我挑了個新電池，還有幾個捕捉器材，扔進圓筒行李包。接下來需要瓦斯罐，還要搭車去加油站，又是一趟六公里的路，前往小鎮的另一邊，之後再回去那輛無法動彈的小貨卡。在數度嘗試之後，我打電話找到一位叫做傑納（Genna）的年輕人。他曾經短暫在西伯利亞虎計畫（Siberian Tiger Project）中任職，也曾幫我尋找魚鴞，目前則在捷爾涅伊林務部（Terney County Forestry Department）工作。他顯然注意到我的語氣焦急，馬上答應出手相助。他火速前往加油站，取得所需汽油，之後又回來接我，載我回到小房子貨卡那裡。

　　就在夜幕低垂之前，我們回到卡特科夫身邊。傑納開車掉頭前，我握著他的手，說欠他一杯啤酒，以示感謝，也得還他汽油費用。他又揮揮手，咧嘴一笑，說很高興能成為這次冒險的一份子。卡特科夫和我回到河邊，設立陷阱，這時那對魚鴞已從巢樹的方向開始鳴鳴叫。時間急迫，魚鴞隨時都會停止鳴叫，一旦如此，就代表謝哥一定會飛到誘捕漁場，看看有沒有更多魚出現。我知道自己在壓力下可能出錯，因此一而再、再而三檢查打好的結、圈套放置

位置，也請卡特科夫檢查。一切看起來沒問題。我們跑過雪地，躲到附近的隱棚。

　　由於腎上腺素爆發，我們氣喘吁吁、寒毛直豎，就這樣蹲伏在帳篷中，聽見魚鴞在遠處持續鳴叫。牠們大約每六十秒嗚嗚叫一次，之後靜默的時間從一分鐘拉長到兩分鐘、再來是五分鐘，這時我們就知道可以開始倒數計時。公鴞開始夜間獵食。我們傾聽魚鴞在接近時翅膀的呼嘯聲。這下不必提醒卡特科夫保持安靜：此刻他和我一樣努力觀察。

　　公鴞出現在我們畫質粗糙的螢幕上，我也跟著緊張起來。由於我沒有聽見翅膀的聲音，於是猜想，牠已經滑翔過河。我耳中聽見咚咚心跳聲。這隻鴞幾乎沒有暫停下來，才剛降落河岸，又直接撲向誘捕漁場。我們在僅僅二十公尺外聽到橡皮筋彈開、拉緊圈套的聲音，但在螢幕上，魚鴞退縮回河岸，坐在那兒環顧四周，彷彿受到驚嚇，但沒有落入陷阱。要是牠落入陷阱，想必這隻魚鴞會馬上把注意力轉移到腳上的線，以鳥喙啄線頭。但是這隻魚鴞只盯著誘捕漁場。我們嚇傻了。之後，卡特科夫回神指著螢幕，以氣音指出白雪上有個黑色的線連到魚鴞的腳：魚鴞掉入圈套了！我們趕緊拉開帳篷拉鍊，衝往河邊，腳步掀起雪花。在雄魚鴞設法飛走時，我們看見橡皮筋把牠拉回地面。抓到謝哥了！這麼一來，就有兩個資料記錄器可收集資訊。

隔天很晚，瑟格伊、柯利亞與蘇里克來到捷爾涅伊。雖然GAZ-66軍用卡車才歷經三次大修改，換過新引擎，生活區域也大改造，但來到我們身邊時，這輛GAZ-66在二十四小時內又接連出現三大維修問題，於是出發時間再度延宕。我對車輛及維修可說是一問三不知，無法完全理解問題有多大，但看到要彌補這些問題多麼費力，對於嚴重性大概也略知一二。第一個問題修補一下就解決了，第二個問題也靠著一段電線而暫時撐過，但要解決第三個問題就需要新零件。不過，在捷爾涅伊方圓一百五十公里內卻找不到零件。此外，這個週末是假日——國際婦女節[3]——多數商家沒有營業。

　　國際婦女節都是三月八日，自從一九一七年以來，在俄羅斯也是非常重要的國定假日。之所以稱為國際，是因為全球各地都有這節日，但慶祝活動最熱烈的是在俄羅斯、前蘇聯及古巴等共產國家。男人在俄文的「三八節」中，會獻上大束花朵、巧克力與盛讚給身邊的女性。這些歌頌之詞甚至浮誇到無法跨越文化翻譯，正如最近在威斯康辛大學所發生的交流插曲，就能看出端倪。在國際婦女節訪問這所大學的俄羅斯學生，祝福美國女大生能生產順利，也感謝她們對較嚴肅的男性保持耐心。這些女子深受冒犯，不知如何回答，差點要檢舉這些俄羅斯人性騷擾。

　　由於在捷爾涅伊，人人的重心都在女人身上，鎮上沒有人可拆解另一輛GAZ-66的零件，因此我們無法立刻離開。柯利亞、瑟格

伊與蘇里克繼續修理GAZ-66或是追蹤零件，卡特科夫和我則開車到圖因夏領域，看看住在那邊的魚鴞夫妻那年是否繁殖。我們把貨卡留在卡特科夫滑進的溝渠時（當時稱為停車點）正下著大雪，而我們穿滑雪板滑過谷地，前往巢樹。這裡的風勢強勁，雪又重又溼，加諸更多壓力到我其中一個已裂開的滑雪板，於是在穿越河谷的半路上斷裂。我們繼續前進，卡特科夫耐心地等著在後面的我，我則扛著滑雪板，辛苦穿過雪地。我們發現，這棵巢樹幾乎沒有使用：可能是圖因夏這對魚鴞今年沒有繁殖，或在其他地方找到巢樹。回到道路上時，天氣越發惡劣。我們在白茫茫的暴風雪中開車到捷爾涅伊，傾聽木匠兄妹哀嘆逝去的愛，音量幾乎把我炸聾；我問卡特科夫，有沒有關於狼的歌曲可聽。

27

吾等惡魔

瑟格伊打電話給達利涅戈爾斯克的朋友，找到所需的GAZ-66零件，並交由下一班北上的客運托運，送到我們手中。司機常在各城鎮之間遞送郵件，賺點外快——比俄羅斯郵政快速可靠多了。等我們終於離開捷爾涅伊，已比計畫晚了幾天，來到三月的第二個星期，春天可能隨時降臨。在前往安姆古途中，GAZ-66唯一一次故障是在冰天雪地的克馬隘口，喇叭莫名其妙在黑暗中大響，無法關閉，直到柯利亞火大咒罵，把某條電線拔斷。

到了這個季節尾聲時，我們的目標是重新捕捉安姆古區（沙密、庫迪亞、賽永）三隻裝有GPS標記的魚鴞，那是去年春天我還在明尼蘇達時，瑟格伊和卡特科夫抓到的魚鴞。我們得下載魚鴞背上的資訊，並把三個剩下的新資料記錄器安裝上去，開始收集最後一年份的移動資訊。當我們行經安姆古垃圾場，進入城鎮之時，兩隻白尾海鵰（white-tailed sea eagle）從吃了一半的狗屍體上飛起，這條狗的屍體是因為來自海岸的風把雪吹散之後，才從雪底下暴露

於外。兩隻海鷗揮動大翅膀，鬆開爪子，吃驚飛到空中，之後累積足夠的動能，從我們的方向轉向，繞回去守護寶物，不讓從天而降的烏鴉掠奪。每一次到安姆古，這座邊境城鎮的粗獷之感總令我驚訝。我們行經滿臉大鬍子的男子身邊，他們穿著家裡縫製的外套在砍柴，抽沒有濾嘴的香菸，而女子則穿著毛氈靴子、繫著圍巾，站在路邊看著我們經過。這是個不願意丟棄任何東西的文化殘骸，幾乎每個院子都有獵犬吼叫，而湊合著建造的小屋都有漁網掛在牆上。

我們在安姆古西部、沙密河邊緣的溫泉附近紮營，去年就是在這裡捕捉住在此處的沙密姊。我們得再度捕捉這隻魚鴞，從牠的資料記錄器取得數據，也要捕捉沙密哥。在設置誘捕漁場，放進新鮮的魚之後，我們在河流下游分頭進行，尋找沙密巢樹。蘇里克花了不到一個小時的時間就找到了。

坐在巢裡的沙密姊看起來比我想像中冷靜。魚鴞會花很多時間，盡力避開人類，因此我以為，如果魚鴞與吾等惡魔四目相交，感到恐慌應該是天經地義，畢竟我們這種壞蛋會捕捉、又戳又把持著魚鴞。然而在真正面對面時，魚鴞看起來毫不在乎。去年在庫迪亞領域，蘇里克爬上一棵鄰近的樹木，發現自己直視住在這裡孵蛋的母鴞，那是在一個月前標記的。牠看了蘇里克一下，就覺得自己還有要事在身，遂挪開視線。此刻我們站在一株古老的遼楊大樹下，瞪大眼睛，看著隱藏在上方縫隙的大禮。母魚鴞坐在那，動也

不動，躲在那邊。唯一洩漏牠存在的，就是從樹洞邊緣冒出的蓬蓬的耳羽，於微風吹拂下輕飄。鳥巢找到了，但我們急於捕捉的母鳥在孵一窩蛋。現在不該捕捉牠。

回到GAZ-66，團隊成員聊起先前在沙密的經驗。這領域對我們來說向來是個謎，我曾與瑟格伊在二〇〇六年，花好幾天追逐住在沙密與安姆古河下游的一對魚鴞，設法找到巢樹，卻沒能如願。瑟格伊曾和蘇里克在幾年前，與日本魚鴞生物學家竹中健（Takeshi Takenaka）來到這裡，那時我尚未開始研究魚鴞，他們當年也是這樣追著魚鴞跑。瑟格伊提起那趟遠征的軼事，說蘇里克曾徒手攀登一棵樹頂腐敗的老遼楊樹，他倆相當確定那是巢樹。等到蘇里克來到距離地面十公尺高的陰暗樹洞時，疑惑地往下大嚷，說他找到「毛」，並丟下一些毛讓瑟格伊瞧瞧。瑟格伊撿起這幾團毛，但那顯然屬於亞洲黑熊，這才明白原來蘇里克是把頭探向正在冬眠的熊，還說樹洞裡飄出溫暖的空氣。瑟格伊大吼，要蘇里克盡快下來，只盼黑熊沒被吵醒。

亞洲黑熊的大小和美國黑熊相仿，身形看起來更粗獷些。牠們也有凌亂的黑毛，胸前有一大塊白毛，還有好看的圓耳朵，像米老鼠俱樂部的帽子。牠們外表可愛，實際上卻很危險，比棕熊還有攻擊性——棕熊是黑熊與其他濱海邊疆區熊科動物的表親，個子比較大——也更可能攻擊人類。雖然黑熊不是瀕危動物，但是熊掌和熊膽在亞洲黑市很值錢[1]，號稱可治百病，從肝病到痔瘡都能醫治。

若盜獵者看見蘇里克爬的這種白楊樹，認為裡面可能有黑熊時，就會在樹下鑿個洞，插入會冒煙的東西，並持槍等待這一頭霧水的熊，爬出樹頂躲煙。

發現沙密姊在巢裡的晚上，我拚命把自己塞進棉花糖裝，靜靜移動到距離巢樹約不到二十公尺的地方。我躲起來，準備好麥克風，深信在黃昏時就可以錄到對唱；我從來沒有機會這麼靠近魚鴞發出鳴聲的地方。那時是傍晚六點十五分。過了大約半小時，由於無法移動，身體因而發疼，也覺得失去耐性；這時，我看見沙密哥俯衝飛來，降落在一旁粗大的垂直樹枝上，是在樹洞的視覺範圍內。在孵蛋的沙密姊發出類似噴嚏的聲音。我只在附近出現烏鴉或狐狸之類的掠食者時，曾聽過這種鳴叫，看來沙密姊是在警告沙密哥我就在這。母鴞無法從巢裡看到我，但顯然三十分鐘前就聽到我過來，並且沒有忘記。對唱是從雄鳥弓起身時開始，喉嚨白色的地方鼓起，低沉的音符衝入冰冷的夜晚空氣中。母鴞剛好回應，鳴叫聲在巢洞中悶響。這情況忠實持續近半小時，幾乎每分鐘就來一次，直到母鴞忽然打破規律，連續中斷對唱兩次，縮短對唱，在第二次之後飛出洞穴，在大約離巢二十五公尺處降落。雄鳥飛過來加入；那時四下黑暗，我只能看出牠們在天空下的輪廓。牠們在這巨大的水平樹枝上面對面，繼續對唱一次，之後雄鳥攀附到雌鳥身上一會兒，拍動翅膀，隨後滑下。牠們是在交配。在回到鳥巢之前，雌鳥拍動了幾次喙子：這是一種攻擊行為，可能是朝著我來的，認

為我是潛伏的偷窺狂。等到母鵰回到巢裡，這對魚鵰又恢復對唱，持續十五分鐘。雄鳥與雌鳥都躲在我看不見的地方，雌鳥是在樹洞邊緣，雄鳥則在黑暗中。

除了我們在第一晚嘗試捕捉時，就成功捉到的沙密哥之外，我們也使用庫姊的GPS資訊，在一個小時的時間內取得三隻庫迪亞魚鵰的資訊——雄鳥、雌鳥及一歲的幼雛。在非捕捉季節，GPS資料顯示，在距離我們去年費力捕捉處兩公里的地方，有個魚鵰狩獵處，瑟格伊和我待在沙密時，也開始勘查此地，發現開車可以很快到達這附近。事實上，在朝沃科夫小木屋方向的安姆古河上有座橋，那座橋往上游五十公尺的冰島上有許多魚鵰足跡，及魚的血滴。我們完成沙密的工作後，就重新遷移到那邊，在通往河邊的漁夫小徑末端紮營，對面就是樺樹與橡樹叢生的陡坡，緊鄰水岸。我們設了幾個誘捕漁場，等待黃昏。

沒想到，魚鵰很快就發現誘餌——幾分鐘前才天黑——更出乎意料的是，我們能完全毫無阻礙，從營地直擊魚鵰的獵捕行為，且不光是一隻魚鵰，而是一家子：包括住在這裡的魚鵰夫妻，以及一歲大的幼鳥；幼鳥羽衣類似成鳥，但臉上的色斑較深。看來是沒有第二隻幼鳥的證據，雖然我記得蘇里克去年發現巢裡有兩個蛋。第二顆蛋怎麼了？真想趕快回到賽永，看看那裡的巢是不是有兩隻幼鳥，我去年曾在那邊發現一隻剛孵化的雛鳥和一顆蛋。

魚鶚家族選擇的狩獵地點，顯然很接近我們與橋。那裡可以聽到河岸村莊的狗群吠叫、伐木卡車轟隆駛過與海洋靜謐聲，而庫迪亞家族晚上開始獵食。雌鳥帶頭滑翔，低飛過河面，之後飛起來，棲息到河面上的樺樹樹枝。她配偶的輪廓毫不停歇地飛過，棲息在下游方向約五十公尺處，就在橋邊。最後，幼鳥尖叫，不耐煩地降落在母親旁。一時半刻，三隻鳥動也不動，彷彿在夜幕完全降臨之際評估情勢，身影沒入背景的雪與樹。兩隻成鳥幾乎同時降落在安姆古河結冰的河岸，之後朝水濱去找魚。一歲的幼鳥幾乎和成鳥一樣大，拍拍翅膀來到母親身邊，但母親不理牠的乞食，所以幼鳥又拍拍翅膀，往下游朝父親飛去，而公鶚給牠一條從剛發現的誘捕漁場抓來的魚。魚鶚家族在黃昏後的一個小時積極狩獵，吃飽後全都坐在岸邊，位於牠們精選的獵魚洞口，懶洋洋地搜尋魚的蹤影。

　　除了從來沒有這麼清楚看過狩獵及家族的互動之外，還有件事情令我很驚訝——這些魚鶚不太在乎我們就在那裡。牠們當然知道我們存在：GAZ-66和劈啪響的營火，不太容易視而不見。柯利亞甚至走到謝爾巴托夫卡橋中央，看個仔細，看見雄鳥飛離棲樹，潛水兩次。是因為這裡接近村莊，因此這裡的魚鶚比較習慣人類嗎？我們隔天設立陷阱，一個小時內就捕捉到了三隻魚鶚。我們幫成鳥裝上資料記錄器，但只幫幼鳥測量與抽血，並安裝腳環。這隻幼鳥在接下來一年的出沒範圍會超出原生領域，我們可不敢把資料記錄器裝在之後找不到的魚鶚上。

28

卡特科夫遭逐

　　我們朝著賽永北上，現在還剩下一個資料記錄器。我們喜孜孜地發現，這裡的魚鴞夫妻和庫迪亞一樣，似乎在不同地方獵食，如此更容易捕捉。發現一歲幼鳥和成鳥一起獵食，也是很令人振奮的事實。這想必是我去年拍攝到的巢中雛鳥。目前看不出有第二隻幼鳥的跡象。我們把誘捕漁場設在距離營地僅約一百公尺處，這裡有來自賽永氡溫泉的溫水匯入，河道仍未冰封。第二個誘捕漁場則在往下游七百公尺處，就在巢樹旁。我們想先捕捉賽永哥；這隻雄魚鴞配戴的是舊款資料記錄器。我們可下載資料、充電，之後也可以幫賽永姊裝上記錄器。

　　我們就在溫泉處紮營。去年冬天來這時，附近的小木屋結構已嚴重毀損，但幾個月來經過修繕，有落葉松打造的新牆面與屋頂。有個無名氏願意持續修復這建築，但有些造訪溫泉的人卻把這裡當成是生火木柴的方便來源。我們在三月底來到這時，小木屋已不能住：門、窗框，以及其中一面牆的部分原木已遭竊取。賽永河的水

溫[1]沒有沙密領域的溫泉高，在工作一天、汗流浹背之後，這裡成了可泡澡的微溫處。在乾淨的水域，水蛭是很常見的泡湯夥伴，會游在水潭底部的小石子上方。雖然讓人有點不安，不過水蛭通常會留在兩公尺長寬的池子角落，而我們有自己的地盤。

我們五人已同住GAZ-66快兩週，瑟格伊和我睡在前車廂，卡特科夫、蘇里克和柯利亞則像冬眠的熊，窩在後車廂的平台。鼾聲震天的卡特科夫睡在兩人中間。這安排目前似乎相安無事，但某天早餐、大夥兒吃著前晚晚餐的剩餘食物時，兩眼模糊的蘇里克說他耐性磨光了。他不僅得忍受近在眼前二十公分的轟天巨響，卡特科夫還會在睡覺時手臂用力一揮。就算蘇里克能忽視吵雜聲，也躲不掉隨時挨揍。就連能在天空降下大冰雹時安穩睡在石堆上的柯利亞也同意。

卡特科夫對這些攻擊嗤之以鼻。「你們要是睡不著，或許該去找治療師。你們的心理問題關我什麼事？」

蘇里克口出穢言，一手用力拍桌，要求瑟格伊介入。大家講好，從那時開始，有人得去較低處的陷阱隱棚過夜，如此更能監視那個地方，同時也能騰出GAZ-66的睡眠空間。大家投了票。在可預見的未來，這個人就是卡特科夫。

我們很地快捕捉與釋放了賽永哥，將牠的舊資料記錄器換下來給賽永姊，但三月底一場暴風雪襲擊，疾風飛雪搖動著GAZ-66，

把木柴堆和海力士埋在雪中。我們可不能在這種環境設陷阱，所以躲在卡車上。卡特科夫才因為遭排擠而不高興，現在都待在帳棚，只在用餐時間出現。暴風雪一場接著一場出現；我還飽受胃腸不適。大家似乎都沒事，所以問題來源可能不是柯利亞準備的食物。我試著回想最近做了什麼有風險的行為，立刻列出長串名單。第一，我們飲用含有氡的水，並以這種水來煮食，因為沒有人想在暴風雪中走上百公尺，到河邊提幾桶乾淨的河水回來。我這個西方人腸胃對額外輻射多敏感，恐怕是未知之數。第二，我吃了一片香腸，這香腸掉到地上，於GAZ-66髒兮兮的地板上滾動。第三，我以刀子切開找到的死青蛙腹部，之後——第四與第五——沒洗手又沒洗刀子，接著——第六與第七——切了麵包，吞進肚裡。這些全是早上以來所發生的事，難怪會不舒服。

我身體不適，成了其他受困雪地的隊員一大娛樂來源：他們在GAZ-66的後車廂斜靠著玩牌、喝茶與吃餅乾。而當我一急急忙忙套上雪褲、衝出卡車，跑過結冰的沼澤，前往樹叢的茅坑，他們就暗自竊笑。我在那邊悲慘蹲著，身上積了厚厚一層雪。

隔天下午三點左右，兩場暴風雪終於結束。我走七百公尺的小徑，前往較低的陷阱區，卡特科夫就是被趕到那邊。由於賽永姊的陷阱已準備設立，因此最好從黃昏到黎明時，兩個地方都有人監控。蘇里克或瑟格伊都認為，沒辦法忍受和卡特科夫一天待在一起十二個小時，所以我自願接下這份差事。雖然他可能很激動——他

的睡眠習慣古怪，又愛講話講個不停——但我挺喜歡卡特科夫，欣賞他對這一行的真誠興趣。帳篷是又臭又亂的山洞。卡特科夫被趕出來，不能在GAZ-66睡覺之後，反倒放縱起來，令人印象深刻。他並未先挖到堅硬地面，便直接在雪地表面搭帳篷。他在這已經待了一段時間，加上偶爾使用瓦斯暖爐，因此帳篷內的地面高低不平。裡面的所有東西——監視器、供電的十二伏特電池、睡袋、保溫瓶——都放在中央大凹坑的邊緣：那個大坑可能會完全吞掉帳篷。帳篷邊緣和中央的地面可能有四十公分的落差，而坑的中央還有積水。

「你在這裡面怎麼睡覺？」我驚訝問道。

卡特科夫聳聳肩。「就縮在邊緣。」

沒想到坐在帳篷裡還挺舒適的：由於坑洞在中央，坐在邊緣時就像在長椅上，穿著靴子的腳踩在水窪中。接近傍晚時，誘捕漁場的圈套架好了，於是我們開始等待。我們打算每四小時輪班，一人看螢幕上有沒有魚鴞出現，另一人則休息。卡特科夫很高興有個一起捕鳥的聽眾送上門，承認自己在野外算不上愜意。他已接受被驅逐到帳篷的命運，也沒怨言，但這樣確實讓他不開心，甚至開始出現被害妄想。比方說，他指控蘇里克把他的東西藏起來或丟棄。而在前一晚，他認為瑟格伊朝著帳篷丟雪球，想要折磨他，後來才明白，是暴風雪的風勢很大，樹幹上方的雪鬆了，成團擊中帳篷。有一回，他在夜裡看見外頭紅外線攝影機的紅光，他忘記那邊設置了

攝影機，認為瑟格伊悄悄靠近他，想透過拍攝，確保他沒在睡覺。卡特科夫繼續這樣喋喋不休，放棄睡眠，傾身過來吐出一連串意識流話語，就這樣過了幾個小時，聽起來像綿延不絕的噪音。他吃香腸與起司，這樣才有力氣獨自滔滔不絕，之後打了個嗝，氣味就像飛船漂浮在這狹窄的空間。我輪班結束時，沒能目睹到魚鴞，於是把自己裹起來，在凹坑邊緣睡覺，將監視的任務交給卡特科夫。但是，我發現這種姿勢根本不可能放鬆。隔天早上，我從帳篷出來，幫他移動帳篷，挖掉帳篷下方的雪，讓地面平整。

隔天晚上，卡特科夫重新訴說他最初目睹魚鴞的情況。「蘇爾馬奇跟我描述這些鳥類時，」他雖然以氣音說話，但音量不小，算不上是悄悄說話，「我在心中想像一種雄偉的生物，只有在最完美無瑕的環境才找得到：棲息在覆蓋著雪的松樹，之後潛入山澗的清澈水流，抓一條超大鮭魚。」他暫停一下，笑著說：「想知道我第一次見到魚鴞的情況嗎？去年春天，我和瑟格伊開車去安姆古，重新捕捉庫姊。那時接近午夜，大雨淅瀝嘩啦。路在安姆古隘口山腳下轉了最後一個大彎時，車頭燈照亮一隻魚鴞。牠就坐在路邊廢棄的卡車輪胎上，羽毛被大雨淋得黏在身體，正吞下一隻蛙！我告訴你，那和我預期的不一樣，其實沒那麼雄偉體面！」

幾小時後，我正在睡袋裡，這時卡特科夫從帳篷另一側踢我，嚷著說抓到東西了。我衝出帳篷，朝著陷阱跌跌撞撞前進，這時發

現魚鴞幼鳥正在河岸拍翅膀。我抓起牠，把這隻一頭霧水的魚鴞帶回隱棚，卡特科夫正在外頭擺上一張折疊桌。自從上次見到這隻雛鳥之後，牠長大了不少——這隻就是去年四月在巢裡發現只有幾天大的魚鴞：毛絨絨、眼睛還沒睜開，那模樣好無助。現在牠可沒那麼脆弱了。我已學會分辨魚鴞成鳥與亞成鳥的羽衣，指出顏色較深的臉部色斑給卡特科夫看，說這是亞成鳥。不過，這隻鳥趁機把尖端像鉗子一樣銳利的鳥喙，朝我手指深深一啄。這下血流如注，留下深深傷口。我清洗傷口，又沒有OK繃，於是以紗布包紮，再以布膠帶固定。我們測量這隻年輕魚鴞，之後幫牠裝上腳環，將牠繫放。

由於三隻賽永魚鴞當中，我們已捕捉到賽永哥與小賽永兩隻，但是留在那邊要捕捉賽永姊的陷阱很可能又抓到這對父子。為了避免這情況，我們把兩個陷阱改成手動啟動，這表示，魚鴞可以在誘捕漁場自由獵捕，不會被抓，除非我們拉動線索，手動啟動陷阱。蘇里克與瑟格伊留在上方的隱棚，而我回到下方陷阱，也就是卡特科夫的地盤。

29

兵敗如山倒

　　夜幕低垂，隆冬的寂靜籠罩萬物，偶爾出現如鞭炮般的爆炸聲滲透，那是在樹木間擴張的冰，於日落氣溫遽降後傳來碎裂聲。母鴞宛如鬼魅。我們幾乎每天晚上都會聽見牠伴侶的鳴叫聲，但只出現在螢幕上一次。那時牠撞向圈套，但我們還沒到牠身邊，牠已掙脫繩結，是唯一辦到的魚鴞。但在那之後，就什麼也沒有。牠一定還在某個我們沒辨識出來的狩獵地點。依據我們對庫迪亞魚鴞的經驗，那可能在好幾公里以外的地方。

　　我們已在森林裡住了將近一個月，日復一日重複相同工作，沒什麼新進展。卡特科夫和我徹夜於隱棚輪班，這會兒實在疲憊，現在會把十二伏特的超重攝影機與螢幕電池裝進背包，拖到GAZ-66軍用卡車充電。我們白天大概會修補陷阱，或到森林逛逛，尋找魚鴞蹤跡，在黃昏前把電池拿回較低的隱棚，檢查陷阱的每個部分，然後窩在帳篷，直到天明。

繫著腳環的幼鴞是低處陷阱的常客。在四下環境單調，令人感到疲乏的田野季，幼鴞成了亮點。說得更精準些，我深受牠的狩獵行為吸引，每一夜都期待牠來到我隱棚外。在俄羅斯，看到魚鴞成鳥在巢裡或狩獵的人已不多，但看到幼鴞的人更是屈指可數：這是清楚看見小魚鴞自行狩獵的早期紀錄。這隻鳥通常會在天黑後出現，我們看到牠在淺灘涉水，相機的隱形紅外線光芒照亮牠，牠會緩慢謹慎地搖擺移動。牠經常暫停腳步，聚焦於水上，之後往水中一撲，練習攻擊。有趣的是，牠通常只從附近的誘捕漁場捕魚，彷彿知道這漁場稍縱即逝，要趁機學會如何捉魚。有時候，牠會在水邊滿是卵石的河底上，以爪子到處翻耙，再仔細盯著耙梳出來的洞。起初，我對這行為很疑惑，後來發現，原來冬眠的青蛙就埋在淺河灘的砂石中，於是明白小魚鴞想挖出被趕出來的青蛙。

　　和卡特科夫輪班的地獄即將結束。我們在沒有動靜的帳篷裡，一次相處十二個小時，沒什麼進展。有天夜裡，卡特科夫和我穿著冬天夾克，戴著帽子，輕輕蓋著睡袋，螢幕的灰暗光線照亮我們時，他告訴我他的戀尿癖。他聊起自己收集的色情與新奇小便斗照片：形狀像陰道、張開嘴巴或希特勒之類的茅坑。之後，他說到自己喜歡尿在美麗的地標，或是從這種地方撒尿。我那時想起，我們曾在開車途中暫停下來，觀看夕陽為懸崖岩面鍍金，卡特科夫說，他好想在上面尿尿。當時以為他只是隨口胡言，現在想來，似乎成了一小片拼圖，成為眼前這人整體的一部分。探險家阿爾謝尼耶夫

曾寫道[1]，在二十世紀初，濱海邊疆區的中國獵人會爬到山巔，盼能更上達天聽；卡特科夫恰恰相反，爬那麼高是為了清空膀胱。終於，我覺得受夠了。

「欸，卡特科夫，」我開口說，「或許雌魚鴞不出現，是因為我們講太多話了。我想，還是安靜一下比較好。」

卡特科夫並不同意。「魚鴞不可能聽見我們講話的啦！我們聲音這麼小，河流聲那麼大。」

「一樣，」我反駁，「我們做事總得幫鳥類著想。」

他讓步了——他確實願意幫鳥類著想——可惜不那麼開心。每五到十分鐘，他又會打開話匣子，我只好提醒他剛剛講好的事，這樣他又會安靜一下。

隔天早上，我來到隱棚，赫然發現卡特科夫已在河流與隱棚間架起厚厚的雪牆。看來他實在沒事幹，所以我沒太注意，就進入隱棚，準備再等待一夜。當我們坐在裡頭，卡特科夫開始以一堆瑣事塞滿我的腦袋，我不耐煩地等著魚鴞幼鳥出現，這樣才有藉口，要他安靜。魚鴞出現在螢幕上的那一刻，我馬上示意他安靜，並指指螢幕。

「別擔心，」卡特科夫說，螢幕的光芒映照著他的笑臉，「我建了隔音牆。」

那道雪牆瞬間變得很可怕。

「我挺確定牠們還是會聽見……」我輕聲抗議。

「不會啦！」卡特科夫仍掛著笑容。「你瞧。」

他卯足全力拍手。螢幕上的魚鴞實際上就在三十公尺外，卻沒有退縮。在帳篷裡的昏暗燈光中，卡特科夫誤把我的鬼臉當作是笑容，握拳表示勝利。講什麼都沒用。

雖然這隻小賽永讓我開心，但是缺乏進展令大夥兒心生挫折。為了紓解壓力，我們離開賽永，休息一天，開車北上二十公里，前往馬克西莫夫卡河，漁夫都知道遠東紅點鮭、哲羅鮭與細鱗鮭（lenok），對我們來說，這裡則以魚鴞密度高而馳名。幾年前，瑟格伊和我在這裡差點被伐木工人困住，也曾在單一地點，聽見兩對魚鴞在對唱。瑟格伊、蘇里克、卡特科夫和我擠進海力士，而唯一不在乎沒有進展的柯利亞，則留下來看顧營地。

通往馬克西莫夫卡河的那條路幾乎整個冬天都封閉；之前曾降下一場暴風雪，差點把大半個捷爾涅伊區埋起。不過，這樣也保護馬克西莫夫卡河盆地的野生動物，不會引來盜獵者。沒錯，雪依然對當地的有蹄類造成生存困難，路上也確實有幾隻餓死的鹿屍體結凍，但至少這些動物之前都不必擔心人類的威脅。然而，有個當地官員想去釣魚時，情況改變了。他付錢請人幫他犁出四十公里的道路，從安姆古通往馬克西莫夫卡河的橋。他在橋附近釣魚幾小時，之後返家。這就幫盜獵打開了大門，而我們默默經過白雪堤岸，上面被鹿與野豬飛濺的鮮血染紅。

我上回是在二〇〇六年來到馬克西莫夫卡河，烏隆加村只剩下一間小校舍，獨眼獵人金科夫斯基將它改造成小木屋。二〇〇八年，他和其他來自馬克西莫夫卡村、在河岸一代擁有合法狩獵權的獵人，實在受不了從安姆古北上的盜獵者，這些盜獵者開著車，宰殺他們土地上的鹿與野豬。馬克西莫夫卡河盆地很大，範圍將近一千五百平方公里——光靠著缺乏支援的五、六個獵人，不可能防禦這個地方。於是，他們沿著這些寂寥的路上設立崗哨：在泥土下藏著以釘子和粗糙焊接的尖狀物，來刺破輪胎。馬克西莫夫卡河的獵人知道在這些危險的路上該怎麼開，但不受歡迎的客人就無法閃躲。受困在馬克西莫夫卡河的感覺很糟，這裡狂風呼嘯，穿過漏斗似的山谷，熊比人還常見，若要找人幫忙，則得到山脈另一邊。來自安姆古的訪客——有些是盜獵者，但無疑也有無辜的漁夫，和蘑菇、野莓的採集者——因為在荒郊野外爆胎而怒氣沖天。他們的反應是憤怒，而不是撤退，而且情緒會升高為各式各樣的火焰型態。

這裡的小木屋很珍貴，通常一次就只有一批材料建造。窗玻璃、木燃爐、門鉸鍊與其他構件，是靠著人不遠千里，親手送來從森林中砍伐出的小空地。在濱海邊疆區北方，對敵人最大的攻擊就是縱火焚燒小木屋，影響可能延續好幾年。於是，馬克西莫夫卡河畔的狩獵小屋一間間被燒毀，包括在烏隆加村的這間也被淋了石油，焚為平地。金科夫斯基在原本的校舍用地，重新蓋一間小得多的房子，但原本舊信徒派村莊的東西已蕩然無存。

我們把海力士停在烏隆加村空地的中間。卡特科夫留在馬克西莫夫卡河，在冰上鑿洞釣魚，其他人則在洛斯夫卡河口分開行動，尋找居住此地的一對魚鴞巢樹。蘇里克和瑟格伊穿著滑雪板，往北進入洛斯夫卡河谷，而我則沿著路的北邊再走幾公里，之後穿過森林，前往仍泰半結冰的馬克西莫夫卡河，再繞回幾公里，回到貨卡這邊。

　　我在路上行走時看見一些麛鹿，慶幸至少這裡還有生命；在捷爾涅伊與安姆古一帶，我很少看見在雪地上有足跡。接近河邊時，三隻小嘴烏鴉在森林邊緣興奮嘎嘎叫。其中兩隻飛到我身邊環繞，之後回到原本的出發地。我的視線順著牠們的飛行路線，看到下方的松樹林有動靜：是一頭野豬。莫非這些烏鴉刻意提醒我這隻野豬的存在，想大啖獵人常留下來的獵物內臟？我看著這頭野豬漫步，終於消失在視線範圍，渾然不知行蹤已被揭露。

　　河上的冰堅硬平坦，堪比人行道，因此我脫下滑雪板，掛在肩上。往下游不到兩百公尺，我看見河岸上有更多動靜：起初是淡色臀部，後來清楚看見是隻麛鹿的臀部，還有柔滑鹿角。這隻動物瘦瘦的，走路小心翼翼，尖尖的腳趾會陷入雪中。鹿最後注意到我了：偽裝的白色腹部蜷伏在河上的冰。牠想朝森林逃走，但深深的積雪讓牠改變想法，遂轉向河邊，想踩著腳底下堅硬的冰，加速逃跑。我透過雙筒望遠鏡，看著這隻麛鹿往下游去，很訝異牠其實會暫停下來，啃咬途中的樹枝。與這隻麛鹿保持一段距離之後，牠就

不知為何往右轉，穿過河冰裂縫，或許是要去對岸的樹林。然而，牠的逃跑路線卻直奔未結冰水域的另一端。麢鹿看到了──一定看見──卻沒有放慢速度。牠跳躍的樣子彷彿要過河，卻一頭撞進水中。一隻河鳥驚飛，宛如子彈一般，從我身邊吱吱喳喳飛過。我暫停下來，放下雙筒望遠鏡，眼前所見實在讓我驚訝。之後，我又舉起雙筒望遠鏡。牠當然游得過去吧。這隻麢鹿以掌拍水──那裡太深了，牠無法站立──而牠正游泳到結冰的河岸。不過，牠到了對岸，發現水流並不與冰同高，而是低了一公尺。麢鹿上不去，遂游回一塊水域，測試每個角落，想要保住一命，卻怎麼都找不到。之後，牠不再移動，屈服於水流，任由河流把牠帶到結冰水域中較低的邊緣。由於水流洶湧，這隻麢鹿差點溺斃。

　　我發現這隻麢鹿處於無法脫身的情況時，胃往下沉。我朝牠滑雪過去，起初有點猶豫，之後速度加快，並開始喊叫，希望能驚嚇到牠，讓牠使出更多力氣。但即使我站在僅僅幾公尺外的岸邊，牠依然踩踏著水，無力地衝向垂直的冰岸。看來這隻麢鹿雖然歷經危險寒冬、避開偷偷摸摸的盜獵者，最後仍免不了在春天即將揭開序幕之際，溺斃於馬克西莫夫卡河，因為我先前嚇著牠了。我把一根滑雪板扔到冰上放平，利用另一支滑雪板當成桿子伸出去，越過水面，朝著牠的軀幹伸過去，把牠拉向我。牠距離我比較近之後，我俯身往下，雙手抓住鹿角，把這隻軟綿綿、溼淋淋、奄奄一息的鹿拉到安全的冰層上。

這隻鹿經歷了「捕捉性肌病」（capture myopathy）[2]，意思是遭到掠食者捕捉，可能觸發難以逆轉的體力下滑，無法康復：就算能重獲自由，依然躲不過死亡。對這隻麢鹿來說，差點溺斃的創傷太大了，而我又不希望牠在這一切之後，因為捕捉緊迫（capture stress）而死。我一把牠拉到冰層上，就立刻離開。我收好滑雪板，以穩定的速度朝著下游方向離去，沒有回頭。走了幾百公尺，我轉身，舉起雙筒望遠鏡，發現牠仍在原地用力喘息。我繼續觀察一會兒，直到牠轉動沉重的頭部，朝我的方向看過來，彷彿試著理解為何我還沒吃掉牠。

　　我繼續往下游前進，腎上腺素依然在體內翻騰。我沒有抱很高的期望，認為這頭麢鹿一定能活著——或許，如果牠夠健康，就能撐過差點溺斃的壓力、酷寒，以及莫名其妙與掠食者擦肩而過。然而這頭鹿已瘦成皮包骨。這回經歷或許太傷了，牠可能就在我留下牠的地方死去，之後狐狸、野豬與渡鴉會過來，直到冰雪融化，於是牠的屍體就會隨著滔滔河水，流進日本海。然而，大約過了一小時，蘇里克走到河邊，順著我的足跡，回到相約見面地點時，他說看見了奇怪的東西：在森林裡有一頭溼淋淋的麢鹿。那隻動物還有力氣跑，躲過我的同伴，看來是好徵兆；只要再幾個星期，冰雪都會消失，森林又將再度綠意盎然。說不定，這頭麢鹿終究能度過難關。

　　雖然春天的腳步近了，我們回到賽永時，大雪下了好久。兩天

290 ｜ 29 兵敗如山倒

下來的暴風雪，留下深及膝蓋的雪，又溼又重，可能讓我挽救的那頭麞鹿躲不過宿命。暴風雪離開時，也帶走寒冬：什麼都帶走了，河冰也開始融化。我們的陷阱在洶湧混濁的水中是無法發揮功用的；彷彿扳了一下開關，捕捉季節就猝不及防地戛然而止。春天再度比我們希望得要早一點點來，沒時間抓到所有想捕捉的魚鴞。我們渾身骯髒，衣衫襤褸，手臂有新舊傷痕，那是因為劈柴、修理誘捕漁場、奮力穿過下層植物，以及整體森林中的生活所造成的。我們粗糙的手上有深刻的裂痕，累積著環境帶來的髒污，怎麼努力擦洗都沒用，污痕依舊存在。大夥兒打包好帳篷，車隊往南前進，慢慢駛過融冰道路上的雪水泥濘，開三百二十公里，前往捷爾涅伊。

30

隨魚前進

　　田野調查季結束，我總算能全神貫注於收集到的GPS資料，查看魚鴞和地景的互動。每隻魚鴞的領域顯然都有「核心」區，以巢樹為中心，魚鴞何時從這些核心區域移動、移動到哪裡，則會跟著四季變化。冬季時，魚鴞會和核心區緊緊相連，這是很符合直覺的舉動，尤其是在繁殖季，母鴞會穩坐巢中，公鴞則是站著觀察，帶食物回來給配偶。到了春天，魚鴞通常會把焦點放到下游，到相鄰的魚鴞領域邊緣，或日本海海岸等天然邊界。夏天時，多數魚鴞會轉戰核心領域的上游地帶，到主要河道與較小支流的上游範圍。秋天的移動範圍多半難以預料[1]，有些魚鴞會完全離開核心地區，前往領域中最接近上游的水道，直到冬天才返回巢樹附近的區域。我把這季節資料的地圖傳給瑟格伊，他敲敲螢幕上顯示秋天魚鴞出沒的地點。

　　「那就是鱒魚產卵處，」他說，「魚鴞是跟著魚移動。」

　　如果魚鴞確實需要追隨魚類的遷移與產卵地，則應該會看到夏

秋兩季，有大量的魚類遷移，以符合我看見的魚鵰遷移模式。我開始探查鮭科的生命史，發現五種特別有意思。櫻鱒與粉紅鮭會在夏天產卵，花羔紅點鮭、白斑紅點鮭（white-spotted char）及大麻哈魚（chum salmon）則在秋天產卵。大麻哈魚會在主要河流的旁支與支流產卵[2]，鱒魚和紅點鮭則是秋天時，在河流的上游範圍產卵。這些魚類的季節遷徙，實際上與魚鵰從夏天到秋天的領域行為一致。這是好證據，說明在繁殖季以外，魚鵰會追蹤富含蛋白質的獵物。牠們就像以巢樹為中心的轉軸，在夏天轉向遷徙來到此地的魚，到了秋天則轉向上游，捕捉繁殖期的鮭魚，而產卵的鮭魚正是最脆弱的時期。

　　二〇〇九年八月，在明尼蘇達州待了幾個月之後，我又回到俄羅斯。北韓正對南韓飛機發出威脅[3]，而由於大韓航空已遭外國軍隊擊中一次[4]，南韓對此等威脅更是嚴陣以待。以前常見的航線是從西南出發，沿著北韓東岸抵達海參崴，現在則是繞道而行，跨過日本海，之後繞回，從東邊抵達。這樣會讓我航程的最後一段多幾個小時。

　　這年夏天，我有兩個目標。第一是描述魚鵰巢樹周圍的植被，了解那些地點是否有除了大樹以外的其他明顯特色，以吸引魚鵰築巢。為了達到這個目標，我會把一個築巢地點，和森林裡隨機挑選的地點比較。二〇〇六年四月，我在薩瑪爾加河口進行過植被採樣

法，後來在明尼蘇達州又進行幾次，讓過程更加精準。這部分的實地考察需要了解當地樹種，也需要使用幾種特殊工具，例如以測高計來估計距離與樹木高度，還有密度計來測量林冠鬱閉度。

第二個目標和第一個類似，只是和獵物有關，而不是和築巢有關。我要把已知的魚鴞獵食河段，與魚鴞領域隨意挑選的河段相比較。這方法主要是把自己塞進黑色的涉水裝，戴上面具與潛水通氣管，在河流淺水帶爬個一百公尺，辨識與計算魚的數量。收集關於植被與魚的資訊，可能透露出棲地的重要差異，也更能了解我們需要做些什麼，才能挽救魚鴞。

蘇爾馬奇穿著T恤和牛仔褲，在機場與我碰面，蓬亂的頭髮隨風飄揚。他一見到我，就先評論起我鬍子刮得乾乾淨淨的臉。我通常都在冬天蓄鬍，因此他和許多近年在俄羅斯與我共事的人都沒見過我刮鬍子。我們聊天，開快車前往海參崴，本地人都認為路上混亂的交通是家常便飯。途中，蘇爾馬奇繞道 5 查訪卡特科夫。卡特科夫現在幫他工作，住在紫色貨卡，監測黃葦鷺（yellow bittern）的巢。這是此物種類在俄羅斯繁殖的首筆紀錄。過去幾週卡特科夫視為家的溼地，緊鄰通往城鎮的主要公路，還有馬蹄形的火車鐵軌環繞；就我所知，這是會車線，由高優先度的列車通過，優先性較低的火車則讓開。

「你會習慣。」他嘆道，另一班列車駛進，緩緩停下，火車上的工程師抽著菸，身體探出車窗外，一臉問號看著我們。我明白卡

特科夫與他待的溼地幾乎時時都有列車哐噹行經，發出有節律的噪音。卡特科夫在沼澤換電池與檢視鏡頭的時間即將結束。我在海參崴與蘇爾馬奇商討幾天之後，會與卡特科夫開小房子貨卡，北上到捷爾涅伊區收集資料。

卡特科夫在夏天就和冬天一樣，會把貨卡開到路面以外，以及為了某些原因，會在後面堆疊報紙與蕎麥，但除此之外，我發現他是無比優秀的田調助理，會盡責收集資料，認真工作，不會抱怨。這人總秉持著最好的意念，因此關於他去年冬天遭受到的對待，我感到十分抱歉。我看到他確實對這份工作有興趣，會照顧魚鴞，重視我的陪伴。在捷爾涅伊，我們的基地是在錫霍特阿蘭研究中心外，每天都會開車，到附近五個魚鴞領域，記錄植栽與河流的特徵：我們曾在其中三處捕捉到魚鴞，另外兩處則沒有。

自從碩士論文研究鳴禽之後，我已多年未曾在夏日前往濱海邊疆區。這裡令人眼花撩亂。我原本習慣看到的冰封、遼闊、萬籟俱寂的森林，這會兒草木茂密，鳴唱宛如交響曲。嬌小的黃腰柳鶯（Pallas's Leaf Warbler）聽起來像是砲火猛烈的機關槍手，棲息在林冠最高的範圍，將尖銳顫音的子彈發射到整個山谷。白腹琉璃（Blue-and-white Flycatcher）在森林黑暗潮溼的角落歌唱，清新脫俗的鳴叫宛如記憶略過我的感覺邊緣。更靠近河流一點，竟然看見一隻黃鼬（Siberian Weasel），這是一種小而輕盈的掠食者，一身紅

鏽色的皮毛，消失在流木堆積的樹枝間。我很少看見其他哺乳類——在森林的哺乳類大部分都會躲避人類——但是河岸柔軟的泥巴上，交織著林林總總的動物足跡，包括棕熊、水獺與貉。

　　一個領域通常需要花兩天，才能完成資料收集，每個領域需要進行五項調查：三項是植被，兩項是水路。以植被來說，我們會先調查巢樹所在地的植被，接下來是巢樹林鄰近區域的植被，最後則是在魚鴞領域隨機挑選一部分，調查植被。至於河流的調查，我們會從魚鴞狩獵的地方收集資訊，也會從其領域隨機挑選一段河流來調查。如果有任何特色，是專屬於魚鴞築巢或狩獵的地方，那麼經過比較，就更能清楚凸顯出奇特之處。

　　在進行植被調查時，卡特科夫通常會留在土地中間，記錄相關資料，而我則在他周圍繞個圈，在半徑二十五公尺的範圍計算所有樹木，記錄樹木種類、大小與其他資訊，我會朝著卡特科夫大嚷，要他記下來。這項工作很辛苦、炎熱，導致我的皮膚滿是刮痕，還有被五加屬刺傷後的點點感染。

　　魚類的調查有趣多了，至少對我來說是如此。我奮力塞進一套涉水裝，當初買的時候我以為自己的身材比較瘦，但其實我是拖著比較壯碩的身材到處走。我就穿著這套衣服，滑進水中。由於魚鴞打獵的河段多半比較淺，我會往上游爬，爬到正好可以潛入水中的部分，在腦海中計算魚的種類與數量。每一次調查都有一百公尺

長；我會每二十公尺就停下來，把自己觀察到的資訊朝著岸上的卡特科夫喊，他會把資訊記錄下來，之後再往上游走二十公尺，當作我的視覺指標，讓我知道該在哪裡停下來。這裡只有幾種不同的魚類物種，算是挺容易分辨的。在開始調查幾次之後，卡特科夫建議應該交換角色，可惜他塞不進涉水裝。由於河水太冷，不能不穿涉水裝，所以我一直待在河裡，他則在岸上。這時調查氣氛和冬天的田調季節大不相同：沒有時間壓力，不會有冬季暴風雪逼近，也不必擔心捕捉事宜。只有卡特科夫和我在計算魚。

有一會兒，我看見兩條大約半公尺長的魚，躲在沉在深潭的原木下。那時我才剛完成沒幾次調查，這物種對我來說完全陌生。我探出頭，這時一位漁民剛好穿著迷彩外套與涉水褲走過，叼著菸，拿著釣竿。他盡力裝作沒看見我。

「嘿，」我以俄文嚷道，「什麼魚會大約這麼長，銀色的，還有小黑點？」

「當然是細鱗鮭。」他面無表情回答，沒有停下腳步，好像三不五時就會有穿涉水裝的外國人從水裡冒出來，來個田野突擊問答，要他辨識魚類。我回到水中。

在捷爾涅伊南邊的某個地方，我們曾聽聞魚鴞聲，卻不見魚鴞蹤影，那回調查時下著傾盆大雨，毫不誇張。卡特科夫站在岸上，相當悲慘，卻不忘盡責地在防水紙上記錄我從河中對他大喊的資訊。他那溼透的兜帽緊緊綁在頭上，根本擋不住雨。同時，這裡的

河水比較深，我像隻快樂的海豹在水中打滾。一回到捷爾涅伊，卡特科夫默默鑽進被窩發抖，以被子把自己緊緊裹起，直到隔天早上才出現。

在謝列布良卡的那天，卡特科夫可是吃足苦頭，那天是我們在捷爾涅伊一帶工作的最後一天。有一刻，我從水中抬起頭，滿腦子是鮭魚與鱒魚的數量，赫然看見卡特科夫往下游跌跌撞撞，猛打自己的頭。他顯然是打擾到黃邊胡蜂（European hornet）的巢，這種蜂一旦遭到威脅，就會變成復仇怪物，而卡特科夫已經被蜂螫到腫起來。那天調查結束後，我們穿過謝列布良卡河，那裡有幾條河道匯聚。有些河段相當深，或許有四、五公尺，但在穿過河的過程中，大部分有一道蜿蜒的沙洲，因此水最深的地方也只及腰。卡特科夫順著沙洲前進，而我還穿著涉水裝，戴著潛水面具潛入水下，探索深潭，從水中監視他的進展。他大概已經過河一半，河水到腰部那麼深，並把背包抓到頭頂，這時我發現他的軌跡正前往一處懸崖。我浮到水面，將呼吸管的水吹出來。

「卡特科夫——你要往左邊一點；你去的地方越來越深。」

那天的遭遇令他惱怒，加上被蜂螫傷陣陣發痛，他不理我，只顧著朝自己的路前進。我又往水底下看。

「老兄，我認真的，你這樣會栽進水裡。」

「我知道自己在往哪邊走。」他沒好氣地回答，我聳聳肩，再度鑽進水中，看清楚即將發生的災難。他撞到突然出現的邊緣，全

身沒入水中、大吃一驚，張開嘴巴發出無聲吶喊，出現在我水中的視野。他又浮上來，抱著包包，剩下的路一路游過去。

　　我不覺得需要說什麼，他也不覺得我得說話，於是我換下涉水裝，穿上我留在岸上的衣服，卡特科夫也在背包摸索乾的東西。他只穿著緊身的深紅色內褲，他的手臂被蜂螫咬紅腫，雙腳貼著的運動貼布交叉成格，敷蓋著一路工作所累積的各式各樣擦傷與刺傷。他沒找到合適的衣服，因為背包裡的東西都在渡河時溼透了，於是他蹲在河邊，盡量不露出狼狽的模樣，扭乾破爛髒污的襯衫。他輕鬆穿回襯衫，依然沒有穿褲子，我們就這樣走回貨卡上。汽油所剩無多，因此在返回捷爾涅伊的途中先繞到加油站。今天吃足情緒苦頭的卡特科夫，到了那邊就穿著內褲和破爛藍襯衫加油，反正那也只是一塊爛爛的溼布掛在他身上。幾天後，卡特科夫和我開車到海參崴，他會在當地的煉油廠展開新工作，掌管環境法規事務部門。他今天依然在那職位，而在濱海邊疆區的森林吃苦的日子，已成了遙遠過往。

31

東方的加州

　　蘇爾馬奇開車，載我前往海參崴機場，迎接我的博士論文指導教授洛奇・古提耶雷茲（Rocky Gutiérrez）。他和太太凱蒂（KT）一起來到濱海邊疆區，協助安姆古的田野調查。在等他們走出海關時，蘇爾馬奇說，我幫他們安排的旅程恐怕會出問題。我們的計畫是開一千公里北上，從海參崴前往安姆古與馬克西莫夫卡流域，和瑟格伊一起完成植被與河流調查的剩餘部分。蘇爾馬奇沒見過洛奇，但按照他過去與外國人打交道的經驗，他認為外國人多半養尊處優，無法忍受昆蟲成群、茅坑，以及在捷爾涅伊區北部的茅坑邊虎視眈眈的成群昆蟲。我向蘇爾馬奇保證，洛奇的偏好很奇特，願意承受各種麻煩，把吃苦當吃補。一直到他們雙方會面，蘇爾馬奇看到洛奇粗糙的雙手及凱蒂粗壯的體格，才相信這對夫妻是野外生活的老行家。洛奇六十多歲，挺像雪鴞：個子矮，眼睛大，一頭白色亂髮。凱蒂和洛奇年紀差不多，但較纖瘦安靜，且擅於觀察。

　　我們往北朝著安姆古前進，瑟格伊也一起同行，他之前去海參

崴，購買海力士的零件。那年春天，捷爾涅伊和安姆古之間有十幾座橋被洪水沖毀，道路坑坑疤疤，居民也與其他地方斷聯一個多月。沒錯，直升機或船運送過些許物資，但大部分村民仍若無其事地繼續生活，會打獵來吃肉，蒸餾私釀酒（*samagon*），直到供應鏈復原。安姆古是一九九〇年代中期才開闢道路，因此這邊的人還記得如何在沒有道路的地方生活。

我們開在剛整修好的道路，有以泥土和木材架好的新橋。近期有些豆腐渣工程只做表面功夫，蓋過尖銳的岩石。途中經過兩台車，乘客一臉怨氣抽著菸，換輪胎，後來我們自己的車胎也被刺破。瑟格伊和洛奇在修補漏氣的輪胎，而我則嗑瓜子，在陽光下瞇著眼看他們。等到我們接連返回車上時，洛奇注意到天空有個小點點；我們都把雙筒望遠鏡瞄準那個點點，發現一隻熊鷹不疾不徐，順著溫暖的空氣往上飛翔。這種猛禽很好認，體型大，尾部有明顯的斑紋。熊鷹在濱海邊疆區的分布情況沒有多少人了解，但似乎在克馬河與馬克西莫夫卡河流域最常見。二〇〇六年，我和瑟格伊在尋找魚鴞時，最常在這裡發現牠們的羽毛，或其獵物的殘骸。

我們很晚抵達安姆古，旋即前往沃瓦·沃科夫的家，這男子的父親曾在大海失蹤。沃瓦與妻子艾拉溫暖迎接我們，為洛奇與凱蒂在後方安排一個房間。隔天早上，我們就獲得沃科夫家的招牌早餐招待，洛奇至今仍說，這是他吃過數一數二的美味早餐。剛烤好的麵包、奶油、香腸、番茄與剛炸好的魚，和一大碗紅鮭魚卵緊靠放

在一起，還有一盤堆滿清蒸帝王蟹腳，以及一大盤堆得高高的，調過味的骰子駝鹿肉。這些都是在安姆古附近海洋、河流與森林常見的東西，但是對我們這些外來者而言全是珍饈。

早餐後，洛奇把我拉到一邊，看起來一臉疑惑。

「那位仁兄的名字真的是沃爾瓦（Vulva，譯註：指女性外陰部）嗎？」他大聲說道，雖然本意是要低調。洛奇在軍隊服役時聽力受損，無法時時分辨語言的細膩差異或適當音量。

「不是，洛奇。是沃瓦，V-o-v-a。」

他顯然鬆了口氣。

洛奇與凱蒂在北加州住了幾十年，才搬到中西部的明尼蘇達大學，而在前往濱海邊疆區的旅程中，他們不時提到加州故鄉與這裡實際景色的類似之處。有趣的是，濱海邊疆區的居民，長久以來傳說海參崴是「東方舊金山」[1]，因為這兩座城市都位於多山的北太平洋海灣，俄羅斯人很好奇，常會問我是否如此。我通常會說謊，說自己從沒去過舊金山，這樣事實比較沒那麼殘忍。在二十世紀初的俄羅斯帝國，海參崴曾是充滿魅力的國際化城市，但是在蘇聯的統治之下年華老去，美貌不再。這城市封閉起來，守護蘇聯太平洋艦隊的祕辛；雖然曾以充滿寰宇風情聞名於世，但後來外國人根本不得進入這城市。關於沙皇的回憶也同樣被壓抑[2]，有時手段相當殘暴粗糙：一九三五年的復活節，蘇維埃剷平巨大的洋蔥型屋頂教會。我在一九九〇年代中期來到海參崴時，原本潔白的建築立面已

灰暗，缺乏維護，嚴重毀損，也曾在火車站旁的樹叢見到屍體，街道上坑坑疤疤，人孔蓋被偷走當廢料。幸而海參崴日後明顯改善，建築物得到維修，許多美麗的帝國時期地標也重建。這是很美的城市，有步道、餐廳與文化。

在離開沃科夫家之後，我們描述了安姆古與馬克西莫夫卡地區的五個魚鴞棲息地植被，並在沿途紮營。洛奇與凱蒂長途步行，考察植被，瑟格伊和我則是輪流穿上涉水裝，計算魚的數量。瑟格伊帶著三叉戟下水，如果遇到夠大的鮭魚，可順勢戳下。但他失望了，沒有遇到這種獎賞。在其中一個地點，我從水面抬頭時，看見一頭麕鹿在十幾步之外的河岸上，一臉茫然瞪著我。我穿著光滑的黑色涉水裝，帶著突出的面具和藍色潛水呼吸管，牠從沒看過這樣的東西吧。或許牠終於認出底下藏了個人類，遂趕緊往森林跑。

我們在謝爾巴托夫卡河度過了幾天。安姆古河的橋又被沖到海裡，於是大夥兒從淺灘涉水到對岸，前往沃瓦的小木屋過夜，我們曾在二〇〇六年到這裡。這間小木屋藏在高大的樹木之間。我從小木屋的屋簷找到一把鐮刀，在屋前清出一塊廣大的空間；我們可不想招來一堆蜱蟲，瑟格伊和我也需要有地方搭帳篷。我們會露宿外頭，洛奇和凱蒂則會住在室內的睡眠平台。晚餐是烏哈湯（*ukha*），是以馬鈴薯、蒔蘿、洋蔥及瑟格伊那天下午捕捉到的鱒魚所煮成的魚湯，還搭配適量的伏特加，大夥兒暢所欲言。

隔天聊起在謝爾巴托夫卡河的那對魚鴞所處的植被與河流環境之後，我們繼續往上游前進，沿著新的伐木道路，好奇能否找到任何適當的魚鴞棲地。這條路的路況不錯，瑟格伊很驚喜地發現，這條路會經過沃瓦的第二間小木屋，所以我們停下來看看。上次來到這一帶是二〇〇六年，這裡距離道路盡頭還有五公里的路。小木屋沒什麼裝潢，就能看出長路迢迢：屋子裡沒有多少家具，但肯定是沃瓦親自扛過來的。相較之下，位於下方的小木屋反而像個度假村；這間室內釘了個低矮的睡眠平台，不必躺在泥土地上；有樹墩讓人坐，還有小小的鐵製燃木爐。窗上的縫隙剛好夠大，可引進光線，照亮室內有哪些地方骯髒。我光是看到這間小屋，就覺得可能感染漢他病毒，洛奇與凱蒂不願意睡在裡面。所以我們在附近的林間空地紮營，緊鄰著謝爾巴托夫卡河。

搭好帳棚之後，一行人出發探險。在一條集材路上的泥巴裡，留著已有一段時間的棕熊腳印。我們觀察到三趾啄木鳥（Eurasian Three-toed Woodpecker）深思熟慮地敲擊，探勘冷杉樹幹。這片森林和我習慣觀察的低地森林不一樣，低地較多樣，這裡的樹種大幅縮減為冷杉與雲杉。這裡就純粹是冷杉與雲杉林立，松蘿從上方垂下，地上長著如枕頭般的苔蘚，草木不受阻礙地在高低起伏的斜坡生長，四下柔軟而芬芳。這是典型的原麝（Siberian musk deer）棲地，這種奇特而害羞的動物就在靜謐的森林中吃著松蘿。原麝是耳朵大大的小動物，重量大約與臘腸犬差不多，似乎總往前傾斜，因

為後腿大得實在不成比例。雄原麝沒有鹿角，而是有長長犬齒從上唇彎曲而出，宛如獠牙。這小小的特徵讓牠看起來好像精心打造的惡作劇，也就是東北亞版本的鹿角兔（jackalope）[3]，每當我看見時，都想到吸血鬼袋鼠。

在返回河畔營地的路上，洛奇發現沙子上有模糊但確實存在的魚鴞腳印，這是他這一趟最接近、差點就要見到魚鴞的時刻。我注意到幾株樹木適合當作巢樹：我猜想，謝爾巴托夫卡河的這對魚鴞，很偶爾才會來這領域邊緣待著，可能多半是在鱒魚產卵的秋天。那天晚上，洛奇和瑟蓋伊還沒打算就寢，而是想找點樂子，於是輪流模仿起長尾林鴞的叫聲，並測試瑟格伊的紅鹿號角。俄羅斯獵人會利用這種樂器，吸引公紅鹿。這樂器的做法是把一大片長長的白樺樹樹皮從樹上剝下，再捲成長管。這聲音迴盪不去，很像充滿睪酮的雄鹿在秋天發情時，會發出恍如另一個世界的強力吼聲，響徹寧靜的谷地。

瑟格伊越來越喜歡洛奇，對於他的狩獵道德以及固執、不願忍受任何胡扯印象深刻。他倆有共同的知識、都熱愛打獵，也因為都曾在軍隊服役過而氣味相投。

「我在日本待過一段時間，監視俄羅斯的通訊。」瑟格伊詢問洛奇是否服過兵役時，洛奇這樣回答。我把這答案翻譯給瑟格伊聽。

「喔，真的？」瑟格伊興致盎然回答。原來，瑟格伊曾在堪察

加半島服務，距離日本不遠，負責監測美國的通訊。他們對彼此點點頭，對於在冷戰時期彼此呼應的工作微笑。

————————

　　從巢樹地點到狩獵地點收集到的資料很吸引人[4]。以築巢來說，資料顯示，魚鴞築巢時最重視的就是大樹，周圍有什麼反而不那麼重要。有的巢樹在森林深處，也有的在村莊附近。重要的是，樹木要有夠大的洞，提供魚鴞安全的地點孵蛋。

　　河面的資料給我們出乎意料的結果。資料顯示，魚鴞通常會在河流附近、有古老森林的地方狩獵。魚鴞需要古老的大樹來築巢是可以理解的，但為什麼要在乎河流旁的森林年紀呢？在經過思索、讀過諸多資料之後，我知道可能的答案：需要大樹的不是魚鴞，而是鮭魚。

　　當小樹因為暴風雪等因素掉落到大河時，通常會隨波逐流，沒什麼大不了。相反地，若是大樹倒塌到小水道或河道時，水流就會改變。這些樹有時可能完全堵住河流的水流，迫使洶湧河水另覓他徑。在障礙後方的水可能大量集結，之後越過障礙處，形成瀑布，或重新導向，穿過森林的洪泛平原，順著阻力最小的地方往前流。在樹木倒向水道之前，河流原本可能只有單一一條河道，但在樹塌下來之後，可能使深潭、回水、淺而湍急的河水交織起來發展。鮭

魚追尋的，就是這種多樣化的河流棲地。幼櫻鱒群與幼鮭魚可能是魚鴞冬天時最重要的獵物，需要波瀾不興的回水區與側河道來成長。成年的櫻鱒在夏天會從日本海回來，對魚鴞來說是流動的盛宴，這些鮭魚需要以卵石為基底的主要河道，在湍急水中產卵。魚鴞只是前往魚群多的地方覓食，在老樹包圍的河流邊緣搜獵——有些樹終將會落入水中。

在安姆古地區的工作完成後，我們南下捷爾涅伊。在回程途中，除了森林與泥土路之外，幾個小時的路程幾乎什麼都沒有。突然間，有個陌生人蹦出來，用力揮手。瑟格伊急踩煞車。這裡離任何聚落都太遠了，有人這樣大動作懇求協助，可不能視而不見。我搖下窗戶，這人氣喘吁吁地過來。

「先生！」他眼神明顯慌張地嚷道。「先生！你們有香菸嗎？」

我聞得到他氣息中有伏特加。瑟格伊輕敲煙袋，從我面前把香菸遞給那人。

「祝你健康。」他說，俄羅斯人面對他人的請求時常這樣回應，在這種情況下顯得有點奇怪。

這人皺眉，看著瑟格伊。「你只能給這麼多？」

瑟格伊把剩下的都交給他。

「那麼，」陌生人點燃香菸，深吸一口之後說，「你們要喝點

伏特加嗎？」

我們繼續上路，瑟格伊和我沒把這次互動當一回事，洛奇與凱蒂則試著理解方才所發生的事。

在回到捷爾涅伊的早上，有朋友幫洛奇、凱蒂與我安排一趟小汽艇之旅，前往捷爾涅伊北方的日本海海岸。通常來說，這情況會需要允許，因為這海岸是邊界區，但是駕駛員是俄羅斯聯邦安全局（Federal Security Service，簡稱FSB）的退休人士，持有不可或缺的許可證。我們駛出謝列布良卡河河口、來到海岸時，海象相當平靜，隨處可見丹氏鸕鶿（Temminck's cormorant），還看到兩艘未能靠港、皆已生鏽的船隻殘骸。我二〇〇六年冬天前往阿格祖時，從直升機上看見的絕美海岸就是這裡，而到了夏天，可以看見在狹窄的深谷間有細細的瀑布奔流，消失在水邊的巨石堆之間。虎頭海鵰是世界上最大的鷹科動物，一隻幼鳥就在懸崖上方靜止的空氣中盤旋，之後收起翅膀，消失無蹤。成鳥是全身黑色的，但有雪白的翅膀、尾部與腳，會在鄂霍次克海邊緣繁殖，分布範圍可往南到濱海邊疆區、日本與朝鮮半島。

大約距離捷爾涅伊六公里處，淺藍色汽船經過阿布列克（Abrek），是錫霍特阿蘭山脈生物圈保護區（Sikhote-Alin Bio-sphere Reserve）的一部分，保護長尾斑羚（Long-tailed Goral）的棲地。這種奇特稀有、類似山羊的動物生活在海岸的懸崖。我們驚

動了一群七隻的長尾斑羚家族，是這位俄羅斯聯邦安全局退休的導遊看過最多的一次。我們繼續往海岸前進，他抽著菸，指出在今天格外晴朗的下午能看見的海岬：魯斯卡亞（Russkaya）、納傑日迪（Nadezhdy）與瑪亞齊那亞（Mayachnaya）。他特別提及最後一個海岬，意味深長地凝視我的視線。我點頭示意。知道囉，瑪亞齊那亞海岬。

「你記得瑪亞齊那亞嗎？」他大喊，想蓋過引擎轟隆聲，維持好奇強烈的視線。

「不記得。」我承認。這段對話好奇怪，但實在不明所以。

「瑪亞齊那亞海岬。你在二○○○年，曾和加林娜・德米特里耶夫娜（Galina Dmitrievna）一起在這參加長尾雀（Uragus）夏令營。」

我微笑點頭，彷彿感謝他提醒我這段突然冒出的回憶，但事實上，他的話語讓我打從心裡發毛；要不是因為有風，他可能會看見我手臂寒毛直豎。我大約十年前，隨著和平工作團在那邊待了兩個星期。我當然已忘了這件事，但是這位俄羅斯聯邦安全局的成員以友善的對話來包裝，宣布著他們可沒忘。我們得停在岸上休息一下，因為不久前，大夥兒才把好幾桶船身裂縫所累積的積水倒出去；這時，我很好奇這位聯邦安全局的成員還知道什麼關於我的事。

32

關於捷爾涅伊區的肺腑之言

二○一○年，我來到俄羅斯展開田野調查季前的一個星期[1]，有隻老虎在謝列布良卡魚鴞領域中央殺了一名冰釣者，還吃了一部分。這可憐村民的女兒，因為父親尚未回到家而擔憂不已，遂追到他最愛的冰釣洞。她在河邊發現父親的頭沒了，而有隻老虎在樹叢裡啃著父親的頭顱。後來，這隻老虎又攻擊一輛伐木卡車，剛好附近有消防隊員出現，開槍射殺這隻虎。在我回到捷爾涅伊的第一個早上，和這區的野生動物巡查員羅曼‧柯芝契夫（Roman Kozhichev）喝咖啡時，他提起了這件事。

「這位漁民的牙齒還在冰上，」他語氣平靜，但眼神恐慌。「那是很好的冰釣地點，人們還是會前往。」

在化驗了這頭老虎的大腦纖維之後發現，這隻食人動物感染過犬瘟熱病毒，這種病傳染性很高，其病徵之一就是不再害怕人類。二○○九到二○一○年間，可怕的犬瘟熱在俄羅斯遠東區的南部大爆發，這頭老虎只是眾多感染者之一[2]：這次大流行重創錫霍特阿

蘭生物保育區的族群數量。但是在殺害人類的時候，這隻老虎的動機並不明確。加上俄羅斯老虎攻擊人的情況很罕見[3]——像這樣幾乎沒受到挑釁就攻擊人的事件，基本上是前所未聞——這次不幸的死亡事件，在捷爾涅伊掀起一波恐慌及反虎浪潮。到處都有人說見到老虎蹤影，有居民認為，所有的老虎都該追蹤與獵殺，我甚至知道有位女子出門時會在外套裡塞一把刀，以防萬一。

我展開這最後一趟田調季節時，彷彿與老友握手言歡。自從二〇〇七年以來，瑟格伊和我成功捕捉了魚鴞數十次，已經算是老手，大部分時候不必太費力就能捕捉到。我們捕捉法的價值[3]延伸到毛腿魚鴞之外：在田野季以外的時間，我們會撰寫與發表科學報告，說明誘捕漁場是怎麼回事，要是有人嘗試捕捉吃魚的猛禽，傳統做法行不通時，不妨參考我們的方法。

我們精簡的三人團隊，以八個星期的時間，重新捕捉在捷爾涅伊與安姆古區域的七隻目標魚鴞。魚鴞的日子可不好過，不甘願地涉入這項計畫，在我們處理時無疑得承受壓力與不適。因此，最後一次幫這些魚鴞剪掉背帶時，我們覺得很滿足，讓牠們只留下腳環，壞事都成為過往雲煙。在賽永，當我刮掉連接埠的矽利康填縫劑，把資料記錄器插上電腦時，螢幕一片空白。這個裝置根本沒用，我覺得肚子被狠揍一拳。去年，我們投入那麼多的時間與精力到這個領域——卡特科夫差點發瘋——最後卻沒收集到任何資料。

另一個洩氣的部分，則是賽永哥就這樣白白配戴著這設備。牠放棄一整年舒適靈活度，只為了錯誤的承諾，誤以為牠的犧牲付出，能幫助我們保護牠這種鳥。就連資料記錄器為什麼無法運作，都沒有人明白。事件顯示，記錄器試著連接到衛星將近一百次，但每次嘗試都以失敗告終。這種技術當時還算新，有時候就是無法運作。

在庫迪亞，庫哥在整年過程中曾一度啄斷背帶，把資料記錄器拉到身體前方，就像項鍊掛在身上。由於牠的鳥喙碰得到記錄器，牠會啄保護插頭的矽利康，暴露內部零件。我們拿回記錄器時不僅生鏽，裡頭還有流水聲；當然，這記錄器打不開。我把裝置送回原廠，期盼奇蹟發生，抓回一些GPS定位，但線路已磨損嚴重，完全救不回來。所幸那個季節取回的剩下五個資料記錄器，每個平均都有幾百個GPS位置。這樣就足以使用：我得到需要的資料，供博士論文與魚鴞保育計畫使用。

那一季與魚鴞的三次互動，讓我留下深刻印象。第一次是最後一次遇見沙密姊。在眾魚鴞當中，我與牠相處的時間或許最多，五、六年來，年年都見到牠。這就是我們在二○○八年放在箱子裡過夜，怕牠在外頭會凍死的那隻。隔天早上，在繫放牠之前，我曾和牠一起擺拍，而牠漠然望著河面時，鳥嘴還叼著一條鱒魚。到了二○一○年的今天，我抬頭仰望巨大的白楊樹，牠和巢都在這裡。牠俯視一會兒，大部分隱藏在周圍樹皮的棕色與灰色斑駁色彩間，

之後退回樹洞，知道自己已經不在我的掌握之中。

　　隔年，伐木公司拓寬了通往沙密河，以車痕壓出的泥濘道路，預期採收更上游的樹木。路面改善，表示這裡的人開車可以開得更快，而在二〇一二年，一名安姆古當地人就發現路邊有隻魚鴞死亡。居民拍了張腳環的照片，顯示這就是沙密姊，牠的傷勢與車輛撞擊一致。牠和我在一起或許是安全的，卻逃不掉我試著要為牠擋下的人類進展。

　　第二個值得回憶的相遇，則是在謝列布良卡，亦即那年冬天稍早，發生致命的老虎攻擊事件之處。那名男子身故的冰釣之處，就在我們營地的視線範圍。事件發生後，下了好幾場雪，埋起了攻擊的直接證據，但我們的工作也受到這次可怕攻擊事件的恐慌玷污。最後一次重新捕捉謝哥，收集牠數百個資料點時應該要感到愉快，但這個地方的氣氛似乎受到毒害，瑟格伊和我慶幸能離開。

　　第三個我念念不忘的地方是在法塔，也是我們需要重新捕捉的地方。這裡的法塔哥至少從二〇〇七年底就獨自生活，配偶拋棄了牠，前往相鄰近的領域。夜復一夜，年復一年，牠獨自鳴叫，哀怨懇求雌鳥回來，或是呼喚新魚鴞，填補這裡的空虛。因此，聽到一對魚鴞在那邊積極發出鳴聲時，我們真覺得驚喜振奮。這很適合為這個田野調查季與整體田調畫下句點，尤其是法塔哥。這是瑟格伊與我一起抓到的第一隻魚鴞，那之前我們錯過好幾次機會，歷經好幾週的自我懷疑。將牠野放時，我看著為這項計畫捕捉的最後一隻

鳥消失在河面上空的陰暗中。我想到，一個時代結束了。從二〇〇六年以來，我們在這座森林總共花了二十個月，多半是冬天，追蹤與捕捉魚鴞。「結束」讓我傷感，但也覺得有力量：我們擁有資料，有助於挽救這種物種。

　　當我們收拾行囊，離開捷爾涅伊，往南前進之時，我們來到鯨肋隘口的北邊，這是四月初的晴天，陽光燦爛卻無法反映出我的心情。這十年來，這是我第一次沒有任何特定計畫，回到我所愛的這個地方。春天的泥巴承受不住沉重的卡車，就像灰鶺鴒（gray wag-tail）警覺地發出顫音，從我們身邊飛去。來到這區邊界的頂峰時，我拿下墨鏡回望，最後一次把捷爾涅伊區的全景完全納進心中。如果懂得門道，會發現樹林間有個地點，可看到海岸線與懸崖最後一眼，之後海景又會沒入路邊的森林中。我默默把這畫面吸收進腦海，之後滿懷思緒，回到座位。我得回明尼蘇達州，花一年的時間進行分析，寫博士論文，之後呢，又是茫然未知。濱海邊疆區對外國生物學家來說不是熱門就業地點，不太容易找到讓我回到這裡的工作。我把這些想法告訴瑟格伊。他向來在田野季結束時把鬍子刮乾淨，這回也不例外，看起來精神抖擻。他抽出一根菸後，叫我不必那麼感傷。

　　「強，這是你第二個家，你會回來的。」

33

毛腿魚鴞的保育

大約在接下來的一年，我處理這些資料，完成博士論文，大部分的時間是在分析。事實上，我花了好幾個月，才把在四個田調季收集到的資料改成適當格式，以電腦程式呈現。為界定出哪些資源對魚鴞而言很重要，我起初為每一隻毛腿魚鴞估計類似領域的活動範圍。我是把某隻魚鴞的GPS點在地圖上一一標出，之後評估這些點的分布，判斷這隻魚鴞可能到其他地方的統計機率。當這些機率下降到零、遠離GPS點密密麻麻的地方，那麼活動範圍（home range）就成形了。接下來，我會辨識出活動範圍中最重要的資源，這是透過比較魚鴞在活動範圍中，停留在不同棲地的時間而來（或其他可能重要的元素，例如與水或村莊的距離）。光從原始資料即可看出[1]，谷地對魚鴞無比重要：從魚鴞背著的記錄器所收集到的近兩千筆GPS位置來看，只有十四個點——百分之零點七——是在谷地外。

我對這種新的分析型態很陌生，又常搞不清楚程式語言，三不

五時就碰到困難，花好幾週解決一個問題，但另一個問題又馬上冒出來。之後，突然間一切迎刃而解。輸出成果很漂亮：魚鴞的活動範圍會沿著某特定的水域分布，與山谷兩邊漂亮吻合。這資源選擇分析顯示，魚鴞最可能在接近多水道（而不是只有一條河道）河流附近的谷地森林中出現，且會停留在全年不結凍的河流附近區域。平均活動範圍是十五平方公里[2]，但會隨著季節而出現差異。魚鴞在冬天築巢時最少移動（冬天的活動範圍僅僅七平方公里），而多半在秋天，牠們就會往河流上游的範圍移動（秋天的活動範圍則是二十五平方公里）。

之後，我整合這些有標記的魚鴞資料，外推[3]到所有濱海邊疆區東部，建立較容易預測的地圖，顯示魚鴞最可能出現的地點，這些地點會是最重要的保護地。每個特定領域是幾平方公里，而整體研究範圍則廣達兩萬平方公里，這表示電腦運算會複雜得多，某些分析可能會耗費一天以上。我剛好是在夏天展開大量分析，加上公寓悶熱，電腦三不五時就過熱當機，只好重來。後來，我把筆電搬進唯一一間有空調的房間，放在書堆上，促進通風，還放箱型風扇，整天吹電腦。

結果挺精彩。我們在濱海邊疆區進行研究的區域，約只有百分之一的地景屬於谷地，因此魚鴞的生態區位其實很狹窄，這還沒考量到人類的威脅。我把預測的魚鴞最佳棲地地圖，與人類土地利用圖重疊起來，看看哪些區域已受到保護，哪些地方則最脆弱。魚鴞

最佳棲地當中，只有百分之十九受到法律保護，大部分是在四千平方公里的錫霍特阿蘭山脈生物圈保護區內，其他都沒有受到保護。如今我已明白哪些地景對魚鴞來說很重要，而這地圖指出了魚鴞需要的特定森林與河流區段。

在取得學位之後，我開始在國際野生生物保護學會的俄羅斯專案中，擔任全職的經費主管。這項工作的主要職責和我的研究或專業不太有關，但可讓我繼續在濱海邊疆區工作，參與田野調查。我繼續研究魚鴞，但這組織在俄羅斯的主要焦點長久以來都是阿穆爾虎與阿穆爾豹（Amur leopard）。因此有許多年，我對於鳥類的興趣，都因為大型肉食性哺乳類的需求而相形失色。我會撰寫經費提案，提出報告，並協助各式各樣物種的資料分析[4]，從虎到鹿都包括在內。

我得找個有創意的方式，繼續投入魚鴞研究。比方說，我有兩年冬天是在馬克西莫夫卡河盆地，主持老虎獵食地的田野調查。我聘僱瑟格伊擔任田調助理，白天追蹤麞鹿與野豬。之後，當田調人員在營地做晚餐與休息時，瑟格伊和我就會抓起頭燈和裝著熱茶的保溫瓶，回到森林裡尋找魚鴞。我們在馬克西莫夫卡河找到新的魚鴞夫妻，也走了幾趟賽永河，每次花一天的時間看看那邊的魚鴞。

更近幾年，我把鳥類保育的工作拓廣到整個亞洲，行遍各地，從俄羅斯北極圈，到中國、柬埔寨和緬甸都包括在內。會這樣改

變，是因為理解到雖然我們能盡力保護在北國繁殖的鳥類築巢棲地，例如俄羅斯的琵嘴鷸（Spoon-billed Sandpiper）與諾氏鷸（Nordmann's Greenshank），但如果不整合這塊大陸其他地方的研究人員保育行動，那也是白忙一場。這是因為，許多在俄羅斯和阿拉斯加繁殖的鳥種[5]會遷移到東南亞過冬，卻碰到棲地破壞、獵捕等其他威脅。以全方位的做法，處理鳥類一年週期當中不同階段的特定壓力，才是避免鳥類族群急劇下滑的不二法門。

時間允許的話，我就和蘇爾馬奇依照博士論文研究，提出進一步的保育建議，架構出魚鴞保育計畫。藉由降低魚鴞死亡率、保護繁殖與獵捕地，我們希望能實現地方魚鴞族群維持穩定，甚至增加的目標。

對魚鴞來說，錫霍特阿蘭生物圈保護區很重要，這是在我們的研究中唯一有魚鴞出沒的重要保護區，我與瑟格伊在二〇一五年廣泛調查這個地區，只找到兩對魚鴞，可能另外有兩、三對把這裡當棲息地。這裡有許多很好的老樹，可供魚鴞築巢，沒有人類打擾，但是到了冬天幾乎都會結冰，魚鴞沒有地方能狩獵。這一季的田野調查確實帶來很棒的發現：兩對魚鴞都同時孵育兩隻幼雛，比之前在俄羅斯常見的繁殖率高出一倍；這種模式在日本很盛行，然而日本的魚鴞是由人工飼育。

令我印象深刻的是，在不准釣魚的保護區，兩對魚鴞都孵育出

兩隻幼雛。我想到，雖然一個鳥窩發現兩顆蛋的情況並不少見，但多半只會孵出一隻幼雛。我又想到一九七○年代，尤里・普金斯基在比金河上觀察到的紀錄：他發現的鳥巢中，有一半有兩隻雛鳥，而他也注意到，更早的紀錄是每一次繁殖時，一個鳥窩會有兩到三隻幼雛。他猜想，一次孵育的雛鳥數從一九六○年代的兩、三隻，變成一九七○年代的一、兩隻，是因為魚鴞在比金河獵捕魚類的壓力增加。我們看到的會不會就是這趨勢延續的情況？或許今天濱海邊疆區的魚鴞下兩個蛋，是因為牠們在生物上已習慣如此，但在實際上，多數魚鴞夫妻只有足夠的食物養育一隻雛鳥。近幾十年來，過度捕撈鮭魚與鱒魚，是否會降低魚鴞的繁殖潛力？若是如此，這對漁業管理和魚鴞保育來說，有重大的意義。

　　我們的棲地分析也發現，在研究地區當中最好的魚鴞棲地，有近半數（百分之四十三）租給了伐木公司，這表示直接與產業聯繫，對魚鴞保育來說十分關鍵。雖然在這情況下，看似野生動物與商業利益有衝突，類似太平洋西北部西點林鴞（Spotted Owl）爭議，但有一項重要差異。魚鴞需要的樹木——腐敗的白楊樹和榆樹——在商業上沒有什麼價值。相對地，加州紅杉[6]是西點林鴞的可能築巢地，一株就可能價值十萬美元。濱海邊疆區的伐木者根本沒有相同的經濟動機鎖定魚鴞巢樹，除非是誤伐（如果這些樹剛好在伐木者想要開路之處），或者是圖個方便（以樹來搭座便橋）。無論是哪一種，都可以藉由調整伐木法，減輕對魚鴞的威脅，且對

公司的營收幾乎沒什麼影響。

我們把這項發現告訴蘇利金，以及在安姆古和馬克西莫夫卡河流域營業的伐木公司，他同意不再採收大樹做橋。這對他來說有好處：以低代價做公關。蘇利金以什麼材料造橋並不重要。他過去曾在路上蓋護堤，阻止鹿與野豬的盜獵者；調整造橋方式只不過是另一個挽救野生動物的步驟，可以拯救無數的魚鴞巢樹，免遭破壞。

我們也在進行更大規模的努力，保護優質的魚鴞棲地區──同樣是缺乏商業價值的古老林地區──避免這些地方受到伐木或其他勢力擾動。在構思這些計畫時，我們已經知道魚鴞及其棲地受到法律保護。問題和伐木公司的藉口一樣，都是不知道魚鴞或其棲地在哪裡。我們的研究辨識出超過六十塊對魚鴞來說可能很重要的林地，而這些區域屬於同一家伐木公司的租林地，該公司也正式接受我們的資訊。「不知道」不能再當成在主要魚鴞出沒地伐木的有效藉口。

在整個計畫中，不時會碰到對濱海邊疆區魚鴞的一項威脅，其背後動機很常見：道路。在錫霍特阿蘭山脈，幾乎所有道路都會穿過河谷，因此道路對脆弱魚鴞的威脅奇高無比。道路也讓非法捕鮭魚的人能到河邊，這樣會減少魚鴞能獵捕的魚，而且人類放置的漁網也可能導致魚鴞溺斃，增加致命的行車風險，正如沙密姊所發生的狀況。事實上，在二〇一〇年，另一隻魚鴞──並未納入我們先前的研究對象──在通往安姆古的路上遭汽車撞死。因此在二〇一

二年，我們開始和伐木公司合作，伐木公司在完成一個區域的作業之後，要限制林間道路的數量，不讓車輛有那麼多路可走。可以藉由興建土堤擋住，像瑟格伊和我在二〇〇六年於馬克西莫夫卡河、二〇〇八年在謝爾巴托夫卡河看到的那種，或是在策略性位置拆除橋梁。光是二〇一八年，就封鎖了五條伐木道路，表示有將近一百公里車輛進不來，限制了人類進入四百一十四平方公里的森林。這麼一來可預防非法伐木，有利於推升伐木公司的利潤，也保護魚鴞、老虎、熊與濱海邊疆區的整體生物多樣性。

　　二〇一五年，賽永區最後一棵適合築巢的樹木於暴風雪中倒下，魚鴞幾乎無家可歸[7]。於是，瑟格伊和我觀摩日本同僚的策略，架起巢箱。我們運用原本裝沙拉油的兩百公升塑膠桶，在側面裁洞，固定到賽永河附近樹上八公尺高之處。這對魚鴞不到兩個星期就找到桶子，在裡面孵育兩隻雛鳥，其中一隻誕生於二〇一六年，另一隻是二〇一八年。後來，計畫範圍擴張，納入森林裡數十塊地點，那些地方多是魚鴞潛在的出沒範圍，抓魚的機會不少，可惜缺乏巢樹。

　　在更理解毛腿魚鴞需要的棲地之後，就能更新全球族群數量的估計值。在一九八〇年代，我們認為有三、四百對，而經過分析之後，發現數量可能不只如此，或許有兩倍之多（七百三十五對，八百到一千六百隻個體），許多是在濱海邊疆區（一百八十六對）。如果把日本的魚鴞納入考量[8]，以及一些藏在中國大興安嶺的數量，

我們認為全球毛腳魚鴞的數量不到兩千隻個體（五百到八百五十對）。

魚鴞沒有阿穆爾虎的名氣肯定與明星光環。在我們的努力之下，有更多人了解魚鴞，我們也採取行動，增加其族群，在此同時對老虎的關注也增加了。俄羅斯政府最高層[9]也投入老虎保育：總統弗拉迪米爾・普丁（Vladimir Putin）曾多次造訪濱海邊疆區，視察保育行動，還親自在莫斯科主持全球老虎高峰會，吸引李奧納多・狄卡皮歐（Leonardo DiCaprio）與娜歐蜜・坎貝兒（Naomi Campbell）之輩。保育組織把所有經費挹注到虎，每年募到數百萬美元的保育款項。至於魚鴞，就看看蘇爾馬奇和我有時間去拼湊出多少經費。

我們推廣魚鴞保育，傳播保育成果，雖然與保護老虎相較起來或許不算什麼，但依舊帶來影響，尤其是推動世界各地的魚鴞研究。日本科學家[10]已默默將發報器安裝到島嶼上這種極危的亞種，畢竟野外已不到兩百隻個體。從我們計畫中的證據來看，標記是不會對生存或繁殖造成影響：捷爾涅伊與安姆古區的魚鴞在這次計畫中都活下來，所有有標記領域的魚鴞夫妻，都成功養育雛鳥。由於我們的努力開花結果[11]，日本魚鴞生物學家現在也對該國魚鴞移動展開GPS遙測研究，這也能讓我們更了解這個物種。我們也請教整個俄羅斯魚鴞活動範圍的研究者與野生動物管理者，從東邊的千葉群島（Kuril Islands）到西邊的中阿穆爾區都包括在內，請他們提

供關於如何支持魚鴞族群的建議。最後，台灣的黃魚鴞研究人員[12]也在讀了我們捕捉時使用的誘捕漁場研究報告，加以採納。

　　比起多數溫帶地區，在濱海邊疆區的人類和野生動物，共享資源的程度較高。這裡有漁夫和鮭魚、伐木者和魚鴞、獵人與老虎。世上許多地方太過都市化，人口也太多，不可能存在像濱海邊疆區這樣的自然體系。在這裡，大自然環環相扣，在每個部分流動。世界會讓這裡更富有：濱海邊疆區的樹木成為北美的地板，水域中的海鮮販售到全亞洲。魚鴞是這種生態系統運作的象徵，說明荒野依然存在。雖然伐木業的道路網越來越深入魚鴞棲地，對魚鴞造成威脅，但我們依然積極收集資料，學習更多關於這種鳥的事情、分享所發現的資訊，從而保護魚鴞及地景。有適當的管理，就可以一直在此地河流看見魚的蹤影，也能繼續追蹤到老虎在松樹與林間出沒，追捕獵物。而站在適當環境的森林裡，也會聽到鮭魚的獵捕者——魚鴞——和城鎮公告員一樣，宣布一切安好：濱海邊疆區依然充滿野性的力量。

尾聲

二〇一六年夏末，獅子山（Lionrock）颱風[1]橫掃東北亞，風強雨驟，造成北韓與日本數百人傷亡。在濱海邊疆區，風勢直逼颶風標準，最強陣風直掃錫霍特阿蘭山脈中部，正是魚鴞棲地的核心地帶。這是數十年來，濱海邊疆區最嚴重的暴風雨。有的樹木底部被折斷，有的則是被連根拔起，堆疊成丘。整個河谷的橡樹、白樺樹與松樹林在一夜間成廢墟般的荒野，孤零零的殘幹宛如荒廢墓園的墓碑那麼顯眼。在錫霍特阿蘭生物圈保護區，估計失去一千六百平方公里的森林，占保護區總面積的百分之四十。

我前往調查獅子山颱風對魚鴞的影響時，發現在原本謝列布良卡基地的白楊樹林，只剩下斷木殘幹。在圖因夏，鳥巢在地面上裂開，差點埋在洪水退去後留下的殘骸下。最震撼的則是吉基特（Dzhigit），瑟格伊和我是二〇一五年才發現這裡，巢樹所在的整座森林都消失。暴風雨中，吉基特托夫卡河（Dzhigitovka River）把河岸沖得四分五裂，河水灌進森林與公路，朝日本海瘋狂奔流。待河水退回原本的河道時，谷地已傷痕累累，原本白楊樹與松樹生長處，剩下大小灰石構成的廣大沙洲。

法塔河的魚鶚在獅子山颱風過境後一直靜悄悄，但有幾次，我開車到謝列布良卡與圖因夏時，聽見這兩處的魚鶚鳴叫。不過，由於森林一片狼籍，要尋找新巢會比以往更費力，我只有一個週末下午，時間根本不足。妻子和我生了兩個孩子，他們還年幼，因此我在田野的時間比以往少了許多。二〇一八年夏天，我騰出一個星期去田野調查，專注尋找圖因夏領域的鳥巢。我帶了一位名叫瑞妲（Rada）的女子、瑟格伊，還有蘇爾馬奇的女兒，她還是小女孩時我就認識了。瑞妲剛上研究所，繼承父親遺產，開始研究魚鶚。這可不容易；森林就像是某種複雜迷宮的廢墟，所有通道都布滿碎石，幾乎步步挑戰。如果可能的話，我們會在倒塌的樹幹上保持平衡，一次走個幾十步，努力不在這場森林屠殺中受阻，但這種機會很少見。我們幾乎每一步都會停下來，判斷接下來該怎麼走：要穿過障礙、從上面、下面或是繞過？那個星期，我們的GPS軌跡在圖因夏河谷間，像酒醉般歪扭蜿蜒，那是我們正在洪泛平原中尋找獎賞，但總是受阻而繞道。沿途中，我向瑞妲解釋一株好的巢樹有什麼特徵，雖然在颱風肆虐森林之後，適當的例子很少見。我們在渡河處暫停腳步——圖因夏在這裡分成許多河道——而我告訴她，有個地方太狹窄，植被太擁擠，魚鶚無法在此獵捕。還有另一個地方有湍急淺灘和遼闊的碎石沙洲，那裡就是完美的環境。

在搜尋的第三天，我額頭夾雜著汗水與髒污，衣服沾上松脂，這時我瞥見了巨大的白楊樹，立刻知道找到鳥巢了。這棵樹的一切

都恰到好處：粗壯的灰色樹幹從四下的林冠突出豎立，或許有十幾公尺高，上頭開了個大樹洞，距離河邊很近。在瞥見這棵樹之後的幾秒，我輕輕告訴夥伴要提高注意。差不多就在這時，魚鴞從附近的松樹驚飛：一隻雄鳥緩慢而穩定地拍動翅膀。牠一飛，幾隻烏鴉從附近的樹木飛起；興奮的嘎嘎聲彷彿夜曲，跟在魚鴞後方。

我擔心這棵巢樹缺乏照顧，遂趕緊追過去，以GPS裝置收集資料。這陣騷動一定驚擾了雌鳥。另一隻魚鴞出現了，這一回是從巢樹出現，一大團模糊的棕色物體在我上方的空中盤旋。牠停在樹枝上，之後俯下身，想好好看我；烏鴉在牠身邊跳動，宛如夏日昆蟲。我們鎖定眼光，之後牠就飛走了，消失在飽受破壞的圖因夏河谷初春樹枝間。

就像這幾年來我在賽永學到的，雌魚鴞或許會看著我，但在我離開之前，牠是不會回來的。所以我離開了，一方面掛念著那一窩蛋，但又暗自欣喜：圖因夏魚鴞安全了。牠們撐過我的博士論文與最近的颱風襲擊，如今找到合適的巢樹，距離原本的巢樹只有幾公里。牠們適應河流洪泛平原千變萬化的動態，不需要我們的保育介入——反正現在不必。魚鴞這個物種不奮鬥，就無法延續下去：牠們甩開暴風雪大難，忍受攝氏零下的溫度，忽視結黨成群的烏鴉。魚鴞的韌性令我佩服。蘇爾馬奇、瑟格伊和我會繼續留意魚鴞，監視人類日益演化的威脅，並在需要時提供協助。就像魚鴞，我們也要時時保持警覺。

註釋

卷首語

1. vii Vladimir Arsenyev, Across the Ussuri Kray (Bloomington: Indiana University Press, 2016).

前言

1. 我的同伴是約考伯・麥卡錫（Jacob McCarthy），曾一起擔任和平工作團志工，現在在緬因州任教。

2. 當時我父親（Dale Vernon Slaght）是美國商務署（U.S. Commercial Service，隸屬於美國商務處）的公使參事，在一九九二到一九九五年，曾派駐莫斯科的美國大使館。

3. Aleksansdr Cherskiy, "Ornithological Collection of the Museum for Study of the Amurskiy Kray in Vladivostok," *Zapisi O-va Izucheniya Amurskogo Kraya* 14 (1915): 143–276. 原文為俄文。

引言

1. Jonathan Slaght,"Influence of Selective Logging on Avian Density, Abundance, and Diversity in Korean Pine Forests of the Russian Far East," M.S. thesis (University of Minnesota, 2005).

2. 普金斯基在濱海邊疆區的比金河發現的。

3. V. I. Pererva, "Blakiston's Fish Owl," in *Red Book of the USSR: Rare and Endangered Species of Animals and Plants*, eds. A. M. Borodin, A. G. Bannikov, and V. Y. Sokolov (Moscow: Lesnaya Promyshlenost, 1984), 159–60. 原文為俄文。

4. Mark Brazil and SumioYamamoto,"The Status and Distribution of Owls in Japan," in *Raptors in the Modern World: Proceedings of the III World Conference on Birds of Prey and Owls*, eds. B. Meyburg and R. Chancellor (Berlin: WWGBP, 1989), 389– 401.

5. 阿穆爾虎請參閱 Dale Miquelle, Troy Merrill, Yuri Dunishenko, Evgeniy Smirnov, Howard Quigley, Dmitriy Pikunov, and Maurice Hornocker, "A Habitat Protection Plan for the Amur Tiger: Developing Political and Ecological Criteria for a Viable Land-Use Plan," in *Riding the Tiger: Tiger Conservation in Human-Dominated Landscapes*, eds. John Seidensticker, Sarah Christie, and Peter Jackson (New York: Cambridge University Press, 1999), 273–89.

6. Morgan Erickson-Davis, "Timber Company Says It Will Destroy Logging Roads to Protect Ti-ers," Mongabay, July 29, 2015, news.mongabay.com/2015/07/mrn-gfrn-morgan-timber-company-says-it-will-destroy-logging-roads -to-protect-tigers.

7. V. R. Chepelyev, "Traditional Means of Water Transportation Among Aboriginal Peoples of the Lower Amur Region and Sakhalin," Izucheniye Pamyatnikov Morskoi Arkheologiy 5 (2004): 141–61. 原文為俄文。

8. 多來自斯潘伯格一九四〇年代與尤里‧普金斯基在一九七〇年代的研究。Mostly from research by Yevgeniy Spangenberg in the 1940s and Yuriy Pukinskiy in the 1970s.

9. 參見 Michael Soulé, "Conservation: Tactics for a Constant Crisis," Science 253 (1991): 744–50.

10. 關於薩瑪爾加河盆地與伐木業衝突,請參見 Josh Newell, The Russian Far East: A Reference Guide for Conservation and Development (McKinleyville, Calif.: Daniel and Daniel Publishers, 2004).

11. Anatoliy Semenchenko, "Samarga River Watershed Rapid Assessment Report," Wild Salmon Center (2003). sakhtaimen.ru/userfiles/Library/Reports/semen chenko._2004._samarga_rapid_assessment.compressed.pdf.

⑴ 地獄村

1. Elena Sushko, "The Village of Agzu in Udege Country," Slovesnitsa Iskusstv 12 (2003): 74–75. 原文為俄文。

2. Sergey Surmach, "Short Report on the Research of the Blakiston's Fish Owl in the Samarga River Valley in 2005," *Peratniye Khishchniki i ikh Okhrana* 5 (2006): 66–67. 原文為俄文,有英文摘要。

3. 例子可參見 Yevgeniy Spangenberg, "Observations of Distribution and Biology of Birds in the Lower Reaches of the Iman River," *Moscow Zoo* 1 (1940): 77–136. 原文為俄文。

4. 例子可參見 Yuriy Pukinskiy, "Ecology of Blakiston's Fish Owl in the Bikin River Basin," Byull Mosk Ova Ispyt Prir Otd Biol 78 (1973): 40–47. 原文為俄文,有英文摘要。

5. 例子可參見 Sergey Surmach, "Present Status of Blakiston's Fish Owl (Ketupa blakistoni Seebohm) in Ussuriland and Some Recommendations for Protection of the Species," *Report Pro Natura Found* 7 (1998): 109–23.

② 初次搜尋

1. Frank Gill, Ornithology (New York: W. H. Freeman, 1995), 195.

2. Jemima Parry-Jones, Understanding Owls: Biology, Management, Breeding, Training (Exeter, U.K.: David and Charles, 2001), 20.

3. Yevgeniy Spangenberg,"Birds of the Iman River," in *Investigations of Avifauna of the Soviet Union* (Moscow: Moscow State University, 1965), 98–202. 原文為俄文。

③ 阿格祖的冬季生活

1. Ennes Sarradj, Christoph Fritzsche, and Thomas Geyer, "Silent Owl Flight: Bird Flyover Noise Measurements," *AIAA Journal* 49 (2011): 769–79.

2. 例子可參見 Yuriy Pukinskiy, "Blakiston's Fish Owl Vocal Reactions," Vestnik Leningradskogo Universiteta 3 (1974): 35–39. 原文為俄文，有英文摘要。

3. Jonathan Slaght, Sergey Surmach, and Aleksandr Kisleiko, "Ecology and Conservation of Blakiston's Fish Owl in Russia," in *Biodiversity Conservation Using Umbrella Species: Blakiston's Fish Owl and the Red-Crowned Crane*, ed. F. Nakamura (Singapore: Springer, 2018), 47–70.

4. Lauryn Benedict, "Occurrence and Life History Correlates of Vocal Duetting in North American Passerines," *Journal of Avian Biology* 39 (2008): 57–65.

④ 沉默的暴力

1. 在濱海邊疆區，獵人滑學板通常是依照烏德蓋人的做法手工打造，板材是橡樹或榆樹。參見 V. V. Antropova, "Skis," in Istoriko-etnograficheskiy atlas Sibirii [Ethno-historical Atlas of Siberia], eds. M. G. Levin and L. P. Potapov (Moscow: Izdalelstvo Akademii Nauk, 1961). 原文為俄文。

2. Karan Odom, Jonathan Slaght, and Ralph Gutiérrez, "Distinctiveness in the Territorial Calls of Great Horned Owls Within and Among Years," *Journal of Raptor Research* 47 (2013): 21–30.

3. Takeshi Takenaka, "Distribution, Habitat Environments, and Reasons for Reduction of the Endangered Blakiston's Fish Owl in Hokkaido, Japan," Ph.D. dissertation (Hokkaido University, 1998).

4. 在一項研究中，雕鴞（Bubo bubo）的基本頻率（也就最低頻率）是317.2赫茲，比我們記錄到的魚鴞要高出約八十八赫茲。參見Thierry Lengagne, "Temporal Stability in the Individual Features in the Calls of Eagle Owls (Bubo bubo)," *Behaviour* 138 (2001): 1407–19.

5. Jonathan Slaght and Sergey Surmach, "Biology and Conservation of Blakiston's Fish Owls in Russia: A Review of the Primary Literature and an Assessment of the Secondary Literature," *Journal of Raptor Research* 42 (2008): 29–37.

6. Takeshi Takenaka, "Ecology and Conservation of Blakiston's Fish Owl in Japan," in *Biodiversity Conservation Using Umbrella Species: Blakiston's Fish Owl and the Red-Crowned Crane*, ed. F. Nakamura (Singapore: Springer, 2018), 19–48.

⑤ 順流而下

1. Slaght, Surmach, and Kisleiko, "Ecology and Conservation of Blakiston's Fish Owl in Russia," in *Biodiversity Conservation Using Umbrella Species*, 47–70.

2. Takenaka, "Distribution, Habitat Environments, and Reasons for Reduction of the Endangered Blakiston's Fish Owl in Hokkaido, Japan."

3. Pukinskiy, *Byull Mosk O-va Ispyt Prir Otd Biol* 78: 40–47; and Yuko Hayashi, "Home Range, Habitat Use, and Natal Dispersal of Blakiston's Fish Owl," *Journal of Raptor Research* 31 (1997): 283–85.

4. Christoph Rohner, "Non-territorial Floaters in Great Horned Owls (*Bubo virginianus*)," in *Biology and Conservation of Owls of the Northern Hemisphere: 2nd Inter- national Symposium*, Gen. Tech. Rep. NC-190, eds. James Duncan, David Johnson, and Thomas Nicholls (St. Paul: U.S. Department of Agriculture Forest Service, 1997), 347–62.

5. 「碎晶冰」: M. Seelye, "Frazil Ice in Rivers and Oceans," *Annual Review of Fluid Mechanics* 13 (1981): 379–97.

⑥ 查普列夫

1. Colin McMahon, "'Pyramid Power' Is Russians' Hope for Good Fortune," *Chicago Tribune*, July 23, 2000, chicagotribune.com/news/ct-xpm-2000-07-23-0007230533-story.html.

2. Ernest Filippovskiy, "Last Flight Without a Black Box," *Kommersant*, January 13, 2009,

kommersant.ru/doc/1102155. 原文為俄文。

⑦ 水出現了

1. Alan Poole, Ospreys: Their Natural and Unnatural History (Cambridge: Cambridge University Press, 1989).

2. 近期有項研究檢視了四十年間（一九七〇到二〇一〇年）五十八次老虎攻擊人的事件，發現有百分之七十一是因為老虎遭到挑釁。參見 Igor Nikolaev, "Tiger Attacks on Humans in Primorsky (Ussuri) Krai in XIX–XXI Centuries," Vestnik *DVO RAN* 3 (2014): 39–49. 原文為俄文，有英文摘要。

3. Clayton Miller, Mark Hebblewhite, Yuri Petrunenko, Ivan Serëdkin, Nicholas DeCesare, John Goodrich, and Dale Miquelle, "Estimating Amur Tiger (Panthera tigris alta- ica) Kill Rates and Potential Consumption Rates Using Global Positioning System Collars," *Journal of Mammalogy* 94 (2013): 845–55.

4. John Goodrich, Dale Miquelle, Evgeny Smirnov, Linda Kerley, Howard Quigley, and Maurice Hornocker, "Spatial Structure of Amur (Siberian) Tigers (Panthera tigris altaica) on Sikhote-Alin Biosphere Zapovednik, Russia," *Journal of Mammalogy* 91 (2010): 737–48.

5. Dmitriy Pikunov, "Population and Habitat of the Amur Tiger in the Russian Far East," *Achievements in the Life Sciences* 8 (2014): 145–49.

6. V. I. Zhivotchenko, "Role of Protected Areas in the Protection of Rare Mammal Species in Southern Primorye," 1976 Annual Report (Kievka: Lazovskiy State Reserve, 1977). 原文為俄文。

7. Robert O. Evans, "Nadsat: The Argot and Its Implications in Anthony Burgess' 'A Clockwork Orange,'" *Journal of Modern Literature* 1 (1971): 406–10.

8. Wah-Yun Low and Hui-Meng Tan, "Asian Traditional Medicine for Erectile Dysfunction," *European Urology* 4 (2007): 245–50.

⑧ 追著冰層跑

1. 生存率僅有百分之六十六：Vladimir Arsenyev, In the Sikhote-Alin Mountains (Moscow: Molodaya Gvardiya, 1937). 原文為俄文。

2. Vladimir Arsenyev, A Brief Military Geographical and Statistical Description of the Ussuri Kray (Khabarovsk, Russia: Izd. Shtaba Priamurskogo Voyennogo, 1911). 原文為俄文。

3. 查德·馬辛（Chad Masching）在一九九九到二○○○年曾在捷爾涅伊擔任和平工作團志工，現則在科羅拉多州擔任環境工程師。

⑨ 薩瑪爾加村

1. Sergey Yelsukov, Birds of Northeastern Primorye: Non-Passerines (Vladivostok: Dalnauka, 2016). 原文為俄文。

2. 偶爾在「突發性激增年」（irruption years），如果田鼠數量低，則烏林鴞會比平時的活動範圍還要往南，可以在明尼蘇達州北部看到。比方說，在二○○五初——突發性激增年——明尼蘇達州大學的研究所同學（安得魯·瓊斯〔Andrew W. Jones〕，現為克里夫蘭自然史博物館〔Cleveland Museum of Natural History〕鳥類學主任）在一天之內就看到兩百二十六隻烏林鴞。

3. 參見 ship-photo-roster.com /ship/vladimir-goluzenko，有古琴科號的照片與現在位置。

4. 參見 See Jonathan Slaght, "Management and Conservation Implications of Blakiston's Fish Owl (Ketupa blakistoni) Resource Selection in Primorye, Russia," Ph.D. dissertation (University of Minnesota, 2011).

5. Jeremy Rockweit, Alan Franklin, George Bakken, and Ralph Gutiérrez, "Potential Influences of Climate and Nest Structure on Spotted Owl Reproductive Success: A Biophysical Approach," PLoS One 7 (2012): e41498.

6. Irina Utekhina, Eugene Potapov, and Michael Mc- Grady, "Nesting of the Blakiston's Fish- Owl in the Nest of the Steller's Sea Eagle, Magadan Region, Russia," Peratniye Khishch- niki i ikh Okhrana 32 (2016): 126–29.

7. Takenaka, "Ecology and Conservation of Blakiston's Fish Owl in Japan," 19–48.

⑩ 古琴科號

1. Newell, The Russian Far East.

2. Shou Morita, "History of the Herring Fishery and Review of Artificial Propagation Techniques for Herring in Japan," Canadian Journal of Fisheries and Aquatic Sciences 42 (1985): s222–29.

⑪ 來自古代的聲音

1. 我是與瑟格伊·耶爾蘇科夫（Sergey Yelsukov）一起散步觀察，他在一九六○到二○○五年，任職於錫霍特阿蘭生物圈保護區（那些年多半是擔任駐地鳥類學家）。

2. 在二〇一九年，約翰是潘特拉（Panthera）的首席科學家，這個國際性的科學非政府組織，專門負責野生貓科動物的研究與保育。

3. 參見 Gary White and Robert Garrott, Analysis of Wildlife Radio-Tracking Data (Cambridge, Mass.: Academic Press, 1990).

⑫ 魚鴞之巢

1. Rock Brynner, *Empire and Odyssey: The Brynners in Far East Russia and Beyond* (Westminster, Md.: Steerforth Press Publishing, 2006).

2. 參見 John Stephan, *The Russian Far East: A History* (Stanford, Calif.: Stanford University Press, 1994).

3. Arsenyev, Across the Ussuri Kray.

4. worstpolluted.org/projects_reports/display/74. 亦參見 Margrit von Braun, Ian von Lindern, Nadezhda Khristoforova, Anatoli Kachur, Pavel Yelpatyevsky, Vera Elpatyevskaya, and Susan M. Spalingera, "Environmental Lead Contamination in the Rudnaya Pristan—Dalnegorsk Mining and Smelter District, Russian Far East," *Environmental Research* 88 (2002): 164–73.

5. Arsenyev, Across the Ussuri Kray.

6. Stefania Korontzi, Jessica McCarty, Tatiana Loboda, Suresh Kumar, and Chris Justice, "Global Distribution of Agricultural Fires in Croplands from 3 Years of Moderate Imaging Spectroradiometer (MODIS) Data," *Global Biogeochemical Cycles* 1029 (2006): 1–15.

7. Conor Phelan, "Predictive Spatial Modeling of Wildfire Occurrence and Poaching Events Related to Siberian Tiger Conservation in Southwest Primorye, Russian Far East," M.S. thesis (University of Montana, 2018), scholarworks.umt.edu/etd/11172.

⑬ 路標的盡頭

1. Anatoliy Astafiev, Yelena Pimenova, and Mikhail Gromyko, "Changes in Natural and Anthropogenic Causes of Forest Fires in Relation to the History of Colonization, Development, and Economic Activity in the Region," in *Fires and Their Influence on the Natural Ecosystems of the Central Sikhote-Alin* (Vladivostok: Dalnauka, 2010), 31–50. 原文為俄文。

2. Erickson-Davis, "Timber Company Says It Will Destroy Logging Roads to Protect Tigers," news.mongabay.com/2015/07/mrn-gfrn-morgan-timber-company -says-it-will-destroy-logging-roads-to-protect-tigers.

3. 更多群聚滋擾叫聲（mobbing），參見 Tex Sordahl, "The Risks of Avian Mobbing and Distraction Behavior: An Anecdotal Review," Wilson Bulletin 102 (1990): 349–52.

4. Hiroaki Kariwa, K. Lokugamage, N. Lokugamage, H. Miyamoto, K. Yoshii, M. Nakauchi, K. Yoshi- matsu, J. Arikawa, L. Ivanov, T. Iwasaki, and I. Takashima, "A Comparative Epidemiological Study of Hantavirus Infection in *Japan and Far East Russia," Japanese Journal of Veterinary Research* 54 (2007): 145–61.

⑭ 荒蕪之路

1. K. Becker, "One Century of Radon Therapy" *International Journal of Low Radiation* 1 (2004): 333–57.

2. Aleksandr Panichev, Bikin: The Forest and the People (Vladivostok: DVGTU Publishers, 2005). 原文為俄文。

3. I. V. Karyakin, "New Record of the Mountain Hawk Eagle Nesting in Primorye, Russia," *Raptors Conservation* 9 (2007): 63–64.

4. John Mayer, "Wild Pig Attacks on Humans," Wildlife Damage Management Conferences— *Proceedings* 151 (2013): 17–35.

⑮ 洪水

1. 關於此物種的分布以及在當地滅絕的原因，參見 Michio Fukushima, Hiroto Shimazaki, Peter S. Rand, and Masahide Kaeriyama, "Reconstructing Sakhalin Taimen Parahucho perryi Historical Distribution and Identifying Causes for Local Extinctions," *Transactions of the American Fisheries Society* 140 (2011): 1–13.

2. 參見 wildsalmoncenter.org/2010/10/20/koppi-river-preserve.

3. 參見 David Anderson, Will Koomjian, Brian French, Scott Altenhoff, and James Luce, "Review of Rope-Based Access Methods for the Forest Canopy: Safe and Unsafe Practices in Published Information Sources and a Summary of Current Methods," *Methods in Ecology and Evolution* 6 (2015): 865–72.

4. 其他猛禽可能會吃鹿；請參見 Linda Kerley and Jonathan Slaght, "First Documented Predation of Sika Deer (Cervus nippon) by Golden Eagle (Aquila chrysaetos) in Russian Far East," *Journal of Raptor Research* 47 (2013): 328–30.

5. 日本北海道與俄羅斯庫頁島之間，一處四十公里寬的通道。A forty-kilometer-wide passage between Hokkaido island, Japan, and Sakhalin island, Russia.

[16] 準備設陷阱

1. 例子可參見 H. Bub, Bird Trapping and Bird Banding (Ithaca: Cornell University Press, 1991).

2. Peter Bloom, William Clark, and Jeff Kidd, "Capture Techniques," in *Raptor Research and Management Techniques*, eds. David Bird and Keith Bildstein (Blaine, Wash.: Hancock House, 2007), 193–219.

3. 出處同上。

4. Spangenberg, in *Investigations of Avifauna of the Soviet Union*, 98–202.

5. V. A. Nechaev, *Birds of the Southern Kuril Islands* (Leningrad: Nauka, 1969). 原文為俄文。

6. Jonathan Slaght, Sergey Avdeyuk, and Sergey Surmach, "Using Prey Enclosures to Lure Fish-Eating Raptors to Traps," *Journal of Raptor Research* 43 (2009): 237–40.

7. Takenaka, "Ecology and Conservation of Blakiston's Fish Owl in Japan," 19–48.

8. 出處同上。

9. Robert Kenward, *A Manual for Wildlife Radio Tagging* (Cambridge, Mass.: Academic Press, 2000).

10. Josh Millspaugh and John Marzluff, *Radio Tracking and Animal Populations* (New York: Academic Press, 2001).

11. Bryan Manly, Lyman McDonald, Dana Thomas, Trent McDonald, and Wallace Erickson, *Resource Selection by Animals: Statistical Design and Analysis for Field Studies* (New York: Springer, 2002).

12. Bub, *Bird Trapping and Bird Banding*.

13. Takenaka, "Distribution, Habitat Environments, and Reasons for Reduction of the Endangered Blakiston's Fish Owl in Hokkaido, Japan."

[17] 擦身而過

1. 例子可參見 telonics.com/products/trapsite.

2. Anonymous, California Department of Fish & Wildlife Trapping License Examination Reference Guide (2015), nrm.dfg.ca.gov/FileHandler.ashx?DocumentID=84665&inline.

3. Arsenyev, Across the Ussuri Kray.

⑱ 隱士

1. 參見 Stephan, *The Russian Far East*.

2. Bub, Bird Trapping and Bird Banding.

⑲ 圖因夏河受困記

1. Slaght, Avdeyuk, and Surmach, Journal of Raptor Research 43: 237–40.

2. Xan Augerot, *Atlas of PacificSalmon: The First Map-Based Status Assessment of Salmon in the North Pacific* (Berkeley: University of California Press, 2005).

⑳ 魚鴞成擒

1. Lori Arent, personal communication, June 24, 2019.

2. 這件衣服是猛禽中心（The Raptor Center）的志工瑪西亞‧沃克斯多弗（Marcia Wolkerstorfer）在三十多年前製作的。

3. Malte Andersson and R. Åke Norberg, "Evolution of Reversed Sexual Size Dimorphism and Role Partitioning Among Predatory Birds, with a Size Scaling of Flight Performance," *Biological Journal of the Linnean Society* 15 (1981): 105–30.

4. 參見 Sumio Yamamoto, *The Blakiston's Fish Owl* (Sapporo, Japan: Hokkaido Shinbun Press, 1999); and Nechaev, *Birds of the Southern Kuril Islands*.

5. Kenward, *A Manual for Wildlife Radio Tagging*.

6. 例子可參見 Linda Kerley, John Goodrich, Igor Nikolaev, Dale Miquelle, Bart Schleyer, Evgeniy Smirnov, Howard Quigley, and Maurice Hornocker, "Reproductive Parameters of Wild Female Amur Tigers," in *Tigers in Sikhote-Alin Zapovednik: Ecology and Conservation*, eds. Dale Miquelle, Evgeniy Smirnov, and John Goodrich (Vladivostok: PSP, 2010): 61–69. 原文為俄文。

7. Slaght, Surmach, and Kisleiko, "Ecology and Conservation of Blakiston's Fish Owl in Russia," 47–70.

㉑ 無線電靜悄悄

1. 根據蘇馬赫測量，魚鴞的蛋長寬平均值約六點三公分與五點二公分。

2. Jenny Isaacs, "Asian Bear Farming: Breaking the Cycle of Exploitation," *Mongabay*, January 31, 2013, news.mongabay.com/2013/01/asian-bear-farming-breaking-the -cycle-of-exploitation-warning-graphic-images/#QvvvZWi4ro C1RUhw.99.

3. 俄羅斯北極圈東邊的自治區。

4. Pukinskiy, Byull Mosk O-va Ispyt Prir Otd Biol 78: 40–47.

5. Takenaka, "Ecology and Conservation of Blakiston's Fish Owl in Japan," 19–48.

6. Dale Miquelle, personal communication, June 26, 2019.

22 魚鴞與鴿

1. Bub, Bird Trapping and Bird Banding.

2. Peter Bloom, Judith Henckel, Edmund Henckel, Josef Schmutz, Brian Woodbridge, James Bryan, Richard Anderson, Phillip Detrich, Thomas Maechtle, James Mckinley, Michael Mccrary, Kimberly Titus, and Philip Schempf, "The Dho-Gaza with Great Horned Owl Lure: An analysis of Its Effectiveness in Capturing Raptors," *Journal of Raptor Research* 26 (1992): 167–78.

3. Bloom, Clark, and Kidd, in *Raptor Research and Management Techniques*, 193–219.

4. Fabrizio Sergio, Giacomo Tavecchia, Alessandro Tanferna, Lidia López Jiménez, Julio Blas, Renaud De Steph- anis, Tracy Marchant, Nishant Kumar, and Fernando Hiraldo, "No Effect of Satellite Tagging on Survival, Recruitment, Longevity, Productivity and Social Dominance of a Raptor, and the Provisioning and Condition of Its Offspring," *Journal of Applied Ecology* 52 (2015): 1665–75.

5. 參見See Stanley M. Tomkiewicz, Mark R. Fuller, John G. Kie, and Kirk K. Bates, "Global Positioning System and Associated Technologies in Animal Behaviour and Ecological Research," *Philosophical Transactions of the Royal Society* B 365 (2010): 216 3 – 76 .

6. 參見Jay Bhattacharya, Christina Gathmann, and Grant Miller, "The Gorbachev Anti- Alcohol Campaign and Russia's Mortality Crisis," *American Economic Journal: Applied Economics* 5 (2013): 232–60.

7. Arsenyev, Across the Ussuri Kray.

23 孤注一擲

1. Bub, *Bird Trapping and Bird Banding*.

2. F. Hamerstrom and J. L. Skinner, "Cloacal Sexing of Raptors," Auk 88 (1971): 173–74.

3. Slaght, Surmach, and Kisleiko（*Biodiversity Conservation Using Umbrella Species*, 47–70）研究發現，魚鴞使用一株巢樹的時間是三點五年 ± 一點四年（平均值 ± 標準差）。

4. Diana Solovyeva, Peiqi Liu, Alexey Antonov, Andrey Averin, Vladimir Pronkevich, Valery Shokhrin, Sergey Vartanyan, and Peter Cranswick, "The Population Size and Breeding Range of the Scaly-Sided Merganser Mergus squamatus," *Bird Conservation International* 24 (2014): 393–405.

5. Sergey Surmach, personal communication, June 10, 2008.

6. 席布涅夫（一九一八～二〇〇七）是比金河小村莊的學校老師，也是業餘自然學家，曾在這條河一帶提出重要的鳥類學觀察，並在此建立自然史博物館。他曾為來訪的研究者（例如普金斯基）擔任嚮導。波里斯的兒子尤里・席布涅夫（Yuriy Shibnev，一九五一～二〇一七）是俄羅斯知名鳥類學家與野生動物攝影師。

7. Boris Shibnev, "Observations of Blakiston's Fish Owls in Ussuriysky Region," *Ornitologiya* 6 (1963): 468. 原文為俄文。

24 靠魚行動

1. Nadezhda Labetskaya, "Who Are You, Fish Owl?," *Vestnik Terneya*, May 1, 2008, 54–55. 原文為俄文。

2. Felicity Barringer, "When the Call of the Wild Is Nothing but the Phone in Your Pocket," *The New York Times*, January 1, 2009, A11.

25 卡特科夫登場

1. 參見 globalsecurity.org/intell/world/russia/kgb-su0515.htm.

26 謝列布良卡捕捉記

1. 例子可參見 blogs .scientificamerican.com/observations/east-of-siberia-heeding-the-sign.

2. 有些河流魚類會出現季節性的短程遷徙。Brett Nagle, personal communication, July 3, 2019.

3. Temma Kaplan, "On the Socialist Origins of International Women's Day," Feminist Studies 11 (1985): 163–71.

27 吾等惡魔

1. Judy Mills and Christopher Servheen, Bears: Their Biology and Management, vol. 9 (1994), part 1: *A Selection of Papers from the Ninth International Conference on Bear Research and Management* (Missoula, Mont.: International Association for Bear Research and Management, February 23–28, 1992), 161– 67.

28 卡特科夫遭逐

1. 在安姆古南方的溫泉（Tyopliy Kyuch）休養所，水溫更高，穩定維持在攝氏三十六到三十七度（華氏九十七到九十九度）。參見 ws-amgu.ru.

29 兵敗如山倒

1. Arsenyev, Across the Ussuri Kray.

2. Jeff Beringer, Lonnie Hansen, William Wilding, John Fischer, and Steven Sheriff, "Factors Affecting Capture Myopathy in White-Tailed Deer," *Journal of Wildlife Management* 60 (1996): 373–80.

30 隨魚前進

1. Slaght, "Management and Conservation Implications of Blakiston's Fish Owl (*Ketupa blakistoni*) Resource Selection in Primorye, Russia."

2. Anatoliy Semenchenko, "Fish of the Samarga River (Primorye)," in V. Y. Levanidov's Biennial Memorial Readings, vol. 2, ed. V. V. Bogatov (Vladivostok: Dal- nauka, 2003), 337–54. 原文為俄文。亦參見 Augerot, *Atlas of Pacific Salmon*.

3. 參見 "N. Korea Threats Force Change in Flight Paths," NBC News, March 6, 2009, nbcnews.com /id/29544823/ns/travel-news/t/n-korea-threats-force-change-flight -paths/#. XaJ_VUZKg2w.

4. Alexander Dallin, *Black Box: KAL 007 and the Superpowers* (Berkeley: University of California Press, 1985).

5. Tatiana Gamova, Sergey Surmach, and Oleg Burkovskiy, "The First Evidence of Breeding of the Yellow Bittern Ixobrychus sinensis in Russian Far East," *Russkiy Ornitologicheskiy Zhurnal* 20 (2011): 1487–96. 原文為俄文。

31 東方的加州

1. Courtney Weaver, "Vladivostok: San Francisco (but Better)," *Financial Times*, July 2, 2012.

2. B. I. Rivkin, Old Vladivostok (Vladivostok: Utro Rossiy, 1992).

3. 黑尾長耳大野兔（jackrabbit）與羚羊（antelope）綜合而成的字，是美國西部令人害怕的傳說生物，有兔身與鹿角。科學上的描述參見 Micaela Jemison, "The World's Scariest Rabbit Lurks Within the Smithsonian's Collection," Smithsonian Insider, October 31, 2014, insider. si.edu/2014/10/worlds-scariest-rabbit -lurks-within-smithsonians-collection.

4. 參見 Jonathan Slaght, Sergey Surmach, and Ralph Gutiérrez, "Riparian Old-Growth Forests Provide Critical Nesting and Foraging Habitat for Blakiston's Fish Owl Bubo blakistoni in Russia," *Oryx* 47 (2013): 553–60.

32 關於捷爾涅伊區的肺腑之言

1. Nikolaev, *Vestnik* DVO RAN 3:39–49.

2. Martin Gilbert, Dale Miquelle, John Goodrich, Richard Reeve, Sarah Cleaveland, Louise Matthews, and Damien Joly, "Estimating the Potential Impact of Canine Distemper Virus on the Amur Tiger Population (Panthera tigris altaica) in Russia," *PLoS ONE* 9 (2014): e110811.

3. 關於濱海邊疆區老虎致命攻擊的令人信服的敘述，請參閱 John Vaillant, *The Tiger* (New York: Knopf, 2010).

4. 參見 Slaght, Avdeyuk, and Surmach, Journal of Raptor Research 43: 237–40.

33 毛腿魚鴞的保育

1. 參見 Jonathan Slaght, Jon Horne, Sergey Surmach, and Ralph Gutiérrez, "Home Range and Resource Selection by Animals Constrained by Linear Habitat Features: An Example of Blakiston's Fish Owl," *Journal of Applied Ecology* 50 (2013): 1350–57.

2. Slaght, "Management and Conservation Implications of Blakiston's Fish Owl (Ketupa blakistoni) Resource Selection in Primorye, Russia."

3. Jonathan Slaght and Sergey Surmach, "Blakiston's Fish Owls and Logging: Applying Resource Selection Information to Endangered Species Conservation in Russia," *Bird Conservation International* 26 (2016): 214–24.

4. 例子可參見 Michiel Hötte, Igor Kolodin. Sergey Bereznuk, Jonathan Slaght, Linda Kerley, Svetlana Soutyrina, Galina Salkina, Olga Zaumyslova, Emma Stokes, and Dale Miquelle, "Indicators of Success for Smart Law Enforcement in Protected Areas: A Case Study for Russian Amur Tiger (Panthera tigris altaica) Reserves," *Integrative Zoology* 11 (2016): 2–15.

5. 例子可參見 Mike Bamford, Doug Watkins, Wes Bancroft, Genevieve Tischler, and Johannes Wahl, *Migratory Shorebirds of the East Asian–Australasian Flyway: Population Estimates and Internationally Important Sites* (Canberra: Wetlands International—Oceania, 2008).

6. Howard Hobbs, "Economic Standing of Sequoia Trees," Daily Republican, November 1, 1995, dailyrepublican.com/ecosequoia.html.

7. Takenaka, "Ecology and Conservation of Blakiston's Fish Owl in Japan," 19–48.

8. Jonathan Slaght, Takeshi Takenaka, Sergey Surmach, Yuzo Fujimaki, Irina Utekhina, and Eugene Potapov, "Global Distribution and Population Estimates of Blakiston's Fish Owl," in *Biodiversity Conservation Using Umbrella Species: Blakiston's Fish Owl and the Red-Crowned Crane*, ed. F. Nakamura (Singapore: Springer, 2018), 9–18.

9. Anna Malpas, "In the Spotlight: Leonardo DiCaprio," *Moscow Times*, November 25, 2010, themoscowtimes.com/2010/11/25/in-the-spotlight-leonardo -dicaprio-a3275.

10. Iaght et al., "Global Distribution and Population Estimates of Blakiston's Fish Owl," 9–18.

11. 出處同上。, 19–48.

12. Yuan-Hsun Sun, Tawny Fish Owl: A Mysterious Bird in the Dark (Taipei: Shei-Pa National Park, 2014). （中文原著：《暗夜謎禽：黃魚鴞》，孫元勳、吳幸如著；雪霸國家公園管理處出版；2014 年。）

尾聲

1. Aon Benfield, "Global Catastrophe Recap" (2016), thoughtleadership.aonbenfield.com/Documents/20161006-ab-analytics-if-september-global-recap.pdf.

致謝

感謝FSG出版公司的珍娜・強森（Jenna Johnson）、莉迪亞・左艾爾斯（Lydia Zoells）、多明尼克・里爾（Dominique Lear）與雅曼達・穆恩（Amanda Moon）的傑出編輯。我把如魚鴞耳羽般凌亂的文字交給他們，經過他們給予的評論、建議以及修潤之後，讓這些文字變成像結冰的河面一樣平坦（雖然未必欣賞我的每個比喻，或幽默的嘗試。）謝謝我的文學經紀人黛安娜・芬奇（Diana Finch），在本書的初稿中看出希望，投入大量時間整理，交給出版社。

感謝我的啟蒙恩師戴爾・米凱爾（Dale Miquelle）與洛奇・古提耶雷茲（Rocky Gutiérrez），讓我成為更好的科學家、保育學家與作者。感謝從哥倫布市立動物園和水族館（Columbus Zoo and Aquarium）退休的瑞貝卡・羅斯（Rebecca Rose），最先鼓勵我把和魚鴞的經驗變成一本書。謝謝我合作將近十五年的瑟格伊・蘇爾馬奇（Sergey Surmach），給予不可或缺的友誼、專業與引導。謝謝田野助理——包括本書中提到的，以及刪除的（抱歉，米夏・波吉巴〔Misha Pogiba〕）——謝謝他們承受這麼多困難，讓這項計

畫有成功的結局。

感謝這項工作的諸多贊助者——包括阿穆爾烏蘇里鳥類多樣性中心（Amur-Ussuri Center for Avian Biodiversity）、貝爾自然史博物館（Bell Museum of Natural History）、哥倫布市立動物園和水族館、丹佛動物園（Denver Zoo）、迪士尼保育基金會（Disney Conservation Fund）、國際貓頭鷹學會（International Owl Society）、明尼蘇達動物園席爾保育經費計畫（Minnesota Zoo Ulysses S. Seal Conservation Grant Program）、美國國家鳥類公園（National Aviary）、國家猛禽信託（National Birds of Prey Trust）、明尼蘇達大學、美國林業局國際計畫，以及野生生物保育學會——信賴我、這項任務與魚鴞。

感謝妻子凱倫（Karen），讓我能不時前往濱海邊疆區的森林與河流。我知道對她來說很不容易。給我的兩個孩子亨卓克（Hendrik）與安文（Anwyn），他們只知道爸爸會一次消失幾個星期或幾個月。期盼他們長大後能夠好好讀這本書，覺得一切值得。最後，謝謝我的母親喬安（Joan），更要謝謝我爸爸戴爾（Dale）。他以我、我的工作與寫作為榮，好希望他能在世久一點，親手拿到這本書。

US 011

遠東冰原的貓頭鷹

Owls of the Eastern Ice: A Quest to Find and Save the World's Largest Owl

作　　者	強納森・斯萊特（Jonathan C. Slaght）
譯　　者	呂奕欣
責任編輯	張愛玲
協力編輯	廖雅雯
封面設計	賀四英

總 經 理	伍文翠
出版發行	知田出版／福智文化股份有限公司
	地址／105407 台北市八德路三段 212 號 9 樓
	電話／(02) 2577-0637
	客服信箱／serve@bwpublish.com
	心閱網／https://www.bwpublish.com
法律顧問	王子文律師
排　　版	陳瑜安
印　　刷	富喬文化事業有限公司
總 經 銷	時報文化出版企業股份有限公司
	地址／333019 桃園市龜山區萬壽路二段 351 號
	服務電話／(02) 2306-6600 #2111
出版日期	2025 年 1 月　初版一刷
定　　價	新台幣 550 元

ISBN　978-626-98962-5-7

遠東冰原的貓頭鷹／強納森・斯萊特（Jonathan C.
Slaght）著；呂奕欣譯 . -- 初版 . -- 臺北市：知田出
版，福智文化股份有限公司，2025.01
　　面；　公分 . --（US；11）
　譯自：Owls of the eastern ice : a quest to find
　　and save the world's largest owl

　ISBN 978-626-98962-5-7（平裝）

　1. CST: 斯萊特 (Slaght, Jonathan C.)
　2. CST: 鴞形目　3. CST: 野生動物保育

388.892　　　　　　　　　　　　113018730